高职高专土建类系列教材
建筑装饰工程技术专业

建筑装饰施工技术

第 2 版

主　编　程志高
副主编　刘宏亮　毛玉红　徐　柳
参　编　王立祥　杨喜人　葛有亮
主　审　沙　玲

机械工业出版社

本书按照教育部高职高专建筑装饰技术专业和相关专业的教学基本要求编写，共11章，内容包括概述、抹灰工程施工、吊顶工程施工、轻质隔墙工程施工、饰面工程施工、楼地面工程施工、涂料饰面工程施工、裱糊与软包工程施工、门窗工程施工、细部工程施工、幕墙工程施工。

本书具有较宽的专业适用面，在内容组织上以必需、够用为原则，取材注重实用性，力求体现职业教育的特点。

本书适合高职高专院校、成人高校、二级职业技术院校、继续教育学院和民办高校的建筑装饰工程技术专业教学使用，也可作为相关从业人员的培训教材。

图书在版编目（CIP）数据

建筑装饰施工技术/程志高主编. —2版. —北京：机械工业出版社，2015.8（2025.1重印）

高职高专土建类系列教材. 建筑装饰工程技术专业

ISBN 978-7-111-51331-5

Ⅰ.①建…　Ⅱ.①程…　Ⅲ.①建筑装饰-工程施工-高等职业教育-教材　Ⅳ.①TU767

中国版本图书馆 CIP 数据核字（2015）第 197039 号

机械工业出版社（北京市百万庄大街22号　邮政编码100037）
策划编辑：张荣荣　责任编辑：张荣荣　李宣敏
责任校对：丁丽丽　封面设计：张　静
责任印制：常天培
固安县铭成印刷有限公司印刷
2025 年 1 月第 2 版·第 13 次印刷
184mm×260mm·17 印张·417 千字
标准书号：ISBN 978-7-111-51331-5
定价：49.80 元

电话服务　　　　　　　　网络服务
客服电话：010-88361066　机 工 官 网：www.cmpbook.com
　　　　　010-88379833　机 工 官 博：weibo.com/cmp1952
　　　　　010-68326294　金 书 网：www.golden-book.com
封底无防伪标均为盗版　　机工教育服务网：www.cmpedu.com

第 2 版前言

国民经济的腾飞，社会的不断进步，科学技术的日新月异，人们对物质文明和精神文明要求的提高，促使建筑装饰、装修事业蓬勃发展，建筑装饰、装修新材料、新技术、新工艺应运而生。伴随着建筑市场的规范化和法制化，装饰装修行业进入了一个新时代。按照国家新的施工规范、质量验收标准，科学合理地选用建筑装饰材料和施工方法，努力提高建筑装饰业的技术水平，对于创造一个功能合理、舒适美观、绿色环保的环境，促进建筑装饰业的健康发展，具有非常重要的意义。

装饰从建筑行业中分离出来后逐渐形成了一个相对齐全的专业，它涉及设计、材料、施工、管理等很多方面，具有学科的多元化和科技的边缘性特点。本书以国家标准《建筑装饰装修工程质量验收规范》（GB 50210—2001）、《住宅装饰装修工程施工规范》（GB 50327—2001）、《建筑工程施工质量验收统一标准》（GB 50300—2013）等为主要依据，结合有关专业规范、规程和行业标准的规定以及近几年装饰装修工程中应用的新材料、新技术、新工艺的实践经验，对抹灰工程、吊顶工程、轻质隔墙工程、饰面工程、楼地面工程、涂料饰面工程、裱糊与软包工程、门窗工程、细部工程、幕墙工程等分项工程的施工工艺和质量验收进行了全面阐述。

本书遵循施工过程，从各分项工程的施工机具和所用材料的选择入手，按照先进性、针对性和规范性的原则，重点介绍了各分项工程的施工工艺和质量验收标准，符合职业能力培养目标的要求。同时，每一章还编写了实际工程案例和实训内容，有针对性地培养学生具有分析问题、解决问题以及动手的能力。全书采用了大量的施工图片资料，特别突出了理论与实践的结合，具有应用性突出，操作性强，通俗易懂等特点，既适用于高职高专建筑装饰类专业学生的学习，也可以作为建筑装饰施工技术的培训教材，还可以作为建筑装饰技术人员的技术参考书。

本书由程志高主编，刘宏亮、毛玉红、徐柳担任副主编，王立祥、杨喜人、葛有亮参编。编写的具体分工为：程志高修订第 3 章、第 5 章；刘宏亮修订第 7 章、第 8 章、第 10 章；毛玉红修订第 1 章、第 2 章；徐柳修订第 11 章；王立祥修订第 9 章；杨喜人修订第 6 章；葛有亮修订第 4 章。全书由程志高负责统稿。本书在编写过程中得到了浙江建设职业技术学院、吉林建筑大学、辽宁建筑职业学院、广东建设职业技术学院、浙江世贸装饰工程设计有限公司的大力支持。

由于编者水平有限，加之时间仓促，书中的错误和不足在所难免，恳请有关专家、同行和广大读者提出宝贵意见。

编者

目　　录

第 2 版前言

第 1 章　概述 …………………………… 1
　1.1　建筑装饰工程基本知识 ………… 1
　1.2　建筑装饰工程在施工方面的
　　　　基本规定 ……………………… 3
　1.3　住宅装饰工程的基本规定 ……… 4
　1.4　建筑装饰施工的顺序 …………… 8
　1.5　我国建筑装饰施工技术的发展 … 9
　复习思考题 ……………………………… 11
第 2 章　抹灰工程施工 ………………… 12
　2.1　抹灰工程的分类和分层做法 …… 12
　2.2　抹灰工程施工常用的机具 ……… 13
　2.3　一般抹灰施工 …………………… 16
　2.4　装饰抹灰施工 …………………… 25
　2.5　工程实践案例 …………………… 30
　复习思考题 ……………………………… 31
第 3 章　吊顶工程施工 ………………… 32
　3.1　吊顶工程施工常用的机具 ……… 33
　3.2　木龙骨吊顶施工 ………………… 34
　3.3　轻钢龙骨与铝合金龙骨吊顶
　　　　施工 …………………………… 41
　3.4　其他形式吊顶的施工 …………… 50
　3.5　吊顶工程的质量验收 …………… 59
　3.6　工程实践案例 …………………… 62
　复习思考题 ……………………………… 64
第 4 章　轻质隔墙工程施工 …………… 65
　4.1　隔墙工程施工常用的机具 ……… 65
　4.2　骨架隔墙施工 …………………… 68
　4.3　板材隔墙施工 …………………… 82
　4.4　玻璃隔墙与隔断施工 …………… 89
　4.5　工程实践案例 …………………… 92
　复习思考题 ……………………………… 94
第 5 章　饰面工程施工 ………………… 95
　5.1　饰面工程施工常用的机具 ……… 95

　5.2　饰面砖工程施工 ………………… 96
　5.3　饰面板工程施工 ………………… 106
　5.4　玻璃饰面工程施工 ……………… 119
　5.5　工程实践案例 …………………… 125
　复习思考题 ……………………………… 126
第 6 章　楼地面工程施工 ……………… 127
　6.1　楼地面装饰工程施工常用的
　　　　机具 …………………………… 128
　6.2　楼地面装饰工程施工的作业
　　　　条件与基本要求 ……………… 130
　6.3　块材类楼地面施工 ……………… 131
　6.4　木质楼地面施工 ………………… 135
　6.5　环氧树脂自流平地面施工 ……… 145
　6.6　工程实践案例 …………………… 149
　复习思考题 ……………………………… 153
第 7 章　涂料饰面工程施工 …………… 154
　7.1　涂料饰面工程施工常用的
　　　　机具 …………………………… 154
　7.2　涂料饰面工程施工的基本
　　　　要求 …………………………… 156
　7.3　内墙、顶棚表面涂饰工程
　　　　施工 …………………………… 158
　7.4　外墙表面涂饰工程施工 ………… 160
　7.5　木质表面涂饰工程施工 ………… 162
　7.6　金属表面涂饰工程施工 ………… 164
　7.7　涂料饰面工程施工的质量
　　　　验收 …………………………… 166
　7.8　工程实践案例 …………………… 168
　复习思考题 ……………………………… 169
第 8 章　裱糊与软包工程施工 ………… 170
　8.1　裱糊与软包饰面工程施工常用
　　　　的机具 ………………………… 170
　8.2　裱糊饰面工程施工 ……………… 171
　8.3　软包饰面工程施工 ……………… 175

8.4 工程实践案例 …………………… 178

复习思考题 …………………………… 180

第9章 门窗工程施工 ……………… 181

9.1 门窗工程施工常用的机具 ……… 182

9.2 装饰木门窗的制作与安装 …… 183

9.3 铝合金门窗的制作与安装 …… 189

9.4 塑料门窗的安装 ……………… 196

9.5 节能门窗 ……………………… 200

9.6 特种门安装 …………………… 201

9.7 工程实践案例 ………………… 209

复习思考题 …………………………… 210

第10章 细部工程施工 …………… 212

10.1 木门窗套制作与安装 ………… 212

10.2 木窗帘盒制作与安装 ………… 214

10.3 栏杆和扶手制作与安装 ……… 217

10.4 橱柜制作与安装 ……………… 222

10.5 工程实践案例 ………………… 224

复习思考题 …………………………… 226

第11章 幕墙工程施工 …………… 227

11.1 幕墙工程概述 ………………… 227

11.2 幕墙工程施工常用的机具与

测量、检测仪器 ……………… 229

11.3 玻璃幕墙施工 ………………… 231

11.4 石材幕墙施工 ………………… 245

11.5 金属幕墙施工 ………………… 254

11.6 工程实践案例 ………………… 259

复习思考题 …………………………… 262

参考文献 …………………………… 263

第1章 概　　述

学习目标：

（1）通过了解建筑装饰工程的基本知识，使学生对装饰工程所涉及的领域、施工的特点、装饰等级等有一个全面的认识。

（2）通过全面理解建筑装饰工程在施工方面的基本规定以及住宅装饰工程在施工、防火安全、污染控制方面的基本要求，为学生以后学习各分项工程的施工及验收打下良好的基础。

（3）通过学习建筑装饰的施工顺序，使学生对整个教材的内容和知识点有一个基本了解。

学习重点：

（1）建筑装饰工程施工的特点。

（2）建筑装饰工程在施工方面的基本规定。

（3）住宅装饰工程在施工、防火安全、污染控制方面的基本要求。

（4）建筑装饰施工顺序的安排。

学习建议：

（1）课后熟悉规范中对于建筑装饰工程在设计、材料选择等方面的基本规定。

（2）以小组为单位，完成一个实际建筑装饰施工现场的调研工作，要求图文并茂。

1.1　建筑装饰工程基本知识

随着经济建设的深入发展，人们对建筑的功能有了更高的要求，装饰的内容不断更新，装饰服务的对象越来越广，涉及的行业和学科领域也更加广泛，建筑装饰成为一个综合性很强、多学科相结合的边缘学科。

1.1.1　建筑装饰工程在建筑工程中的重要性

建筑装饰工程是现代建筑工程的有机组成部分，是现代建筑工程的延伸、深化和完善。它是为保护建筑物的主体结构、完善建筑物的使用功能和美化建筑物，采用装饰装修材料，对建筑物的内外表面及空间进行各种处理的过程。

根据2014年6月1日开始实施的中华人民共和国国家标准《建筑工程施工质量验收统一标准》（GB 50300—2013），建筑工程分为地基与基础、主体结构、建筑装饰装修、屋面工程、建筑给水排水及供暖、建筑电气、建筑智能化、通风与空调、建筑节能、电梯十个分部工程。由此可见，建筑装饰装修属于建筑工程，是建筑工程非常重要的分部工程。目前，建筑装饰已经成为集产品、技术、文化、艺术、工程为一体的重要行业。研究施工技术的内在规律，掌握先进的施工方法和工艺，对保证建筑装饰工程质量，促进装饰行业健康发展有着重要的意义。

1.1.2 建筑装饰工程的划分

1. 按建筑装饰施工的项目划分

根据《建筑工程施工质量验收统一标准》（GB 50300—2013），建筑装饰装修分部工程可分为地面、抹灰、吊顶、轻质隔墙、饰面板、饰面砖、涂饰、裱糊与软包、外墙防水、细部、金属幕墙、石材与陶板幕墙、玻璃幕墙，具体分项工程划分详见附录 B。另外标准1.0.3 款规定了建筑工程各专业验收规范应与该标准配套使用。

2. 按建筑装饰施工的部位划分

建筑中一切与人的视觉、触觉有关的，能带给人美的享受的建筑部位都有装饰的必要。对室外而言，如外墙面、台阶、入口、门窗、屋顶、檐口、雨篷、建筑小品等都需要进行装饰。对室内而言，内墙面、顶棚、楼地面、隔断墙、楼梯以及与这些部位有关的灯具、家具陈设等也在装饰施工的范围之内。

1.1.3 建筑装饰工程施工的特点

1. 建筑装饰工程施工条例的建筑性

《中华人民共和国建筑法》第四十九条规定："涉及建筑主体和承重结构变动的装修工程，建设单位应当在施工前委托原设计单位或者具有相应资质条件的设计单位提出设计方案；没有设计方案的，不得施工。"这一规定说明凡与结构有关的装饰工程的施工操作，都不能只顾装饰艺术的表现而人为破坏主体结构。

2. 建筑装饰工程施工操作的规范性

建筑装饰工程施工是对建筑工程主体结构及其环境的再创造，必须采用合格的材料与构配件，通过科学合理的构造做法来完成。因此，一切工艺操作和工艺处理，均应遵照国家颁发的有关施工和验收规范。除此之外，还应认真执行各地区根据地方特点而制定的一些地方性标准，所用材料及其应用技术应符合国家及行业颁布的相关标准。

对于一些重要工程和规模较大的装饰项目，应按国家规定实行招标、投标制度，明确装饰施工企业和施工队伍的资质水平与施工能力；在施工过程中应由建设监理部门对工程进行监理；工程竣工后应通过质量监督部门及有关方面组织严格验收。

3. 建筑装饰工程施工态度的严谨性

建筑装饰工程大多以饰面为最终效果，因此许多处于隐蔽部位而对于工程质量起着关键作用的项目和操作工序很容易被忽略，或是其质量弊病很容易被表面的美化修饰所掩盖，如大量的预埋件、连接件、铆固件、焊接件、骨架杆件及防火、防腐、防水、防潮、防虫、绝缘、隔声等功能性与安全性的构造和处理等，包括螺栓及各种连接紧固件的设置、数量及埋入深度等。如果在操作时采取敷衍的态度，甚至偷工减料、减少工序，势必给工程留下质量与安全隐患。

4. 建筑装饰工程施工管理的复杂性

建筑装饰工程的施工工序繁多，每道工序都需要具有专门知识和技能的专业人员担当技术骨干。此外，施工操作人员中的工种也十分复杂，这些工种包括水、电、暖、卫、木、玻璃、油漆、金属等十几个工种。对于较大规模的装饰工程，往往有几十道工序。这些工种和工序交叉、轮流或配合作业，容易造成施工现场的拥挤和混乱，这样不仅影响工程的进度和质量，严重时还会造成工程事故。为保证工程质量、施工进度和施工安全，必须依靠具备专门知识和经验的施工组织管理人员，以施工组织设计为指导，实行科学管理。

5. 建筑装饰工程使用功能与造价的同步性

建筑装饰工程的使用功能及其艺术性的体现与发挥，所反映的时代感和科学技术水准，很大程度上受装饰材料和现代声、光、电及其控制系统等设备的制约，反映在工程造价方面是越来越高。现在建筑主体结构、安装工程和装饰工程的费用分别占总投资的比例大约为30%、30%、40%。有的国家重点工程、高级宾馆、饭店及公共设施等，装饰工程的费用甚至占总投资的50%以上。随着人们对建筑艺术要求的不断提高，装饰新材料、新技术、新工艺和新设备的不断涌现，建筑装饰工程的造价还将继续提高。

1.1.4 建筑装饰等级

通过综合考虑建筑物的类型、性质、使用功能和耐久性等因素，确定建筑物的装饰标准，相应定出装饰等级。目前结合我国国情，划分出三个建筑装饰等级，据此限定各等级所使用的装饰材料和装饰标准，见表1-1。

表1-1　建筑装饰等级

建筑装饰等级	建 筑 物 类 型
一级	高级宾馆、别墅、纪念性建筑物、交通与体育建筑、一级行政机关办公楼、高级商场等
二级	科研建筑、高级建筑、普通博览建筑、普通观演建筑、普通交通建筑、普通体育建筑、广播通信建筑、医疗建筑、商业建筑、旅馆建筑、局级以上行政办公楼、中级居住建筑
三级	中小学和托幼建筑、生活服务建筑、普通行政办公楼、普通居住建筑

1.2　建筑装饰工程在施工方面的基本规定

本规定严格遵守国家标准《建筑装饰装修工程质量验收规范》（GB 50210—2001）。

（1）承担建筑装饰装修工程施工的单位应具备相应的资质，并应建立质量管理体系。施工单位应编制施工组织设计并应经过审查批准。施工单位应按有关的施工工艺标准或经审定的施工技术方案施工，并应对施工全过程实行质量控制。

（2）承担建筑装饰装修工程施工的人员应有相应岗位的资格证书。

（3）建筑装饰装修工程的施工质量，应符合设计要求和规范规定，由于违反设计文件和规范规定造成的质量问题应由施工单位负责。

（4）建筑装饰装修工程施工中，严禁违反设计文件擅自改动建筑主体、承重结构或主要使用功能；严禁未经设计确认和有关部门批准擅自拆改水、暖、电、燃气、通信等配套设施。

（5）施工单位应遵守有关环境保护的法律法规，并应采取有效措施控制施工现场的各种粉尘、废气、废弃物、噪声、振动等对周围环境造成的污染和危害。

（6）施工单位应遵守有关施工安全、劳动保护、防火和防毒的法律法规，应建立相应的管理制度，并应配备必要的设备、器具和标识。

（7）建筑装饰装修工程应在基体或基层的质量验收合格后施工。对既有建筑进行装饰装修前，应对基层进行处理并达到规范的要求。

（8）建筑装饰装修工程施工前，应有主要材料的样板或做样板间，并应经有关各方确认。

（9）墙面采用保温材料的建筑装饰装修工程，所用保温材料的类型、品种、规格及施工工艺应符合设计要求。

（10）管道、设备等的安装及调试，应在建筑装饰装修工程施工前完成，当必须同步进行时，应在饰面层施工前完成。建筑装饰装修工程不得影响管道、设备等的使用和维修。涉及燃气管道的建筑装饰装修工程必须符合有关安全管理的规定。

（11）建筑装饰装修工程的电器安装，应符合设计要求和国家现行标准的规定。严禁不经穿管直接埋设电线。

（12）室内外建筑装饰装修工程施工的环境条件应满足施工工艺的要求。施工环境温度应大于或等于5℃。当必须在小于5℃气温下施工时，应采取保证工程质量的有效措施。

（13）建筑装饰装修工程在施工过程中，应做好半成品、成品的保护，防止污染和损坏。

（14）建筑装饰装修工程验收前，应将施工现场清理干净。

其中第4条、第5条是国家标准规定的强制性条文，必须严格执行。

1.3 住宅装饰工程的基本规定

国家标准《住宅装饰装修工程施工规范》（GB 50327—2001）和建设部第110号令《住宅装饰装修管理办法》，对于规范住宅室内装饰装修施工，保证装饰装修工程质量和安全，具有十分重要的现实意义。

1.3.1 在施工方面的基本规定

（1）施工前应进行设计交底工作，并应对施工现场进行核查，了解物业管理的有关规定。

（2）各工序、各分项工程应进行自检、互检及交接检。

（3）施工中，严禁损坏房屋原有绝热设施，严禁损坏受力钢筋，严禁超荷载集中堆放物品，严禁在预制混凝土空心楼板上打孔安装埋件。

（4）施工中，严禁擅自改动建筑主体、承重结构或改变房间的主要使用功能；严禁擅自拆改燃气、暖气、通信等配套设施。

（5）管道、设备工程的安装及调试，应在建筑装饰装修工程施工前完成；必须同步进行时，应在饰面层施工前完成。装饰装修工程不得影响管道、设备的使用和维修。涉及燃气管道的装饰装修工程必须符合有关安全管理的规定。

（6）施工人员应遵守有关施工安全、劳动保护、防火、防毒的法律法规。

（7）施工现场用电应符合下列规定：

1）施工现场用电应从户表接出以后设立临时施工用电系统。

2）安装、维修或拆除临时施工用电系统，应由电工完成。

3）临时施工供电开关箱中应当装设漏电保护器。进入开关箱的电源线，不得使用插销连接。

4）临时用电线路应避开易燃、易爆物品堆放地。

5）暂停施工时应切断电源。

（8）施工现场用水应符合下列规定：

1）不得在未做防水的地面蓄水。

2）临时用水管不得有破损、滴漏。

3）暂停施工时应切断水源。

（9）文明施工和现场环境应符合下列要求：

1）施工人员应衣着整齐。

2）施工人员应服从物业管理或治安保卫人员的监督、管理。

3）应控制粉尘、污染物、噪声、振动对相邻居民、居民区和城市环境的污染及危害。

4）施工堆料不得占用楼道内的公共空间，不得封堵紧急出口。

5）室外的堆料应当遵守物业管理的规定，避开公共通道、绿化地等市政公用设施。

6）不得堵塞、破坏上下水管道、垃圾道等公共设施，不得损坏楼内各种公共标识。

7）工程垃圾宜密封包装，并堆放在指定的垃圾堆放地。

8）工程验收前应将施工现场清理干净。

其中第3条、第7条是国家标准规定的强制性条文，必须严格执行。

1.3.2 对安全防火的基本规定

1. 一般规定

施工单位必须制定施工安全制度，施工人员必须严格遵守。住宅装饰装修材料的燃烧性能的等级要求，应符合现行国家标准《建筑内部装修设计防火规范》（GB 50222—1995）的规定。

2. 材料防火处理

对装饰织物进行阻燃处理时，织物应在阻燃剂中浸透，阻燃剂的干含量应符合产品说明书的要求；对木质装饰装修材料进行防火涂料涂布前，应对其表面进行清洁。涂布至少分两次进行，且第二次涂布应当在第一次涂布的涂层表面干燥后进行，涂布量应大于或等于 $500g/m^2$。

3. 施工现场防火

（1）易燃物品应相对集中放置在安全区域内，并应有明显的标识。施工现场不得大量积存可燃材料。

（2）使用易燃、易爆材料的施工，应避免敲打、碰撞、摩擦等可能出现火花的操作。配套使用的照明灯、电动机、电气开关应有安全防爆装置。

（3）使用涂料等挥发性材料时，应随时封闭其容器。擦拭后的棉纱等物品应集中存放且远离热源。

（4）施工现场动用电气焊等明火时，必须清除四周以及焊渣滴落区的可燃物，并设专人进行监督。

（5）施工现场必须配备灭火器、砂箱或其他灭火工具。

（6）严禁在施工现场吸烟。

（7）严禁在运行中的管道、装有易燃易爆品的容器和受力构件上进行焊接和切割。

4. 电气防火

（1）照明、电热器等设备的高温部位靠近 A 级材料或导线穿越 B₂ 级以下装修材料时，应采用岩棉、瓷管或玻璃棉等 A 级材料隔热。当照明灯具或镇流器嵌入可燃装饰装修材料中时，应采取隔热措施予以分隔。

（2）配电箱的壳体和底座宜采用 A 级材料制作。配电箱不得安装在 B₂ 级以下（含 B₂ 级）的材料上。开关、插座应安装在 B₁ 级以上的材料上。

（3）卤钨灯灯管附近的导线，应采用耐热绝缘材料制成的护套，不得直接使用具有延燃性绝缘的导线。

（4）明敷塑料导线应穿管或加线槽板加以保护，吊顶内的导线应穿金属管或 B₁ 级 PVC 管保护，导线不得裸露。

5. 消防设施保护

（1）住宅装饰装修不得遮挡消防设施、疏散指示标志及安全出口，并且不得妨碍消防设施和疏散通道的正常使用。不得擅自改动防火门。

（2）消火栓门四周的装饰装修材料的颜色，应与消火栓门的颜色有明显的区别。

（3）住宅内部火灾报警系统的穿线管、自动喷淋灭火系统的水管线，应用独立的吊管架固定，不得借用装饰装修用的吊杆或放置在吊顶上固定。

（4）当装饰装修重新分割了住宅房间的平面布局时，应根据有关设计规范针对新的平面布局调整火灾报警探测器与自动灭火喷头的布置。

（5）喷淋管线、报警器线路、接线箱及相关器件一般宜暗装处理。

1.3.3 室内环境污染的控制

为了改善居室生活质量，2002 年 1 月 1 日国家出台了室内装饰装修材料有害物质限量的 10 项强制性标准，对设计、施工方面选用的低毒性、低污染装饰装修材料有了指导依据。具体 10 项标准为：

《人造板及其制品中甲醛释放限量》（GB 18580—2001）、《溶剂型木器涂料中有害物质限量》（GB 18581—2001）、《内墙涂料中有害物质限量》（GB 18582—2008）、《胶粘剂中有害物质限量》（GB 18583—2008）、《木家具中有害物质限量》（GB 18584—2001）、《壁纸中有害物质限量》（GB 18585—2001）、《聚氯乙烯卷材地板中有害物质限量》（GB 18586—2001）、《地毯、地毯衬垫及地毯胶粘剂中有害物质释放限量》（GB 18587—2001）、《混凝土外加剂中释放氨的限量》（GB 18588—2001）、《建筑材料放射性核素限量》（GB 6566—2010）。

在对室内环境污染物浓度进行检测时，抽检数量不得少于 5%，并不得少于 3 间；房间总数少于 3 间时, 应全数检测。凡进行了样板间室内环境污染物浓度检测且检测结果合格的, 抽检数量减半, 但不得少于 3 间。

检测点应按房间面积设置。当房间使用面积小于 50m² 时, 设 1 个检测点; 当房间使用面积为 50～100m² 时, 设 2 个检测点; 当房间使用面积大于 100m² 时, 设 3～5 个检测点。有 2 个及 2 个以上检测点的, 应取各点检测结果的平均值作为该房间的检测值。

《民用建筑工程室内环境污染控制规范》(GB 50325—2010) 中, 也对工程选用的建筑材料和装修材料有害物质限量进行了严格的规定。涉及装修材料的强制性条文的有:

民用建筑工程所选用的建筑材料和装修材料必须符合本规范的有关规定 (条目 1.0.5)。

民用建筑工程所使用的无机非金属装修材料, 包括石材、建筑卫生陶瓷、石膏板、吊顶材料、无机瓷质砖粘接材料等, 进行分类时, 其放射性指标限量应符合表 1-2 的规定 (条目 3.1.2)。

表 1-2　无机非金属装修材料放射性限量

测定项目	限　　量	
	A	B
内照射指数 I_{Ra}	≤1.0	≤1.3
外照射指数 I_r	≤1.3	≤1.9

民用建筑工程室内用人造木板及饰面人造木板, 必须测定游离甲醛含量或游离甲醛释放量 (条目 3.2.1)。

民用建筑工程室内不得使用国家禁止使用、限制使用的建筑材料 (条目 4.3.1)。

Ⅰ类民用建筑工程室内装修采用的无机非金属装修材料必须为 A 类 (条目 4.3.2)。

Ⅰ类民用建筑工程的室内装修, 采用的人造木板及饰面人造木板必须达到 El 级要求 (条目 4.3.4)。

民用建筑工程室内装修中所使用的木地板及其他木质材料, 严禁采用沥青、煤焦油类防腐、防潮处理剂 (条目 4.3.9)。

民用建筑工程中, 建筑主体采用的无机非金属材料和建筑装修采用的花岗石、瓷质砖、磷石膏制品等必须有放射性指标检测报告, 并应符合本规范第 4.3 节的规定 (条目 5.2.1)。

民用建筑工程室内装修中所采用的人造木板及饰面人造木板, 必须有游离甲醛含量或游离甲醛释放量检测报告, 并应符合设计要求和本规范的有关规定 (条目 5.2.3)。

民用建筑工程室内装修中所采用的水性涂料、水性胶粘剂、水性处理剂必须有同批次产品的挥发性有机化合物 (VOC) 和游离甲醛含量检测报告; 溶剂型涂料、溶剂型胶粘剂必须有同批次产品的挥发性有机化合物 (VOC)、苯、甲苯十二甲苯、游离甲苯二异氰酸酯 (TDI) 含量检测报告, 并应符合设计要求和本规范的有关规定 (条目 5.2.5)。

民用建筑工程室内装修时, 严禁使用苯、工业苯、石油苯、重质苯及混苯作为稀释剂和溶剂 (条目 5.3.3)。

民用建筑工程室内严禁使用有机溶剂清洗施工用具 (条目 5.3.6)。

民用建筑工程所用建筑材料和装修材料的类别、数量和施工工艺等, 应符合设计要求和本规范的有关规定 (条目 6.0.3)。

民用建筑工程验收时, 必须进行室内环境污染物浓度检测, 其限量应符合表 1-3 的规定 (条目 6.0.4)。

表1-3　民用建筑工程室内环境污染物浓度限量

污　染　物	Ⅰ类民用建筑工程	Ⅱ类民用建筑工程
氡（Bq/m³）	≤200	≤400
甲醛（mg/m³）	≤0.08	≤0.1
苯（mg/m³）	≤0.09	≤0.09
氨（mg/m³）	≤0.2	≤0.2
TVOC（mg/m³）	≤0.5	≤0.6

注：1. 表中污染物浓度测量值，除氡外均指室内测量值扣除同步测定的室外上风向空气测量值（本底值）后的测量值。

　　2. 表中污染物浓度测量值的极限值判定，采用全数值比较法。

室内环境质量验收不合格的民用建筑工程，严禁投入使用（条目6.0.21）。

1.4　建筑装饰施工的顺序

装饰工程工序繁多，工程量大，工期较长，一般约占工程总工期的30%～40%，高级装饰甚至占工程总工期的50%～60%。装饰工程占建筑物总造价的比例较高，一般装饰工程占总造价的30%，高级装饰工程占总造价的50%以上。因此，妥善安排装饰工程的施工顺序，对加快施工进度，降低工程成本具有重要的意义。

1. 自上而下的流水顺序

这种方式是待主体工程完成以后，装饰工程从顶层开始到底层依次逐层自上而下进行。这种流水顺序在房屋主体结构完成后进行，有一定的沉降时间，可以减少沉降对装饰工程的损坏；屋面完成防水工程后，可以防止雨水的渗漏，确保装饰工程的施工质量；还可以减少主体工程与装饰工程的交叉作业，便于进行组织施工。

但是，采用这种施工顺序时，必须在主体结构全部完成后装饰工程才能安排施工，不能提早插入进行，会拖延工期。因此，一般高层建筑在采取一定措施之后，可分段由上而下地进行施工。

2. 自下而上的流水顺序

这种方式是在主体结构的施工过程中，装饰工程在适当时机插入，与主体结构施工交叉进行，由底层开始逐层向上施工。为了防止雨水和施工用水渗漏对装饰工程造成不利影响，一般要求上层的地面工程完工后，才可进行下层的装饰工程施工。这种流水顺序在高层建筑中应用较多，总工期可以缩短，甚至有些高层建筑的下部可以提前投入使用，及早发挥投资效益。但这种流水顺序对成品保护要求较高，否则不能保证工程质量。

3. 室内装饰与室外装饰施工的先后顺序

为了避免因天气原因影响工期，缩短脚手架的周转时间，给施工组织安排留有足够的回旋余地，一般采用先进行室外装饰后再进行室内装饰的方法。在冬期施工时，则可先进行室内装饰，待气温升高后再进行室外装饰。

4. 室内装饰工程各分项工程施工顺序

原则上应遵循以下顺序：

（1）抹灰、饰面、吊顶和隔墙等分项工程，应待隔墙、钢木门窗框、暗装的管道、电线管和预埋件、预制混凝土楼板灌缝等完工后进行。

（2）钢木门窗及玻璃工程，根据地区气候条件和抹灰工程的要求，可在湿作业前进行；

铝合金、塑料、涂色镀锌钢板门窗及其玻璃工程，宜在湿作业完成后进行，如果需要在湿作业前进行，必须加强对成品的保护。

（3）有抹灰基层的饰面板工程、吊顶工程及轻型花饰安装工程，应待抹灰工程完工后进行，以免产生污染。

（4）涂料、刷浆工程以及吊顶、罩面板的安装，应在塑料地板、地毯、硬质纤维板等地面的面层和明装电线施工前、管道设备试压后进行。木地板面层的最后一遍涂料涂刷，应待裱糊工程完工后进行。

（5）裱糊与软包工程，应待顶棚、墙面、门窗及建筑设备的涂刷工程完工后进行。

5. 顶棚、墙面与地面装饰工程施工顺序

一般有两种做法：

（1）先做地面，后做顶棚和墙面。这种做法可以减少大量的清理用工，并容易保证地面施工的质量，但应对已完成的地面采取保护措施。目前多采用此施工顺序，有利于保证质量。

（2）先做顶棚和墙面，后做地面。这种做法的弊端是基层的落地灰不易清理，地面的抹灰质量不易保证，易产生空鼓、裂缝，并且在地面施工时，墙面下部易遭玷污或损坏。

总之，装饰工程的施工，应考虑在施工顺序合理的前提下，组织安排各个施工工序之间的先后、平行、搭接，并应注意不致被后续工程损坏和玷污。

1.5 我国建筑装饰施工技术的发展

我国建筑装饰行业的兴起是改革开放政策带来的，它保持了 30 年的高速持续发展，在国民经济腾飞中发挥了重要作用。目前，装饰施工技术主要从以较为传统的施工工艺和常规的装饰材料，发展到用先进的工艺技术和新型的装饰材料；从改善装饰现场环境和节省劳动力考虑，逐渐向工厂化预制、配件现场安装的工艺技术方向发展；从建筑物的内外装饰附属于土建工程中，发展到由装饰设计、装饰施工、装饰材料等内容组成的独立的建筑装饰业。

1. 各种饰面装饰花样繁多，技艺丰富、新颖

自从 20 世纪 70 年代研制开发了新型建筑涂料以来，建筑涂料仍是价廉物美、经济实用的装饰墙面、地面和顶棚的涂装材料。近年来内墙很多采用有骨架的镶嵌面板的安装形式，面板有木胶合板、铝合金板、塑料装饰板、玻璃面板、天然与人造石材等。根据室内环境的要求，内墙装饰又分为具吸声功能的矿棉板、穿孔板以及阻燃型织物、皮革、人造革类软包的装饰面板等。一些公共建筑的柱面一般采用异型石材加工板、不锈钢板或彩色搪瓷钢板以及近年国内试制成功的微晶玻璃彩色弧形板等。此类装饰材料的室内装饰施工，可采用湿作业胶结或以干挂方式连接构件，干挂工艺易于维修和更换，成为当代饰面工程的主要施工工艺。

室内楼地面有以湿作业和胶结工艺为主的陶瓷类地砖和塑胶类地面面层，有实铺或设龙骨的各类实木或复合木地板，有各类天然石材或人造石材的地面以及架空活络防静电地板等。一些舞厅或游乐场所还设置具有动态彩色照明的玻璃砖地面等。

由于现代室内环境对使用功能、质量和生活、工作舒适性的要求较高，使建筑室内平顶装饰常涉及风、水、电、声、光、热等一系列管线的布置，风管风口、照明灯具、音响以及消防喷淋等设施均有造型设计、施工工艺程序等的整体协调问题。可以说，平顶装饰是附加于"现代科技施工的一层皮"，并不单纯是视觉感受的纯造型问题。目前，传统的湿作业抹灰顶棚还在使用，而轻钢龙骨的石膏板、矿棉板、木装饰板、铝合金或铝塑复合板等以及具有吸声作用的各类穿孔板开始普遍使用。近年来，在一些交通建筑、游乐建筑、体育建筑、商业建筑中有不少安装金属格片开敞式平顶，如上海博物馆部分展厅。采用开敞式平顶，具有便于安装维修、造型新颖的特点。从满足室内空间具有自然采光的氛围要求考虑，一些建筑物，如酒店的中厅、美术馆的展厅等可采用轻钢支架、中空玻璃采光顶棚。顶棚造型的多样性，给我们的装饰增添了活力和特色。

2. 部品生产工厂化、现场施工装配化

目前，越来越多的工业产品直接在装饰工程上进行装配，金属材料装饰、玻璃制品的装饰、复合性材料的装饰、木制品集成装饰、集成吊顶等技术的应用，带来了装饰工程施工本质的变化，即产品精度高、工程质量好、施工工期短、便于装饰部位的适时维修更新、无污染。装饰部品生产工厂化的推广，使单一材料的组合发展为不同材质、不同产品的复合集成。多元化组合在工厂完成，减少了现场的组合次数，增强了组合体的完整性。如各种现场免漆饰面工艺与工厂产品应用，从根本上改变了现场油漆作业所带来的有害污染，为工程竣工即刻使用创造了福音。

3. 高科技工艺的采用提高了生产效率

各种幕墙的出现取代了砖石结构，干挂方法的应用摆脱了现场湿作业，PPR 管、PPC 管彻底改变了管道作业方法，免漆饰面的出现，取消了现场全部油漆工的作业，生产方式的变革直接反映了施工水平的提高与发展。在此过程中，不断有新的施工机具和施工技术进入建筑装饰行业，从而在材料生产、工程设计、施工技术等方面发生重大变化。高新技术含量的工艺技术生产出性能优越的产品，为提高生产率创造了条件，也是提高企业核心竞争力的重要途径。

中国建筑装饰协会《建筑装饰行业实现资源节约型和环境友好型工程建设指南》（试行）指出，要实现部品生产工厂化和现场施工装配化，逐步使建筑装饰业走向新兴工业化道路。工厂化加工、现场安装不仅是设计、施工组织创新的基本途径，对工期、造价、质量具有重要影响，同时也是建设资源节约和环境友好型行业的重要基础。

综上所述，当前在建筑装饰工程施工技术方面、新品生产工厂化与现场施工装配化方面的经验是成熟的，已具备继续发展的条件，在今后若干年内建筑装饰行业的施工技术将向部品生产工厂化、现场施工装配化这种全新的方式发展、推广。经过一两年的时间，我国建筑装饰行业的施工水平必将大为改观，全行业整体水平必定有很大的提高，国家倡导的"节能高效、绿色环保、以人为本"的装饰施工技术可持续发展目标必定能够实现。

本章小结：

本章介绍了建筑装饰工程的内容、施工的特点和装饰等级等基本知识；介绍了建筑装饰工程在施工方面的基本规定以及住宅装饰工程在施工、防火安全、污染控制方面的基本要求；还介绍了建筑装饰的施工顺序以及我国建筑装饰施工技术的发展。通过以上内容的学习，使学生对整个教材的学习过程有一个清晰的思路，为以后学习各分项工程的施工及验收打下良好的基础。

复习思考题：

1. 简述建筑装饰工程施工所涉及的内容。
2. 建筑装饰工程施工具有哪些特点？
3. 建筑装饰工程在施工方面有哪些基本规定？
4. 住宅装饰工程在施工、防火安全方面有哪些基本要求？
5. 简述建筑装饰工程施工的顺序。
6. 简述我国建筑装饰施工技术的发展。

第2章 抹灰工程施工

学习目标：

（1）通过图片资料，使学生对抹灰工程施工常用的机具有一个感性认识，为施工工艺的学习打下基础。

（2）通过建筑物不同部位不同抹灰工艺的介绍，使学生对其完整的施工过程有一个全面的认识。

（3）通过对施工工艺的学习，使学生学会正确选择材料和组织施工的方法，培养学生解决施工现场常见工程质量问题的能力。

（4）在掌握施工工艺的基础上，使学生领会工程质量验收标准。

学习重点：

（1）一般抹灰中内墙抹灰、外墙抹灰（保温）和细部抹灰的具体施工工艺及质量验收标准。

（2）装饰抹灰饰面中水刷石装饰抹灰、干粘石装饰抹灰、斩假石装饰抹灰、假面砖装饰抹灰的施工工艺及质量验收。

学习建议：

（1）从所用材料、施工机具入手，按施工过程学习建筑物不同部位不同类型抹灰的施工工艺。

（2）结合实训任务，指导学生在真实情境中完成完整的施工过程并写出操作、安全注意事项和感受。

（3）通过案例教学，提出施工中可能出现的质量问题，开展课堂讨论，并要求在课后查找相关资料，进一步深刻领会成功案例的经验和失败案例的教训。

2.1 抹灰工程的分类和分层做法

抹灰工程是将水泥、砂、石灰膏和水等一系列材料拌和起来，直接涂抹在建筑物表面的工程做法，可以为建筑物的结构表面形成一个连续均匀的硬质保护膜，为进一步装饰提供基础条件。

2.1.1 抹灰工程的分类

根据使用要求及装饰效果的不同，抹灰工程可分为一般抹灰和装饰抹灰。

1. 一般抹灰

一般抹灰是指用石灰砂浆、水泥混合砂浆、水泥砂浆、聚合物水泥砂浆、纸筋灰、麻刀灰、粉刷石膏等材料的抹灰。根据质量要求和主要工序的不同，一般抹灰又分为普通抹灰、中级抹灰和高级抹灰三个级别，其主要做法、质量要求及适用范围见表2-1。从严格意义上讲，一般抹灰不属于装饰工程施工中的内容，但鉴于知识的完整性和相关内容学习的需要，这里有必要做一定的介绍。

表 2-1　一般抹灰的主要做法、质量要求及适用范围

级别	主 要 做 法	质 量 要 求	适 用 范 围
普通抹灰	一层底层和一层面层。分层赶平、修整，表面压光	表面光滑、洁净，接槎平整	适用于简易住宅、大型设施和非居住性的房屋（如汽车库、仓库、锅炉房等）以及建筑物中的地下室、储藏室等
中级抹灰	一层底层、一层中层和一层面层。阴阳角找方，设置标筋，分层赶平、修整，表面压光	表面光滑、洁净，接槎平整，灰线清晰顺直	适用于一般居住、公用和工业建筑（如住宅、宿舍、教学楼、办公室）以及建筑物中的附属用房等
高级抹灰	一层底层、数层中层和一层面层。阴阳角找方，设置标筋，分层赶平、修整，表面压光	表面光滑、洁净，颜色均匀，线角平直，清晰美观，无抹纹	适用于大型公共建筑、纪念性建筑物（如剧院、礼堂、宾馆、展览馆和高级住宅等）以及有特殊要求的高级建筑等

2. 装饰抹灰

装饰抹灰是指利用材料的特点和工艺处理，使饰面具有不同的质感、纹理及色泽效果的抹灰类型。根据当前国内建筑装饰的实际情况，国家标准中已经删除了传统装饰抹灰工程的拉毛灰、洒毛灰、喷砂、彩色抹灰和仿石抹灰等做法。目前装饰工程中还能用到的有水刷石、干粘石、假面砖等，使用时应综合考虑其用工用料和节约能源、环境保护等经济效益与社会效益等多方面的重要因素。

2.1.2　抹灰的分层做法

为了使抹灰层与基层黏结牢固，防止产生起鼓、开裂等质量问题，并使抹灰层的表面平整，抹灰应当分层进行。通常抹灰分为底层、中层和面层。底层主要起到与基层黏结兼初步找平的作用，不同的基层材料工程做法上是有区别的。中层主要起找平作用，根据施工质量要求可以一次抹灰，也可分遍进行。面层主要起装饰作用。室内混凝土墙面和楼板平整光滑的底面一般采用批刮腻子（不再抹灰），室外一般采用水泥砂浆、水刷石、干粘石等。

抹灰分层、分遍涂抹是为了使灰浆与基层黏结牢固，并能起到找平和保证质量的作用。如果一次涂抹太厚，由于自重和内外收缩快慢不同，易使墙面干裂、起鼓和脱落。水泥砂浆和水泥混合砂浆的抹灰层，应待前一层抹灰层凝结后，方可涂抹后一层；石灰砂浆抹灰层，应待前一层达到七八成干后，方可涂抹后一层。

2.2　抹灰工程施工常用的机具

2.2.1　常用手工工具

抹灰工程常用的手工工具主要包括各种抹子（表2-2）、辅助工具（表2-3）和其他工具（表2-4）。

表 2-2　常用抹子

序号	名　称	简　图	主　要　用　途
1	方头或圆头铁抹子	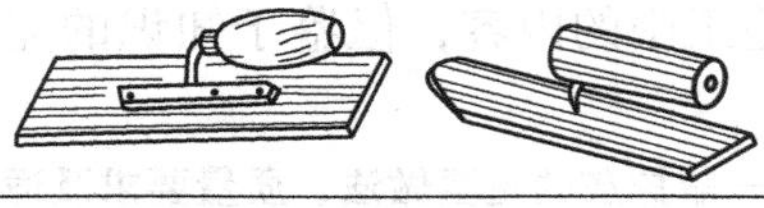	抹底层灰或水磨石、水刷石面层
2	方头或圆头木抹子		搓平底灰和搓毛砂浆表面并压实
3	尖角或小圆角阴角抹子		阴角抹灰压实、压光
4	尖角或小圆角阳角抹子	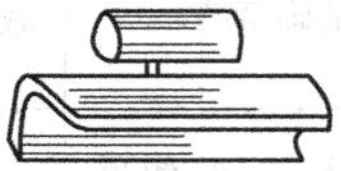	阳角抹灰压光、做护角线等
5	捋角器	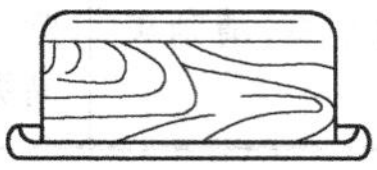	捋水泥护角的素水泥浆，做护角等
6	铁皮		小面积或铁抹子伸不进去的地方抹灰或修理以及门窗框嵌缝等
7	大、小鸭嘴	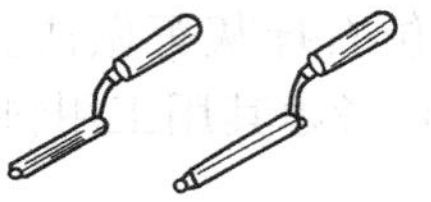	细部抹灰修理及局部处理等

表 2-3　常用辅助工具

序号	名　称	简　图	主　要　用　途
1	托灰板	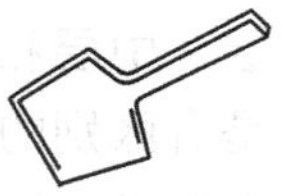	抹灰时承托砂浆
2	八字靠尺	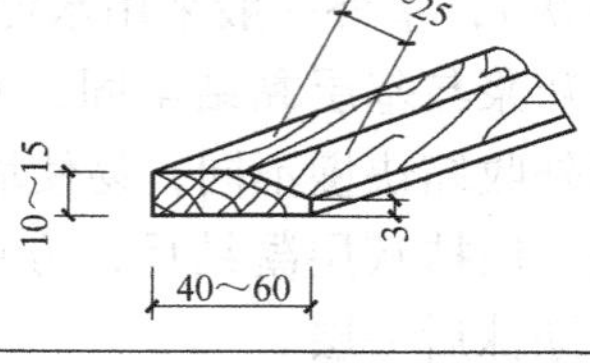 20~25　10~15　3　40~60	做棱角的依据
3	1.2m 长托线板和线锤	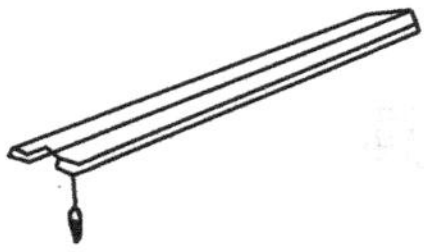	靠尺垂直
4	木杠	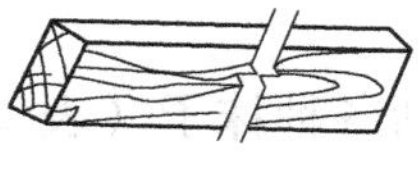	刮平墙面的抹灰层

（续）

序号	名　称	简　图	主　要　用　途
5	方尺		测量阴阳角方正
6	钢筋卡子		卡紧靠尺板和八字靠尺
7	木水平尺		用于找平
8	分格条		墙面分格及做滴水槽

表2-4　其他工具

序号	名　称	简　图	主　要　用　途
1	粉线包		弹水平线和分格线
2	墨斗		弹线用
3	长毛刷		室内外抹灰、洒水用
4	猪鬃刷		冲刷水刷石、拉毛灰
5	钢丝刷		清刷基层
6	喷壶		洒水用
7	茅草帚		用于木抹子搓平时洒水

2.2.2 常用机械

常用机械主要有砂浆搅拌机、纸筋灰搅拌机、粉碎淋灰机和手压或电动喷浆机等。砂浆搅拌机用于搅拌抹灰的砂浆,有 200L 和 325L 两种规格;纸筋灰搅拌机用于搅拌纸筋石灰膏、玻璃丝石灰膏、其他纤维石灰膏;粉碎淋灰机用于淋制抹灰、粉刷及砌筑砂浆用的石灰膏;手压或电动喷浆机用于喷水或喷浆。

2.3 一般抹灰施工

2.3.1 施工准备

1. 作业条件

作业条件是指前期一些工程的完成情况,这是抹灰工程施工必须具备的条件,主要包括以下几个方面:

(1) 施工方案已经制订,明确确定了施工顺序和方法。

(2) 主体工程已经检查验收,并达到了相应的质量标准。

(3) 屋面防水工程或上层楼面面层已经完工,确实无渗漏问题。

(4) 门窗框安装位置正确,与墙连接牢固并检查验收合格。门口高低符合室内水平线标高。

(5) 外墙上所有预埋件、嵌入墙体内的各种管道安装完毕并检查验收合格。

(6) 顶棚、内墙面预留木砖或铁件以及窗帘钩、阳台栏杆、楼梯栏杆等预埋件是否有遗漏,位置是否正确。

(7) 水、电管线、配电箱是否安装完毕,是否漏项,水暖管道是否已做压力试验等。

2. 基层处理

(1) 砖石、混凝土等基体的表面,应将灰尘、污垢和油渍等清除干净,并洒水湿润。

(2) 平整光滑的混凝土表面,如果设计中无要求时,可不进行抹灰,用刮腻子的方法处理。如果设计要求抹灰时,必须经过凿毛处理后,才能进行抹灰施工。

(3) 木结构与砖结构或混凝土结构相接处的抹灰基层,应铺设金属网,搭接宽度从缝边起每边应不小于 100mm,然后再进行抹灰,如图 2-1 所示。

(4) 预制钢筋混凝土楼板顶棚,抹灰前应剔除灌缝混凝土凸出部分及杂物,然后用刷子蘸水把表面残渣和浮灰清理干净,刷掺水 10% 的 108 胶水泥浆一道,再用 1:0.3:3 (水泥:石灰膏:砂)的水泥混合砂浆勾缝。

(5) 墙上的脚手眼、管道穿越的墙洞和楼板洞应填嵌密实,散热器和密集管道等背后的墙面抹灰,宜在散热器和管道安装前进行。

(6) 门窗框与墙连接处缝隙应填嵌密实,可采用 1:3 的水泥砂浆或 1:1:6 (水泥:石灰膏:砂)的水泥混合砂浆

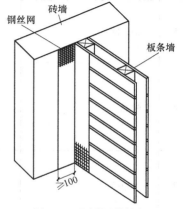

图 2-1 金属网的铺钉

分层嵌塞。

（7）为确保抹灰砂浆与基层表面黏结牢固，防止干燥的抹灰基层吸水过快而造成抹灰砂浆脱水，致使抹灰层出现空鼓、裂缝、脱落等质量问题，在抹灰之前，需要对基层进行浇水湿润。浇水时，将水管对着砖墙上部缓缓左右移动，使水沿砖墙面缓缓流下，渗水深度以8~10mm 为宜。厚度大于 120mm 的砖墙，应在抹灰的前一天浇水，120mm 厚的砖墙浇水一遍，超过 240mm 厚的砖墙浇水两遍，60mm 厚砖墙用喷壶喷水湿润即可，但切勿使墙吸水达到饱和状态。

混凝土墙体吸水率低，浇水可以少一些。此外，各种基层的浇水程度，还与施工季节、气候和室内操作环境有关，因此应根据施工环境条件酌情掌握。

2.3.2　内墙抹灰施工

1. 工艺流程

交验→基层处理→找规矩→做灰饼→做标筋→做护角→抹底层、中层灰→罩面层抹灰。

2. 施工要点

（1）交验和基层处理。交验即对上一道工序进行检查、验收、交接，检验主体结构表面垂直度、平整度、弦度、厚度、尺寸等，若不符合设计要求，应进行修补。为了保证基层与抹灰砂浆的黏结强度，根据情况对基层进行清理、凿毛、浇水等处理。

（2）找规矩。找规矩即将房间找方。找方后将线弹在地面上，然后依据墙面的实际平整度和垂直度及抹灰总厚度规定，与找方线进行比较，决定抹灰的厚度，从而找到一个抹灰的假想平面。将此平面与相邻墙面的交线弹于相邻的墙面上，作为墙面抹灰的基准线和标筋厚度标准。

（3）做灰饼。做灰饼即做抹灰标志块。在距顶棚、墙阴角约 200mm 处，用水泥砂浆或水泥混合砂浆各做一个厚度为抹灰层厚度、直径为 50mm 的标准灰饼，再用托线板靠、吊垂直确定墙下部对应的两个灰饼厚度，其位置在踢脚板上口，使上下两个灰饼在一条垂直线上。标准灰饼做好后，再在灰饼附近墙面钉上钉子，拉水平通线，然后按间距 1.2~1.5m加做若干灰饼。要注意，凡窗口、门垛处必须做。

（4）做标筋。标筋也叫"冲筋"，就是在上下两个灰饼之间抹出一道宽 10cm 左右、厚度与灰饼相平的长条梯形灰埂，作为墙面抹灰填平的标准。其做法是：待灰饼稍干后，在上下两个灰饼中间先抹一层，再抹第二遍凸出成八字形，要比灰饼凸出 1cm 左右。然后用木杠紧贴灰饼上下左右搓，直到把标筋搓得与灰饼一样平为止，同时将标筋的两边用刮尺修成斜面，使其与抹灰面接槎顺平，如图 2-2 所示。标筋所用的砂浆，应与抹灰底层砂浆相同。

在一般情况下，标筋抹完后就可以刮平。如果标筋较软，容易将其刮坏产生凸凹不平现象。如果标筋有强度后再刮平，待墙面砂浆收缩后，会使标筋高于墙面，从而产生抹灰面不平的质量通病。

（5）做护角。室内墙面、柱面和门窗洞口的阳角抹灰要线条清晰、挺直，并应防止碰撞损坏。因此，凡是与人、物经常接触的阳角部位，不论设计有无规定，都需要做护角。

其做法：根据灰饼厚度抹灰，然后粘好八字靠尺，并找方吊直，用 1:2 水泥砂浆分层抹平，护角高度不低于 2m，每侧宽度不小于 50mm。待砂浆稍干后，再用水泥浆捋出小圆角，如图 2-3 所示。

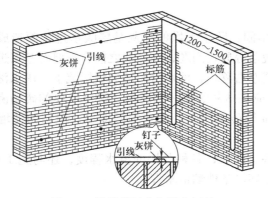

图 2-2　挂线做标准灰饼和标筋

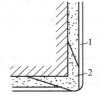

图 2-3　阳角护角
1—墙面抹灰　2—水泥护角

（6）抹底层、中层灰。将砂浆抹于墙面两条标筋之间，底层要低于标筋的 1/3，由上而下抹灰，一手握住灰板，一手握住铁抹子，将灰板靠近墙面，铁抹子横向将砂浆抹在墙面上。灰板时刻接在铁抹子下边，以便托住抹灰时掉落的砂浆。

底层灰凝结后再抹中层灰，依灰饼、标筋厚度装满砂浆为准，然后用中、短木杠按标筋刮平。用木杠刮砂浆时，双手紧握木杠，均匀用力，由下往上移动，并使木杠前进方向的一边略微翘起。对于凹陷处要补填砂浆，然后再刮，直至刮平为止。紧接着用木抹子搓磨一遍，使表面达到平整密实。墙体的阴角处，先用方尺上下核对方正，然后用阴角器上下扯动抹平，使室内四角达到方正，如图 2-4 所示。

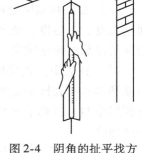

图 2-4　阴角的扯平找方

（7）罩面层抹灰。内墙面层抹灰常用纸筋灰、石灰砂浆、大白腻子等罩面。面层抹灰应在底层砂浆稍干后进行，否则会产生"咬色"和面层空鼓等质量通病。

1）纸筋灰面层抹灰。纸筋灰面层抹灰一般应在中层砂浆 6～7 成干后进行。如果底层砂浆过于干燥，应先洒水湿润，再抹面层。抹灰操作一般使用钢皮抹子或塑料抹子，两遍成活，厚度为 2～3mm。抹灰由阴角或阳角开始，自左向右依次进行，两人配合操作，一人先竖向或横向薄薄抹上一层，要使纸筋石灰与中层紧密结合，另一人横向或竖向抹第二遍，两人抹的方向应相互垂直。在抹灰的过程中，要注意抹平、压实、压光。在压平后，可用排笔或扫帚蘸水横扫一遍，使表面色泽一致。阴阳角处分别用阴阳角抹子捋光，随手用毛刷蘸水将门窗边口阳角、墙裙和踢脚板上口刷净。

2）石灰砂浆面层抹灰。石灰砂浆面层抹灰应在中层砂浆 5～6 成干时进行。如果中层抹灰较干，必须洒水湿润后再抹灰。石灰砂浆面层抹灰施工比较简单，先用铁抹子抹灰，再用刮尺由下向上刮平，然后用木抹子搓平，最后用铁抹子压光成活。

3）刮大白腻子。内墙面的面层可以不抹罩面灰，而采用刮大白腻子。大白腻子的质量配合比为大白粉：滑石粉：聚醋酸乙烯乳液：羧甲基纤维素溶液（含量 5%）＝60：40：（2～4）：75。调配时，大白粉、滑石粉（也即双飞粉）和羧甲基纤维素溶液应提前按配合比搅匀浸泡。

使用时一般应在中层砂浆干透、表面坚硬呈灰白色、没有水迹及潮湿痕迹、用铲刀刻划显白印时进行。面层刮大白腻子一般不得少于两遍，总厚度在 1mm 左右。头道腻子刮后，在基层已修补过的部位应进行复补找平，待腻子干透后，用 0 号砂纸磨平，扫净浮灰。头道腻子干燥后，再刮第二遍。

2.3.3　顶棚抹灰施工

有些建筑物由于楼板混凝土工程质量问题，造成顶棚抹灰过厚，或由于施工人员的操作问题，使顶棚抹灰脱落，因此可以采用顶棚不抹灰技术，按设计要求涂刷素水泥浆。顶棚不抹灰工艺应在钢筋混凝土楼板施工时进行控制，应确保钢筋混凝土楼板拆模后的质量。

2.3.4　外墙抹灰（保温）施工

近年来，国家对建筑节能越来越重视，出台了一系列关于节能的施工规范，在外墙抹灰时必须考虑保温体系的施工。目前常用的是外墙外保温体系，常见的保温材料有聚苯板（XPS 和 EPS）、发泡聚氨酯、加气混凝土等。因篇幅有限，这里以喷涂硬泡聚氨酯外墙涂料抹灰为例。

1. 工艺流程

喷涂硬泡聚氨酯外墙涂料的工艺流程如图 2-5 所示，基本构造如图 2-6 所示。

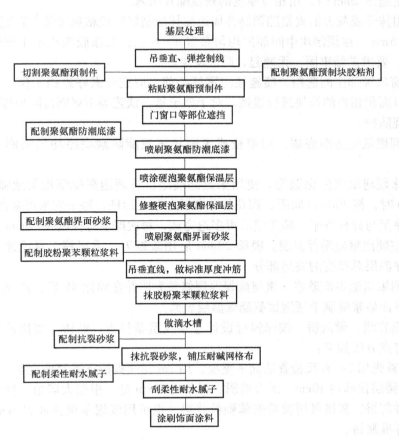

图 2-5　喷涂硬泡聚氨酯外墙涂料工艺流程

2. 施工要点

（1）基层处理。墙面清理干净、清洗油渍、清扫浮灰等。旧墙面松动、风化部分剔除干净。墙面平整度控制在 ±3mm 以下。如基层偏差过大，可通过抹砂浆找平。

（2）吊垂直、弹控制线。在顶部墙面与底部墙面下膨胀螺栓，作为大墙面挂线铁丝的垂挂点，高层建筑用经纬仪打点挂线，多层建筑

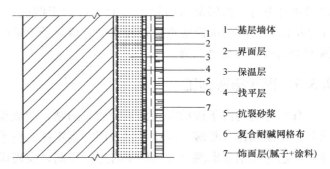

1—基层墙体
2—界面层
3—保温层
4—找平层
5—抗裂砂浆
6—复合耐碱网格布
7—饰面层(腻子+涂料)

图 2-6　喷涂硬泡聚氨酯外墙涂料基本构造

用大线坠吊细钢丝挂线，用紧线器勒紧在墙体大阴、阳角安装的钢垂线，钢垂线距墙体距离为保温层的总厚度。挂线后每层首先用 2m 杠尺检查墙面平整度，用 2m 托线板检查墙面垂直度，达到平整度要求方可施工。

（3）粘贴聚氨酯预制件。在阴阳角或门窗洞口处，粘贴聚氨酯预制件，并达到标准厚度。对门窗洞口、装饰线角、女儿墙边沿等部位，用聚氨酯预制件沿边口粘贴。墙面宽度不足 900mm 处不宜喷涂施工，可直接用相应规格尺寸的聚氨酯预制件粘贴。预制件之间应拼接严密，缝宽超出 2mm 时，用相应厚度的聚氨酯片堵塞。

粘贴时用抹子或灰刀沿聚氨酯预制件周边涂抹配制好的胶粘剂胶浆，其宽度为 50mm 左右，厚度 3~5mm，在预制块中间部位均匀布置 4~6 点，总涂胶面积不小于聚氨酯预制件面积的 30% 。要求黏结牢固，无翘起、脱落现象。

（4）门窗口等部位的遮挡。喷施硬泡聚氨酯前，应充分做好遮挡工作。一般用塑料布裁成与门窗口面积相当的布块进行遮挡。对于架子管，铁艺等不规则需防护部位应采用塑料薄膜进行缠绕防护。

（5）喷刷聚氨酯防潮底漆。用喷枪或滚刷将聚氨酯防潮底漆均匀喷刷，要求无透底现象。

（6）喷涂硬泡聚氨酯保温层。使用聚氨酯喷涂机将硬泡聚氨酯均匀地喷涂于墙面上，厚度约 10mm 时，按 300mm 间距、梅花状分布插定厚度标杆，每平方米密度宜控制在 9~10 支。继续喷涂至与标杆齐平。施工喷涂可多遍完成，每次厚度宜控制在 10mm 以内。

（7）修整硬泡聚氨酯保温层。喷涂 20min 后用裁纸刀、手锯等工具清理、修整遮挡部位以及超过保温层总厚度的突出部分。

（8）喷刷聚氨酯界面砂浆。聚氨酯保温层修整完毕并在喷涂 4h 后，用喷斗或滚刷均匀地将聚氨酯界面砂浆喷刷于硬泡聚氨酯保温层表面。

（9）吊垂直线，做灰饼。按保温层设计总厚度重新打点、贴饼。灰饼控制以找平墙面为主。具体打点方法如下：

1）每层首先用 2m 杠尺检查墙面平整度，用 2m 托线板检查墙面垂直度。

2）在距楼层顶部约 10cm、距大墙阴、阳角约 10cm 处，根据大墙角已挂好的钢垂直控制线厚度，做灰饼。灰饼可用胶粉聚苯颗粒浆料，也可用废聚苯板裁成 50mm × 50mm 小块粘贴，作为标准贴饼。

3）待标准贴饼固定后，在两水平贴饼间拉水平控制线，将带小线的小圆钉插入标准贴

饼，拉直小线，使小线比标准贴饼略高1mm，两贴饼间按1.5m间隔水平粘贴若干标准贴饼。聚氨酯保温层厚度超过控制线的部分用手锯修平。

4）用线坠吊垂直线，在距楼层底部约10cm、距大墙阴、阳角10cm处粘贴标准贴饼。按1.5m左右的间隔沿垂直方向粘贴标准贴饼。聚氨酯保温层厚度超过控制线的部分用手锯修平。

5）每层贴饼作业完成后水平方向用2~5m小线拉线检查贴饼的一致性。垂直方向用2m托线板检查垂直度，并测量灰饼厚度，做好记录。

（10）抹胶粉聚苯颗粒浆料。抹胶粉聚苯颗粒浆料进行找平，应分两遍施工，每遍间隔24小时以上。抹头遍浆料应压实，厚度不宜超过10mm。抹第二遍浆料应达到平整度要求，用托线尺检验是否达到验收标准。具体做法如下：

1）胶粉聚苯颗粒浆料抹灰前应用2m铝合金靠尺检查平整度，通过第一遍抹灰修整使墙体平整度基本达到±5mm要求。

2）胶粉聚苯颗粒浆料第二遍抹灰厚度可略高于灰饼的厚度，而后用杠尺刮平，凹处用抹子局部修补平整；待抹完找平面层2~3h后，用抹子再赶抹墙面，用2m靠尺和托线尺检测墙面平整度、垂直度、要求平整度、垂直度应控制在±2mm。

（11）做滴水槽。找平层施工完成后，根据设计要求拉滴水槽控制线。用壁纸刀沿线划出滴水槽，按设计要求做滴水槽。

找平层施工完成3~7d，且保温层施工质量验收合格以后，即可进行抗裂砂浆层施工。

1）抹抗裂砂浆，铺压耐碱网格布。耐碱网格布长度3m左右，尺寸预先裁好。抗裂砂浆分两遍完成，总厚度约3~5mm。抹面积与网格布相当的抗裂砂浆后应立即用铁抹子压入耐碱网格布。耐碱网格布间搭接宽度不应小于50mm，按照从左至右、从上到下的顺序立即用铁抹子压入耐碱网格布，严禁干搭。阴阳角处应压槎搭接，搭接宽度不小于150mm，保证阴阳角处的方正和垂直度。耐碱网格布要含在抗裂砂浆中，铺贴平整，无褶皱，可隐约见网格，砂浆饱满度达到100%。局部不饱满处应补抹第二遍抗裂砂浆找平并压实。

门窗洞口等处应沿45°方向提前增贴一道网格布（300mm×400mm），如图2-7所示。

抗裂砂浆完成后，应检查平整、垂直及阴阳角方正，不符合要求的应用抗裂砂浆进行修补。严禁在此面层上抹普通水泥砂浆腰线、窗口套线等。

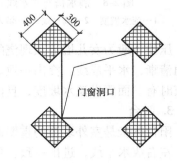

图2-7　窗洞口增贴一道网格布

2）刮柔性耐水腻子、涂刷饰面涂料。抗裂层干燥后，刮柔性耐水腻子（多遍成活，每次刮涂厚度控制在0.5mm左右），涂刷饰面涂料，应做到平整光洁。

2.3.5　细部抹灰施工

细部抹灰包括的内容很多，这里仅作部分介绍。

1. 窗台

在建筑房屋工程中，砌砖窗台一般分为外窗台和内窗台。抹外窗台一般用1:2.5的水泥砂浆打底，用 1:2 的水泥砂浆罩面。窗台操作难度较大，一个窗台有五个面、八个角、一条凹档、一条滴水线或滴水槽，质量要求比较高。外窗台抹灰一般将其上面做成向外的流水坡度（设计无要求时，流水坡度以 10% 为宜），底面做滴水槽或滴水线，如图 2-8 所示。滴水槽的做法是：在底面距边口 20mm 处粘分格条，滴水槽的宽度及深度均不小于 10mm，并要整齐一致。滴水线的做法是：将窗台下边口的直角改为锐角，并将角往下伸约 10mm，形成滴水。用水泥砂浆抹内窗台的方法与外窗台一样。抹灰应分层进行。

2. 压顶

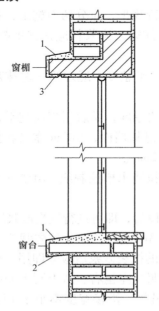

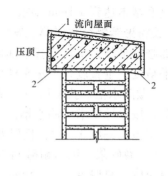

图 2-8　滴水槽与滴水线
1—流水坡度　2—滴水线　3—滴水槽

图 2-9　压顶抹灰
1—流水坡度　2—滴水线

压顶一般为女儿墙墙顶现浇的混凝土板带，也可以用砖砌成。压顶要求表面平整光洁，棱角清晰，水平成线，突出一致。因此抹灰前一定要拉上水平通线。但因其两面有檐口，在抹灰时有一面要做流水坡度，且两面都要设滴水线，如图 2-9 所示。

3. 阳台

阳台抹灰是室外装饰的重要部分，关系到建筑物表面的美观，要求各个阳台上下成垂直线，左右成水平线，进出一致，各个细部统一，颜色相同。

阳台抹灰找规矩的方法是：由最上层阳台的突出阳角及靠墙阴角往下挂垂线，找出上下各层阳台进出误差及左右垂直误差，以大多数阳台进出及左右边线为依据，误差小一些的，可以上下左右顺一下，误差较大的，要进行必要的结构处理。对于各相邻阳台要拉水平通线，对于进出及高低误差太大的要进行处理。

根据找好的规矩，确定各部位的抹灰厚度，再逐层逐个找好规矩，做灰饼。最上层两头抹好后，以下都以这两个挂线为准做灰饼。抹灰还应注意阳台地面排水坡度方向，要顺向阳台两侧的排水孔，不要抹成倒流水。阳台底面抹灰与顶棚抹灰相同，但要注意留好排水坡度。

4. 柱子

柱子按材料不同一般可分为砖柱、混凝土柱、钢筋混凝土柱等；按其形状不同又可分为方柱、圆柱、多角形柱等。室内柱子一般用石灰砂浆或水泥砂浆抹底层和中层，用麻刀石灰或纸筋石灰抹面层；室外柱一般用水泥砂浆抹灰。柱子抹灰施工的关键在于找规矩、做灰饼。

（1）方柱。如果方柱为独立柱，应按设计图纸标示的柱子轴线，测定柱子的几何尺寸和位置，在楼地面上弹上垂直的两条中心线，并弹上抹灰后的柱子边线（注意阳角都要规方），然后在柱顶卡固短靠尺，拴上线锤往下垂吊，并调整线锤对准地面上的四角边线，检查柱子各面的垂直度和平整度。如果不超过规定误差，在柱四角距地坪和顶棚各 150mm 左右处做灰饼，如图 2-10 所示。如果超过规定误差，应先进行处理，再找规矩、做灰饼。

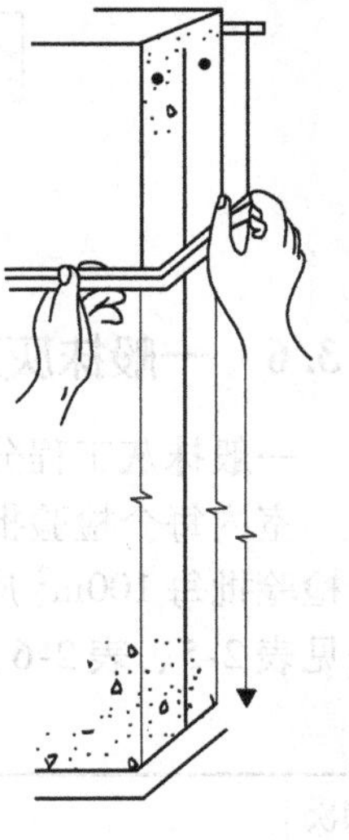

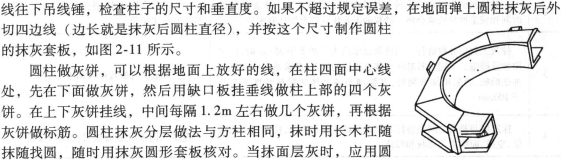

图 2-10　独立方柱找规矩

柱子四面的灰饼做好后，应先在侧面卡固八字靠尺，对正面和反面进行抹灰；再把八字靠尺卡固正、翻面，对柱两侧面抹灰。底层和中层抹灰要用短木刮平，木抹子搓平。第二天对抹面进行压光。

（2）圆柱。独立圆柱找规矩，也应按设计要求找出纵横两个方向的中心线，并在柱上弹纵横两个方向的四根中心线。按四面中心点，在地面上弹出四个点的切线，形成圆柱的外切四边线，四边线各边长就是圆柱的实际直径。然后用缺口木板方法，由上四面中心线往下吊线锤，检查柱子的尺寸和垂直度。如果不超过规定误差，在地面弹上圆柱抹灰后外切四边线（边长就是抹灰后圆柱直径），并按这个尺寸制作圆柱的抹灰套板，如图 2-11 所示。

圆柱做灰饼，可以根据地面上放好的线，在柱四面中心线处，先在下面做灰饼，然后用缺口板挂垂线做柱上部的四个灰饼。在上下灰饼挂线，中间每隔 1.2m 左右做几个灰饼，再根据灰饼做标筋。圆柱抹灰分层做法与方柱相同，抹时用长木杠随抹随找圆，随时用抹灰圆形套板核对。当抹面层灰时，应用圆形套板沿柱子上下滑动，抹成圆形。

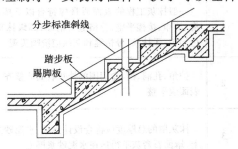

图 2-11　套板

5. 楼梯

楼梯在正式抹灰前，要将楼梯踏步、栏板等清理刷净，安装的栏杆、扶手等预埋件用细石混凝土灌实。然后根据休息平台的标高和楼面标高，按上下两头踏步口，在楼梯侧面墙上和栏板上弹出一道踏步标准线，如图 2-12 所示。抹灰时，将踏步角对在斜线上。

分步标准斜线

踏步板
踢脚板

在抹灰前，先浇水进行湿润，抹厚约 15mm 的1∶3 的水泥砂浆。抹灰时，先抹踢脚板，再抹踏步板，逐步由上向下做。抹踢脚板时，先用八字靠尺压在上面，一般用砖压尺，按尺寸留出灰口。依着

图 2-12　楼梯踏步线

靠尺进行抹灰，然后用木抹子搓平。再把靠尺支在立面上抹平面灰，也用木抹子搓平，如图 2-13 所示。罩面灰用 1:2 的水泥砂浆，厚约 8mm。24h 后开始浇水养护，时间为一周。

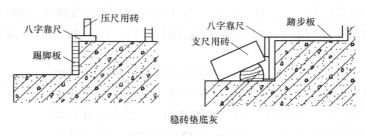

图 2-13　踏步板的抹灰

2.3.6　一般抹灰工程的质量验收

一般抹灰工程分为普通抹灰和高级抹灰，当设计无要求时，按普通抹灰验收。

室内每个检验批应至少抽查 10%，并不得少于 3 间；不足 3 间时应全数检查。室外每个检验批每 $100m^2$ 应至少抽查一处，每处不得小于 $10m^2$。其主控项目、一般项目及检验方法见表 2-5、表 2-6，允许偏差见表 2-7。

表 2-5　一般抹灰工程主控项目及检验方法

项次	项 目 内 容	检 验 方 法
1	抹灰前基层表面的尘土、污垢、油渍等应清除干净，并应洒水润湿	检查施工记录
2	一般抹灰所用材料的品种和性能应符合设计要求。水泥的凝结时间和安定性复验应合格。砂浆的配合比应符合设计要求	检查产品合格证书；进场验收记录；复验报告和施工记录
3	抹灰工程应分层进行。当抹灰总厚度大于或等于 35mm 时，应采取加强措施。不同材料基体交接处表面的抹灰，应采取防止开裂的加强措施，当采用加强网时，加强网与各基体的搭接宽度不应小于 100mm	检查隐蔽工程验收记录和施工记录
4	抹灰层与基层之间及各抹灰层之间必须黏结牢固，抹灰层应无脱层、空鼓，面层应无爆灰和裂缝	观察；用小锤轻击检查；检查施工记录

表 2-6　一般抹灰工程一般项目及检验方法

项次	项 目 内 容	检 验 方 法
1	一般抹灰工程的表面质量应符合以下要求：普通抹灰表面应光滑、洁净、接槎平整，分格缝应清晰；高级抹灰表面应光滑、洁净、颜色均匀、无抹纹，分格缝和灰线应清晰美观	观察；手摸检查
2	护角、孔洞、槽、盒周围的抹灰表面应整齐、光滑；管道后面的抹灰表面应平整	观察
3	抹灰层的总厚度应符合设计要求；水泥砂浆不得抹在石灰砂浆层上，罩面石膏灰不得抹在水泥砂浆层上	检查施工记录

（续）

项次	项 目 内 容	检 验 方 法
4	抹灰分格缝的设置应符合设计要求,宽度和深度应均匀,表面应光滑,棱角应整齐	观察;尺量检查
5	有排水要求的部位应做滴水线(槽)。滴水线(槽)应整齐顺直,滴水线应内高外低,滴水槽的宽度和深度均不应小于10mm	观察;尺量检查

表 2-7　一般抹灰的允许偏差和检验方法

项次	项 目	允许偏差/mm		检 验 方 法
		普通抹灰	高级抹灰	
1	立面垂直度	4	3	用2m垂直检测尺检查
2	表面平整度	4	3	用2m靠尺和塞尺检查
3	阴阳角方正	4	3	用直角检测尺检查
4	分格条(缝)直线度	4	3	拉5m线,不足5m拉通线,用钢直尺检查
5	墙裙、勒脚上口直线度	4	3	

注: 1. 普通抹灰,本表第 3 项阴角方正可不检查。

　　2. 顶棚抹灰,本表第 2 项表面平整度可不检查,但应平顺。

2.4　装饰抹灰施工

2.4.1　水刷石装饰抹灰

1. 对材料的要求

（1）水泥。水泥宜用抗压强度不低于 32.5MPa 的矿渣硅酸盐水泥或普通硅酸盐水泥,应用颜色一致的同批产品。

（2）砂子。砂子宜采用中砂,使用前应用5mm 筛孔过筛,含泥量不大于3%。

（3）石子。石子采用颗粒坚硬的石英石（俗称水晶石子）,应淘洗干净,不含针片状和其他有害物质。若采用彩色石子应分类堆放。

（4）浆料配合比。水刷石浆料的配合比,依石粒粒径的大小而定,一般为水泥∶大八厘石粒（粒径8mm）∶中八厘石粒（粒径6mm）∶小八厘石粒（粒径4mm）＝1∶1∶1.25∶1.5（体积比）。如饰面采用多种彩色石子级配,按统一比例掺合搅拌均匀。

2. 施工工艺

（1）工艺流程。基层处理→抹底层、中层灰→弹线、黏结分格条→抹面层浆料→刷洗面层→起分格条、勾缝→浇水养护。

（2）施工要点

1）基层处理。水刷石装饰抹灰基层处理方法与一般抹灰基层处理方法相同。但因水刷石装饰抹灰底、中层及面层总的平均厚度较一般抹灰层厚,且比较重,若基层处理不好，抹灰层极易产生空鼓或坠裂，因此要认真将基层表面酥松部分去掉再洒水湿润墙。

2）抹底层灰、中层灰，搓毛验收。抹底层灰前为增加黏结的牢度，先在基层涂刷一遍108 胶水溶液，用1:2 水泥砂浆打底。稍收水后将其表面刮毛，再找规矩。先做上排灰饼，再吊垂直线和横向拉通线，做中间和下排的灰饼和标筋，抹1:（2.5~3）的中层找平砂浆，找平层必须刮平搓毛，并且用托线板检查平整度。

3）弹线分格、粘分格条。水刷石分格是避免施工接槎的一种措施，同时便于面层分块分段进行操作。粘贴分格条用素水泥浆，要求四周交接严密、横平竖直、接槎整齐，不得有扭曲现象；而且水泥浆不宜超过分格条，超出的部分要刮掉。

4）抹面层浆料。先刷水灰比为0.37~0.40 的素水泥浆一道，随即抹面层石粒浆，稠度以5~7cm 为宜。石粒应颗粒均匀、坚硬、洁净，色泽一致。抹面层时，应一次成活，随抹随用铁抹子压紧、揉实，但不要把石粒压得过死。每一块方格内应自下而上进行施工，抹完一块后，用直尺检查其平整度。同一平面的面层要求一次完成，不留施工缝；如必须留施工缝，应留在分格条的位置上。

5）刷洗面层。待面层六七成干时，即可刷洗面层。刷洗分两遍进行，第一遍先用软毛刷蘸水刷掉面层水泥浆露出石渣，第二遍用喷雾器将四周相邻部位喷湿，然后按由上往下的顺序喷水，使石渣露出表面 1/3 ~ 1/2 粒径，达到清晰可见、分布均匀即可。

6）起分格条、勾缝。对局部石渣不均匀、外露尖角太多或表面不平整等不符合质量要求的地方进行修整、拍平，分格条处重新勾缝。

7）浇水养护。水刷石抹完第二天起要洒水养护，养护时间不少于一周。夏季酷热天施工时，应考虑搭设临时遮阳棚，防止阳光直射，避免因水泥早期脱水而影响强度，削弱黏结力。

2.4.2 干粘石装饰抹灰

干粘石是将彩色石粒直接粘在砂浆层上的一种饰面做法，其外观效果与水刷石相近，适用范围与水刷石相同。其施工操作比水刷石简单，工效高，造价低，又能减少湿作业，因而对于一般装饰要求的建筑均可以采用，但是房屋底层不宜采用。

1. 对材料的要求

（1）水泥。干粘石所用的水泥宜用抗压强度不低于 32.5MPa 的矿渣硅酸盐水泥或普通硅酸盐水泥，应用颜色一致的同批产品。

（2）砂子。最好用中砂或粗砂与中砂混合掺用，平均粒径为 0.35~0.50mm，要求颗粒坚硬洁净，含泥量不得超过3%。砂子在使用前应过筛。

（3）石子。干粘石所用石子的粒径以小一点为好，以 3~4mm 或 5~6mm 为宜。但也不宜过小，太小则容易脱落泛浆。使用时，将石子认真淘洗，晾晒后妥善存放。

（4）石灰膏。干粘石应控制石灰膏的含量，一般掺量为水泥用量的 1/3 ~ 1/2。石灰膏用量过大，会降低面层砂浆的强度。

（5）颜料粉。干粘石应使用矿物质的颜料粉，如铬黄、铬绿、氧化铁红、氧化铁黄、炭黑、黑铅粉等。不论用哪种颜色粉，进场后都要经过试验。颜料粉的品种、货源、数量，要根据工程需要一次进够，否则无法保证色调一致。

2. 施工工艺

（1）工艺流程。基层处理→抹底层、中层灰→弹线、黏结分格条→抹黏结层砂浆→撒石粒、压平→起分格条、勾缝→浇水养护。

（2）施工要点。基层处理和抹底层、中层灰以及弹线、黏结分格条工艺与水刷石相同。

1）抹黏结层砂浆。待中层抹灰六至八成干时，经验收合格后，应按设计要求弹线，粘贴分格条（方法同外墙抹灰），然后洒水润湿，刷素水泥浆一道，接着抹水泥砂浆黏结层。黏结层砂浆稠度以 6~8cm 为宜。

黏结层很重要，抹前用水湿润中层，黏结层的厚度取决于石子的大小，当石子为小八厘时，黏结层厚 4mm；当石子为中八厘时，黏结层厚 6mm；当石子为大八厘时，黏结层厚 8mm。

湿润后，还应检查干湿情况。对于干得快的地方，用排刷补水到适度，方能开始抹黏结层。黏结层不宜上下同一厚度，更不宜高于嵌条。一般在下部约 1/3 的高度范围内要比上面薄些；整个分块表面要比嵌条薄 1mm 左右。撒上石子压实后，不但平整度可靠，而且能避免下部鼓包、皱皮现象发生。

2）撒石粒、压平。黏结层抹完后，待干湿情况适宜时即可手甩石粒，甩石粒时，用力要平稳有劲，方向应于墙面垂直，使石粒均匀地嵌入黏结砂浆中，然后随即用铁抹子将石子拍入黏结层。拍压时，用力要合适，一般以石粒嵌入砂浆的深度不小于粒径的 1/2 为宜。甩石粒应遵循"先边角后中间，先上面后下面"的原则。阳角处甩石粒时应两侧同时进行，以避免两边收水不一而出现明显接槎。对于墙面石粒过稀或过密处，一般不宜甩补，应将石粒用抹子或手直接补上或适当剔除。

3）起条、勾缝、修整。对局部有石粒下坠、不均匀、外露尖角太多或表面不平整等不符合质量要求的地方应立即修整、拍平，分格条处应重新勾描，以达到墙面表面平整、石粒饱满、色泽均匀、线条顺直清晰。

4）喷水养护。干粘石的面层施工应加强养护。24h 后，洒水养护 2~3d。夏季日照强，气温高，要求有适当的遮阳条件，避免阳光直射。砂浆强度未达到足以抵抗外力时，应注意防止脚手架、工具等撞击、触动，以免石子脱落。

2.4.3 斩假石装饰抹灰

斩假石又称"剁斧石"，是用水泥和白石屑加水拌和抹在建筑物或构件表面，待硬化后用斩斧（剁斧）、单刃或多刃斧、凿子等工具剁成像天然石那样有规律的石纹的一种装饰抹灰。

1. 对材料的要求

（1）水泥。斩假石应采用抗压强度为 32.5MPa 的普通硅酸盐水泥和矿渣硅酸盐水泥，所用水泥应是同一强度等级、同一批号、同一厂家、同一颜色、同一性能。

（2）骨料。斩假石所用的骨料（石子、玻璃等）应颗粒坚硬，色泽一致，不含杂质，使用前必须过筛、洗净、晾干，防止污染。

（3）颜料。对有颜色要求的墙面，应挑选耐碱、耐光的矿物颜料，并与水泥一次干拌均匀，过筛装袋备用。

2. 施工工艺

（1）工艺流程。基层处理→抹底、中层灰、搓毛验收→弹线、粘贴分格条→抹面层水泥浆→养护→试剁→斩剁。

（2）施工要点。除了抹面层水泥浆和斩剁面层外，其余均同水刷石装饰抹灰。

1）抹面层水泥浆一般分两次进行。先薄薄地抹一层砂浆，稍收水后再抹一遍砂浆与分格条平。用刮尺赶平，待收水后再用木抹子打磨压实。面层抹灰完成后，随即进行养护，常温下一般养护2~3d，强度应控制在5MPa。

2）面层斩剁时，应先进行试斩，以石子不脱落为准。斩剁前，应先弹顺线，并离开剁线适当距离按线操作，以免剁纹跑斜。斩剁应自上而下进行，先将四周边缘和棱角部位仔细剁好，再剁中间大面。同时必须保持墙面湿润，如墙面过于干燥，应予蘸水斩剁，但斩剁完成部分不得蘸水。

2.4.4 假面砖装饰抹灰

假面砖装饰抹灰是指采用彩色砂浆和相应的工艺处理，将抹灰面制成陶瓷饰面砖分块形式及表面效果的装饰抹灰做法。

1. 对材料的要求

假面砖装饰抹灰用水泥、石灰膏配合一定的矿物颜料制成彩色砂浆，可按设计要求调配颜色，一般多配成土黄色、淡黄色、咖啡色等，并做出样板与设计对照，以确定合适的配合比。配制彩色砂浆，这是保证假面砖装饰抹灰表面效果的基础。

2. 施工工艺

（1）工艺流程。基层处理→吊线、找方→做灰饼、标筋→抹底层、中层灰→抹面层灰、做面砖→清扫墙面。

（2）施工要点。基层处理和吊线、找方以及做灰饼、标筋前述内容已作介绍。

1）抹底层和中层灰。一般采用1:3的水泥砂浆，其表面要达到平整、粗糙的要求。待中层凝结硬化后洒水湿润养护，并可进行弹线。先弹出宽缝线，用以控制面层划沟（面砖凹缝）的顺直度，然后抹3mm厚的1:1的水泥砂浆垫层，紧接着抹面层彩色砂浆，厚度3~4mm。

2）抹面层灰、做面砖。待面层彩色砂浆稍微收水后，即用铁梳子沿靠尺板划纹，纹深1mm左右，划纹方向与宽缝线相互垂直，作为假面砖的密缝；然后用铁皮刨或铁钩沿靠尺板划沟，纹路凹入深度以露出垫层为准，随手扫净飞边砂粒。

这里，假面砖装饰抹灰施工，除了拌制彩色砂浆的工具外，其操作工具主要用到了靠尺板（上面划出面砖分块尺寸的刻度），划缝用的铁皮刨、铁钩、铁梳子或铁辊等。用铁皮刨或铁钩划制模仿饰面砖墙面的宽缝效果，用铁梳子或铁辊划出或滚压出饰面砖的密缝效果。

2.4.5 装饰抹灰工程的质量验收

室内每个检验批应至少抽查10%，并不得少于3间；不足3间时应全数检查。室外每个检验批每100m² 应至少抽查一处，每处不得小于10m²。其主控项目、一般项目及检验方法见表2-8、表2-9，允许偏差见表2-10。

表 2-8 装饰抹灰工程主控项目及检验方法

项次	项 目 内 容	检 验 方 法
1	抹灰前基层表面的尘土、污垢、油渍等应清除干净,并应洒水润湿	检查施工记录
2	装饰抹灰工程所用材料的品种和性能应符合设计要求。水泥的凝结时间和安定性复验应合格。砂浆的配合比应符合设计要求	检查产品合格证书、进场验收记录、复验报告和施工记录
3	抹灰工程应分层进行。当抹灰总厚度大于或等于 35mm 时,应采取加强措施。不同材料基体交接处表面的抹灰,应采取防止开裂的加强措施,当采用加强网时,加强网与各基体的搭接宽度不应小于100mm	检查隐蔽工程验收记录和施工记录
4	各抹灰层之间及抹灰层与基体之间必须黏结牢固,抹灰层应无脱层、空鼓和裂缝	观察;用小锤轻击检查;检查施工记录

表 2-9 装饰抹灰工程一般项目及检验方法

项次	项 目 内 容	检 验 方 法
1	装饰抹灰工程的表面质量应符合下列规定: (1)水刷石表面应石粒清晰、分布均匀、紧密平整、色泽一致,应无掉粒和接槎痕迹 (2)干粘石表面应色泽一致、不露浆、不露粘,石粒应黏结牢固、分布均匀,阳角处应无明显黑边 (3)斩假石表面剁纹应均匀顺直、深浅一致,应无漏剁处;阳角处应横剁并留出宽窄一致的不剁边条,棱角无损坏 (4)假面砖表面应平整、沟纹清晰、留缝整齐、色泽一致,应无掉角、脱皮、起砂等缺陷	观察;手摸检查
2	装饰抹灰分格条(缝)的设置应符合设计要求,宽度和深度应均匀,表面应平整光滑,棱角应整齐	观察
3	有排水要求的部位应做滴水线(槽)。滴水线(槽)应整齐顺直,滴水线应内高外低,滴水槽的宽度和深度均不应小于10mm	观察;尺量检查

表 2-10 装饰抹灰的允许偏差和检验方法

项次	项 目	允许偏差/mm				检 验 方 法
		水刷石	干粘石	斩假石	假面砖	
1	立面垂直度	5	5	4	5	用 2m 垂直检测尺检查
2	表面平整度	3	5	3	4	用 2m 靠尺和塞尺检查
3	阳角方正	3	4	3	4	用直角检测尺检查
4	分格条(缝)直线度	3	3	3	3	拉 5m 线,不足 5m 拉通线,用钢直尺检查
5	墙裙、勒脚上口直线度	3	—	3	—	

2.5 工程实践案例

杭州某 20 层剪力墙结构的高层住宅，主体结构已经过中间验收并合格，外墙装修采用三种颜色的外墙面砖饰面，施工作业条件已经具备。在找平层抹灰前，施工单位对外墙平整度进行了全面检查，发现同一墙面的凹、凸点最大差值有 105mm。这样进行找平层的施工，必然使得抹灰层超厚，易于导致找平层连同外墙面砖饰面的整体大块脱落。为了减少超厚，施工单位决定对混凝土表面外凸过多部位剔凿，对蜂窝、麻面、露筋、疏松部分等凿到实处，用 1:2.5 水泥砂浆分层补平，把外露钢筋头和铅丝等清除掉。经处理后统计，抹灰厚度在 20mm 以下、无需处理的点占 27.3%，剔凿点占 33.1%，超厚点39.6%，超厚点平均抹灰厚度为 42.8mm，最大抹灰厚度为 67mm。

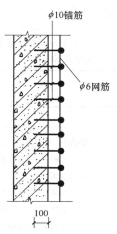

鉴于此，施工单位决定采用打钉挂网的方法来解决外墙抹灰层超厚的问题，具体处理方法如图 2-14 所示。首先在剪力墙的外墙面用电钻打孔，深度为 100mm 左右，用锤头往孔内打入直径为 10mm、双向间距为 500mm 的锚筋，然后布置直径为 6mm、双向间距为500mm 的钢筋网片，最后再外挂 14 号镀锌钢丝网。通常抹灰厚度40mm 左右的，挂一层网；60mm 左右的，挂两层网。因为总的找平层抹灰厚度较大，为保证施工质量，施工单位没有采用抹水泥砂浆做找平层，而是采用了立模浇筑细石混凝土。

图 2-14　处理方法

这个案例告诉我们，剪力墙施工过程中，应严格控制其平整度和垂直度，避免随着施工高度的增加而产生累积偏差；剪力墙浇筑所用的模板，其横楞、竖楞、支撑和对拉螺栓应经过计算来确定其间距，以保证施工过程中不发生胀模；同时从建筑物的底层到顶层，不同部位应有特定的施工班组来负责浇筑混凝土。

实训内容——24 砖墙的抹灰

1. 任务

分组完成一段 24 砖墙的一般抹灰施工。

2. 条件

（1）在实训基地已具备条件的场地上施工。指导教师根据场地情况，按照施工操作规范提前砌筑 24 砖墙，长度和高度根据场地情况而定，要求预留有门窗洞口。

（2）抹灰所用的全部材料应组织进场，并按实训现场平面布置所指示的堆放位置，分类堆放，以备使用。材料加工如淋石灰膏、砂子的筛分、纸筋的制备要集中解决。所有材料要符合规范和施工要求，有材料检测报告和合格证。

（3）完成水泥砂浆（抹底层、中层）、纸筋石灰（罩面）的配合比设计和试配。

（4）主要施工机具有砂浆搅拌机、手推车、小灰桶、各种抹子、托灰板、木杠、八字靠尺、筛子等，由指导教师提供。

3. 施工工艺

基层处理→浇水湿润→吊垂直、找规矩→做灰饼和标筋→做门窗护角→抹底层、中层灰→罩面层抹灰。

4. 组织形式

以小组为单位，每组 4~5 人，指定小组长，小组进行编号，完成的任务即砖墙抹灰段编号同小组编号。

5. 其他

（1）小组成员注意协作互助，在开始操作前以小组为单位合作编制一份简单的针对该行动的局部施工方案和验收方案。

（2）安全保护措施。

（3）环境保护措施等。

本章小结：

本章从施工机具、所用材料及要求入手，按施工过程介绍了一般抹灰中内墙抹灰、顶棚抹灰、外墙抹灰（保温）和细部抹灰的施工工艺以及装饰抹灰中水刷石、干粘石、斩假石等的施工工艺，并在此基础上分别介绍了一般抹灰和装饰抹灰工程的质量验收，使学生学会正确选择材料和组织施工的方法，力求培养学生解决施工现场常见工程质量问题的能力。

复习思考题：

1. 抹灰工程根据装饰效果可分为哪几种？
2. 一般抹灰分为哪几个类别？其主要做法和各自适用的范围是什么？
3. 简述一般抹灰饰面施工前的准备工作。
4. 一般抹灰中的内墙、顶棚、外墙（保温）抹灰施工工艺主要包括哪些内容？
5. 简述外窗台抹灰中滴水槽和滴水线的做法。
6. 一般抹灰中独立方柱如何制作灰饼？
7. 水刷石、干粘石、斩假石、假面砖装饰抹灰的施工工艺分别是什么？

第3章 吊顶工程施工

学习目标:

(1) 通过对不同形式吊顶施工工艺的重点介绍,使学生能够对其完整的施工过程有一个全面的认识。

(2) 通过对其施工工艺的学习,使学生学会正确选择材料和组织施工的方法,培养学生解决施工现场中常见工程质量问题的能力。

(3) 在掌握施工工艺的基础上,使学生初步了解工程质量要求与验收标准。

学习重点:

(1) 木龙骨、轻钢龙骨吊顶的施工工艺。

(2) 木龙骨、轻钢龙骨吊顶的质量验收。

(3) 铝合金龙骨吊顶的施工及质量验收。

(4) 其他形式吊顶的构造与施工工艺。

学习建议:

(1) 从构件组成、所用材料及施工机具入手,按施工过程学习每一种吊顶形式的施工工艺。

(2) 结合实训任务,指导学生在真实情境中完成整个施工过程并写出操作、安全注意事项和感受。

(3) 通过案例教学,提出施工中经常出现的质量问题,课堂讨论产生的原因及解决方法,并要求在课后查找相关资料,进一步深刻领会成功案例的经验和失败案例的教训。

吊顶,或称顶棚,是室内空间三大界面的顶界面,对室内的整体装饰效果有着重要的影响。在吊顶的装饰设计中要从建筑功能、建筑声学、建筑照明、设备安装、管线埋设、防火安全、维护检修等多方面综合考虑。

吊顶的形式和种类繁多。按骨架材料不同,可分为木龙骨吊顶、轻钢龙骨吊顶和铝合金龙骨吊顶等;按罩面材料的不同,可分为抹灰吊顶、纸面石膏板吊顶、纤维板吊顶、胶合板吊顶、塑料板吊顶和金属板吊顶等;按设计功能不同,可分为艺术装饰吊顶、吸声吊顶、隔声吊顶和发光吊顶等;按安装方式不同,可分为直接式吊顶与悬吊式吊顶等。在吊顶装饰工程施工中,主要是按其安装方式不同进行分类介绍。

直接式吊顶按照施工方法和装饰材料不同,可以分为直接刷(喷)浆顶棚、直接抹灰顶棚和直接粘贴式顶棚。悬吊式吊顶又称为天花板、天棚等,是指在楼(屋)面结构层之下一定垂直距离的位置,通过设置吊杆而形成的顶棚结构层,能满足室内顶面的装饰要求,具有保温、隔热、隔声和吸声作用。吊顶既可以增加室内的亮度和美观,又能达到节约能耗的目的,是现代装饰设计中所提倡的,其施工的有关内容也是本章介绍的重点。

吊顶的形式和种类虽然很多，但其功能和施工工艺基本相同。本章只着重介绍目前在装饰工程中常见的吊顶形式。按龙骨材料的不同，主要介绍木龙骨吊顶、轻钢龙骨吊顶；按饰面材料的不同，主要介绍纸面石膏板与金属装饰板。

3.1 吊顶工程施工常用的机具

3.1.1 常用手工工具

常用手工工具见表3-1。

表 3-1 常用手工工具

序号	名称	简 图	主要用途
1	制动式钢卷尺		测量建筑物构件长度的量具
2	摇卷架式钢卷尺		
3	角尺		检验构件相邻面是否成直角
4	木水平尺		检验建筑构件、安装件表面的水平或垂直
5	钢制水平尺		
6	线锤		检验建筑构件的垂直度
7	墨斗		弹线

3.1.2 常用机械

常用机械见表3-2。

表3-2 常用机械

序号	名称	简 图	主要用途
1	电锤		广泛用于装饰工程中,特别在主体结构上钻孔的电动工具
2	电动冲击钻		在混凝土、砖墙等基体上钻孔、扩孔
3	打钉机		在木龙骨上钉木夹板、纤维板、石膏板、刨花板、木线条等
4	电动自攻钻		用带有钻头的自攻螺钉将石膏板固定于轻钢龙骨或铝合金龙骨上
5	微型空气压缩机		动力来源
6	型材切割机		切割各种型材

3.2 木龙骨吊顶施工

木龙骨吊顶为传统的悬吊式吊顶做法,这种类型施工灵活,适应性广,但受空气中潮气影响较大,容易引起干缩湿胀变形。目前该做法被广泛应用于小空间且界面造型复杂多变的室内装饰工程，其中最常见的是木龙骨木质胶合板钉装式罩面的吊顶工程，其施工工艺较为简单，不需要太高的操作技术水平，按设计要求将木龙骨骨架安装合格后，即可固定胶合板面层。

3.2.1 木龙骨吊顶的构件组成及对材料的要求

1. 木龙骨吊顶的构件组成

木龙骨吊顶是由木方制成的龙骨骨架和石膏板、胶合板、纤维板等面板构成，如图 3-1 所示。

2. 木龙骨吊顶对材料的要求

（1）对木龙骨木方的要求。木龙骨木方型材其材质和规格应符合设计要求，通常采用 50mm × 70mm。当采用马尾松、木麻黄、桦木、杨木等易腐朽和虫蛀的树材时，整个构件应做防腐及防虫处理，并应根据《高层民用建筑设计防火规范》（GB 50045—1995）、《建筑内部装修设计防火规范》（GB 50222—1995）等国家现行标准的相关规定，按设计要

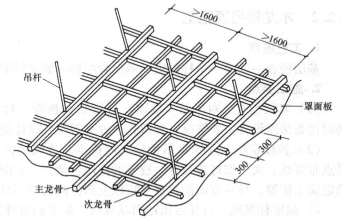

图 3-1　木龙骨吊顶构造

求选用难燃木材成品或对龙骨构件涂刷防火涂料或将龙骨木方浸渍在防火涂料溶液槽内等，所选用的防火涂料可以是硅酸盐涂料（用于不直接受潮湿作用的构件上）、掺有防火剂的油质涂料和氯乙烯涂料及其他以氯化碳化氢为主的涂料（用于露天构件上）。总之，必须使吊顶装饰装修材料达到 A 级或 B_1 级。

（2）对胶合板材的质量要求。加工胶合板的主要阔叶树种有水曲柳、核桃楸、榆木、椴木、杨木、桦木、泡桐、柞木、槭木等，主要针叶树种有樟子松、马尾松、云南松、思茅松、高山松、云杉等。根据《胶合板》（GB/T 9846.1—2004）的规定，胶合板材按结构分为胶合板、夹芯胶合板、复合胶合板；按板的胶黏性能分为室外胶合板和室内胶合板；按板材产品的处理情况分为未处理过的胶合板、处理过（浸渍防腐或阻燃剂等）的胶合板；按板材用途分为普通胶合板和特种胶合板。普通胶合板按加工后板材上可见的材质缺陷和加工缺陷分成 4 个等级：特等、一等、二等、三等。其中，特等板适用于做高级建筑装饰、高级家具及其他特殊需要的制品；一等板适用于做较高级建筑装饰、高中级家具、各种电器外壳等制品；二等板适用于做家具、普通建筑装修等。

胶合板的厚度为 2mm、3.5mm、4mm、5mm、6mm 等，自 6mm 起按 1mm 递增。胶合板的幅面尺寸按表 3-3 规定，如经供需双方协议，胶合板厚度大于 4mm 的幅面尺寸不限。

表 3-3　胶合板的幅面尺寸　　　　　　　　　　（单位：mm）

宽度	长 度				
	915	1220	1830	2135	2440
915	915	1222	1830	2135	—
1220	—	1220	1830	2135	2440

用于吊顶罩面的胶合板，其出厂时的含水率应符合规定。对于Ⅰ、Ⅱ类胶合板含水率为6%～14%，Ⅲ、Ⅳ类胶合板含水率为8%～16%。其中，Ⅰ类胶合板为耐气候胶合板，具有耐久、耐煮沸或蒸汽处理等性能，可应用于室外；Ⅱ类胶合板为耐水胶合板，能在冷水中浸渍或经受短时间热水浸渍，但不耐煮沸；Ⅲ类胶合板为耐潮胶合板，能耐短时冷水浸渍，适于室内使用；Ⅳ类胶合板为不耐潮胶合板，适合在室内常态下使用。

用于吊顶罩面的胶合板，其胶合强度指标应符合国家和行业相应标准的规定。

3.2.2 木龙骨吊顶施工

1. 工艺流程

基层检查→放线→吊杆固定→木龙骨组装→固定沿墙龙骨→骨架吊装固定→安装罩面板

2. 施工要点

（1）基层检查。对屋面（楼面）进行结构检查，对不符合设计要求的及时进行处理，同时检查房屋设备安装情况、预留孔位置是否符合设计要求。

（2）弹线定位。放线是吊顶施工的标准。放线的内容主要包括标高线、造型位置线、吊点布置线、大中型灯位线等。放线的作用包括：一方面使施工有基准线，便于下一道工序确定施工位置；另一方面能检查吊顶以上部位的管道等对标高位置的影响。

1）确定标高线。首先定出地面基准线。如果原地坪无饰面要求，则以原地坪线为基准线；如果原地坪有饰面要求，则以饰面后的地坪线为基准线。以地坪基准为起点，根据设计要求在墙（柱）面上量出吊顶的高度，并在该点画出高度线（作为吊顶的底标高）。

用一条灌满水的透明软管，一端水平面对准墙（柱）面上的高度线，另一端在同侧墙（柱）面上找出另一点。当软管内水平面静止时，画下该点的水平面位置，连接两点即得吊顶高度水平线。这种放线的方法称为"水柱法"，在装饰工程施工中普遍使用。确定标高线时，应注意一个房间的基准高度线只能有一个，如图3-2所示。

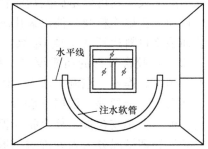

图3-2 "水柱法"确定水平标高线

2）确定造型位置线。对于规则的建筑空间，应根据设计的要求，先在一个墙面上量出吊顶造型位置距离，并按该距离画出平行于墙面的直线，再从另外三个墙面，用同样的方法画出直线，便可得到造型位置外框线，再根据外框线逐步画出造型各个局部的位置。

对于不规则的建筑空间，可根据施工图纸测出造型边缘距墙面的距离，运用同样的方法，找出吊顶造型边框的有关基本点，将各点连线形成吊顶造型线。

3）确定吊点位置线。在一般情况下，吊点按每平方米一个均匀布置，灯位处、承载部位、龙骨与龙骨相接处及叠级吊顶的叠级处应增设吊点。

（3）吊杆固定。木龙骨吊顶大多为不上人的吊顶，固定方法有三种。

1）膨胀螺栓固定。用冲击钻在建筑结构面上打孔、安装膨胀螺栓后，可以将角钢固定在膨胀螺栓上。

2）用射钉固定。用射钉将角铁等固定在建筑结构底面。当用射钉固定时，射钉的直径必须大于5mm。

3）预埋件。预埋件可采用钢筋、角钢、扁铁等，其规格应满足承载要求。吊筋与吊点的连接可采用焊接、钩挂、螺栓或螺钉的连接等方法。吊筋安装时，应做防腐、防火处理，如图 3-3 所示。

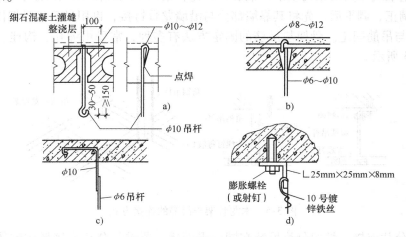

图 3-3　木龙骨吊顶吊点固定方法

a）预制板内浇筑细石混凝土时，埋设直径为 10～12mm 的水平短钢筋
b）预制板内埋设直径为 8～12mm 的通长钢筋
c）预制板内预埋钢筋弯钩　d）用膨胀螺栓或射钉固定角钢连接件

（4）木龙骨组装。吊装前，应事先在楼（地）面上进行分片组装龙骨架，拼装的面积一般控制在 10m² 以内，否则不便吊装。拼装时，应先确定木龙骨吊顶分片安装位置和尺寸，先拼装大片的龙骨骨架，再拼装小片的局部骨架。拼装的方法常采用咬口（半榫扣接）拼装法，具体做法为：在龙骨上开出凹槽，槽深、槽宽以及槽与槽之间的距离应符合有关规定，然后将凹槽与凹槽进行咬口拼装，凹槽处应涂胶并用钉子固定，如图 3-4 所示。

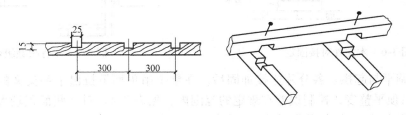

图 3-4　木龙骨咬口拼装

（5）固定沿墙木龙骨。沿吊顶标高线固定沿墙木龙骨，一般用冲击钻在标高线上 10mm 处墙面打孔，孔深 12mm，孔距 0.5～0.8m，孔内塞入木楔，将沿墙木龙骨钉固在墙内木楔上，沿墙木龙骨的截面尺寸与吊顶次龙骨尺寸一样，以保证沿墙木龙骨固定后，其底边与次龙骨底边标高一致。

（6）龙骨吊装固定。木龙骨吊顶的龙骨有两种形式，单层网格式木龙骨架和双层木龙骨架。

1）单层网格式木龙骨架的吊装固定

① 分片吊装。单层网格式木龙骨架的吊装一般先从一个墙角开始，将拼装好的木龙骨

架托起至标高位置，对于高度低于 3.2m 的吊顶骨架，可在高度定位杆上进行临时支撑。高度超过 3.2m 时，可用铁丝在吊点临时固定。然后，用尼龙线沿吊顶标高线拉出平行或交叉的几条水平基准线作为吊顶的基准。最后，将龙骨架向下缓缓移动，使之与基准线平齐，待整片龙骨架调正、调平后，先将其靠墙部分与沿墙龙骨钉接，再用吊筋将骨架固定。

② 骨架与吊筋固定。骨架与吊筋的固定方法有多种，常采用绑扎、钩挂、木螺钉固定等，如图 3-5 所示。

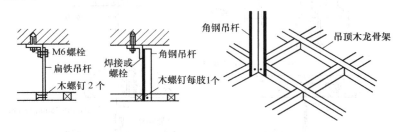

图 3-5　木龙骨架与吊筋的连接方式

③ 骨架分片连接。骨架分片吊装在同一平面后，要进行分片连接形成整体。将端头对正，用短方木进行连接，短方木钉于骨架对接处的顶面或侧面。对于重要部位的龙骨连接，可采用铁件连接加固，如图 3-6 所示。

④ 叠级吊顶龙骨连接。对于叠级吊顶，一般从最高平面吊装。其高低面的衔接，先用一条方木斜向将上下平面龙骨定位，然后用垂直的方木把上下两个龙骨连接固定，如图 3-7 所示。

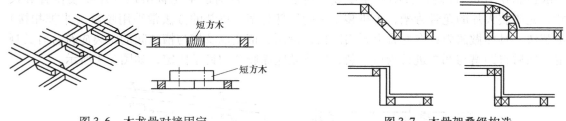

图 3-6　木龙骨对接固定　　　　　　　　图 3-7　木骨架叠级构造

⑤ 龙骨调平与起拱。各分片连接加固后，在整个吊顶面下拉出十字交叉的标高线，来检查并调整吊顶平整度，控制误差在规定的范围内，见表 3-4。对一些面积较大的木龙骨吊顶，考虑用起拱的方法来平衡吊顶的下坠。一般情况下，跨度在 7～10m 的起拱量为3/1000，跨度在 10～15m 的起拱量为 5/1000。

表 3-4　木吊顶龙骨平整度的要求

面积/m²	允许误差值/mm		面积/m²	允许误差值/mm	
	上凹（起拱）	下凸		上凹（起拱）	下凸
20 内	3	2	100 内	3～6	
50 内	2～5		100 以上	6～8	

2）双层木龙骨架的吊装固定

① 主龙骨的吊装固定。按照设计要求的主龙骨间距（通常为 1～1.2m）布置主龙骨

（通常沿房间的短向布置），并与已固定好的吊杆间距一致。连接时先将主龙骨搁置在沿墙龙骨上，调平主龙骨，然后与吊杆连接并与沿墙龙骨钉接或用木楔将主龙骨与墙体揳紧。

② 次龙骨的吊装固定。次龙骨是采用小木方通过咬口拼接而成的木龙骨骨架，其规格、要求、吊装方法与单层木龙骨吊顶相同。将次龙骨吊装至主龙骨底部并调平后，用短木方将主、次龙骨连接牢固即可。

（7）安装罩面板。胶合板的施工通常有两种情况，一是作为其他饰面基层的胶合板罩面，可采用大幅面整板钉固做封闭式顶棚罩面；二是按设计图纸用胶合板本身进行分块、设缝，利用木纹拼花等在罩面后即形成顶棚饰面的工程。

基层板的接缝形式，常见的有对缝、凹缝和盖缝三种。

1）对缝（密缝）。板与板在龙骨上对接，此时板多为粘、钉在龙骨上，缝处易产生变形或裂缝，可用纱布或棉纸粘贴缝隙。

2）凹缝（离缝）。在两板接缝处做凹槽，凹槽有 V 形和矩形两种，凹缝的宽度一般不小于 10mm。

3）盖缝（离缝）。板缝不宜直接暴露在外，而是利用压条盖住板缝，这样可以避免缝隙宽窄不均的现象，使板面线型更加强烈。基层板的接缝构造如图 3-8 所示。

基层板与龙骨的固定一般有钉接和粘接两种方法。工程实践证明，对于基层板的固定，若采用粘、钉结合的方法，固定效果更好。

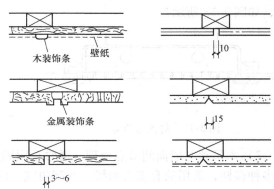

图 3-8　吊顶面层的接缝处理

① 钉接。用铁钉将基层板固定在木龙骨上，钉距为 80～150mm，钉长为 25～35mm，钉帽砸扁并进入板面 0.5～1mm。

② 粘接。用各种胶粘剂将基层板粘接于龙骨上，如矿棉吸声板可用 1:1 水泥石膏粉加入适量的 108 胶进行粘接。

3. 木龙骨吊顶细部构造做法

（1）木龙骨吊顶节点处理

1）阴角节点。通常用角木线钉压在角位上，如图 3-9 所示。固定时用直钉枪，在木线条的凹部位置打入直钉。

2）阳角节点。同样用角木线钉压在角位上，将整个角位包住，如图 3-10 所示。

3）过渡节点。过渡节点指两个高差较小的面接触处或平面上，两种不同材料的对接处。通常用木线条或金属线条固定在过渡节点上。木线条可直接钉在吊顶面上，不锈钢等金属条则用粘贴法固定，如图 3-11所示。

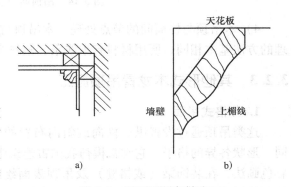

图 3-9　吊顶面阴角做法

a）有护壁装饰的阴角处理　b）无护壁装饰的阴角处理

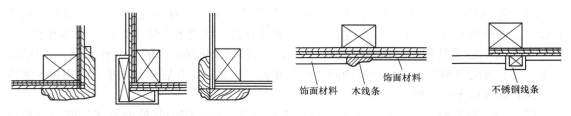

图 3-10 吊顶面阳角做法　　　　　图 3-11 吊顶面过渡节点做法

（2）木吊顶与设备之间节点处理

1）吊顶与灯光盘节点。灯光盘在吊顶上安装后，其灯光片或灯光格栅与吊顶接触处需做处理，通常用木线条进行固定，如图 3-12 所示。

2）吊顶与检修孔节点处理。通常是在检修孔盖板四周钉木线条或在检修孔内侧钉角铝，如图 3-13 所示。

图 3-12 灯光盘节点　　　　　　图 3-13 吊顶与检修孔处理

3）木吊顶与墙面间节点处理。通常采用固定木线条或塑料线条的处理方法。线条的式样多种多样，常用的有实心角线、八字角线、斜位角线及阶梯形角线等，如图 3-14 所示。

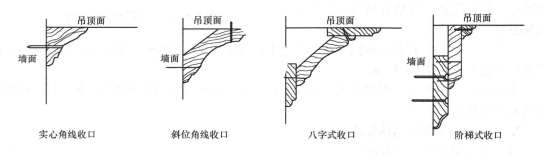

图 3-14 吊顶面与墙面间的节点处理

4）木吊顶与柱面间的节点处理。木吊顶与柱面间的节点处理和木吊顶与墙面间节点处理的方法基本相同，所用材料有木线条、塑料线条、金属线条等。

3.2.3 其他形式木龙骨吊顶施工

1. 井格式吊顶

这类吊顶通过设置纵、横向或斜向布置的装饰梁，使它们交叉，将吊顶划分为大小不同、形状各异的格子。它常常模仿我国古建筑中藻井顶棚的装饰处理方法，结合传统的沥粉彩色画法，在装饰梁（或格栅）及吊顶表面绘出各种花纹。在装饰效果上这类吊顶具有较浓郁的民族风格和特色，通常多用于宴会厅、休息厅等处。这类吊顶也可通过装饰梁的相互交叉井格，结合吊顶灯具的布置，形成简洁的外观形式，如图 3-15 所示。

2. 悬浮式吊顶

这类吊顶根据室内空间设计的声学、照明等要求，在承重结构下面把杆件、板材、薄片或各种形式的预制块体（如船形、锥形、箱形）悬挂在结构层或平滑吊顶下，形成格栅状、井格状、

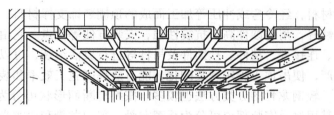

图 3-15 井格式吊顶

自由状或有韵律感、节奏感的悬浮式吊顶。吊顶上部的自然光或照明灯光经悬挂件的漫反射或光影交错，使室内照明均匀、柔和、富于变化，并具有良好的深度感。有的通过高低不同的悬挂件对声音进行反射与吸收，使室内声场分布达到理想的要求。悬浮式吊顶适用于大厅式空间，如影剧院、商店、餐厅、茶室、舞厅和音乐厅等。悬浮式吊顶布置灵活、形态生动，能够与室内空间总体设计协调，很好地烘托室内气氛。图 3-16 为悬浮式吊顶中的一种——悬吊方形格栅吊顶。

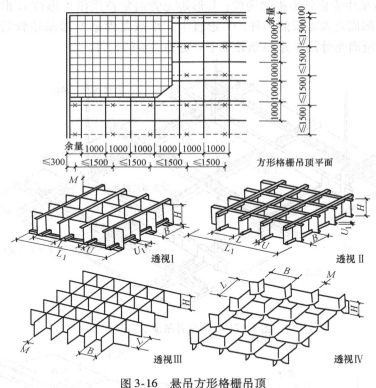

图 3-16 悬吊方形格栅吊顶

3.3 轻钢龙骨与铝合金龙骨吊顶施工

3.3.1 轻钢龙骨吊顶施工

轻钢龙骨以镀锌钢板（带）或彩色喷塑钢板（带）及薄壁冷轧钢板（带）等薄质轻金

属材料，经冷弯或冲压等加工而成的顶棚装饰支撑材料。此类龙骨具有强度高，自重轻，防火性好，耐腐蚀性高，抗震性强，安装方便等优点。它由大、中、小龙骨和与其相配套的吊件、连接件、挂件、挂插件及吊杆等进行灵活组装，可以使龙骨规格标准化，有利于大批量生产，使吊顶工程实现装配化，能有效提高施工效率和装饰质量。

轻钢龙骨的分类方法也较多，按型材断面形状可分为 C 形、U 形、T 形和 L 形等形式；按其用途及安装部位可分为承载龙骨、覆面龙骨和边龙骨等。

1. 轻钢龙骨吊顶的构件组成及对材料的要求

（1）轻钢龙骨吊顶的构件组成。轻钢龙骨吊顶由轻钢组装成的龙骨骨架和石膏板等面板构成。将吊顶轻钢龙骨骨架进行装配组合，可以归纳为 U 形、T 形、H 形和 V 形四种类型，如图 3-17 ~ 图 3-20 所示。

根据现行国家标准《建筑用轻钢龙骨》（GB/T 11981—2008）的定义，承载龙骨是吊顶龙骨骨架的主要受力构件，覆面龙骨是吊顶龙骨骨架构造中固定罩面层的构件。T 形主龙骨是 T 形吊顶骨架的主要受力构件，T 形次龙骨是 T 形吊顶骨架中起横撑作用的构件；H 形龙骨是 H 形吊顶骨架中固定饰面板的构件；L 形边龙骨通常被用作 T 形或 H 形吊顶龙骨中与墙体相连并于边部固定饰面板的构件；V 形直卡式承载龙骨是 V 形吊顶骨架的主要受力构件，V 形直卡式覆面龙骨是 V 形吊顶骨架中固定饰面板的构件。

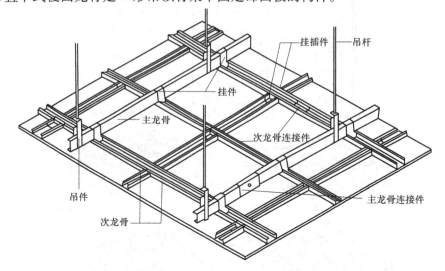

图 3-17　U 形龙骨吊顶示意图

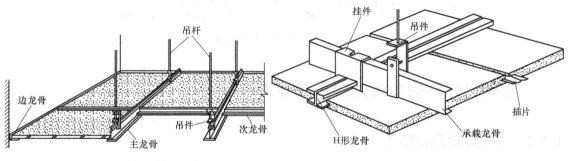

图 3-18　T 形龙骨吊顶示意图　　　　图 3-19　H 形龙骨吊顶示意图

（2）对材料的要求

1）吊顶轻钢龙骨的主件。用作吊顶的轻钢龙骨，钢板厚度为0.27～1.5mm，其龙骨主件的断面形状及规格见表3-5。目前装饰装修设计、施工在产品选用中，各厂家均有自己的系列。

在使用过程中，要求轻钢龙骨外形平整、棱角清晰，切口不允许有毛刺和变形；镀锌层不许有起皮、脱落、黑斑等缺陷，双面镀锌层厚度不小于规范和行业的规定；其形状尺寸、弯曲内角半径、侧面和底面的平直度、力学性能等应遵守规范和行业的规定。

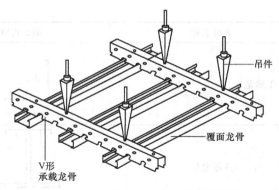

图3-20　V形直卡式龙骨吊顶示意图

2）吊顶轻钢龙骨的配件。轻钢龙骨配件根据现行国家标准《建筑用轻钢龙骨》（GB/T 11981—2008）和建材行业标准《建筑用轻钢龙骨配件》（JC/T 558—2007）的规定，主要有吊件、挂件、连接件及挂插件等，如图3-21～图3-25所示。配件的外观质量、吊件和挂件的力学性能等应遵守规范和行业的规定。

3）罩面板。罩面板可以选用石膏板、矿棉吸声板、塑料装饰板、金属装饰板等，其中石膏板以其质轻、防火、隔声、隔热、抗震性能好等优点在工程中得到了普遍应用。罩面板与龙骨之间的连接可采用钉、粘、搁、卡、挂等几种方式，同时罩面板应无脱层、翘曲、折裂等缺陷。

表3-5　吊顶轻钢龙骨断面形状及规格

龙骨名称		断面形状	规格尺寸/mm
U形龙骨	覆面龙骨	$C \geqslant 5$　$D \geqslant 3$　B　A	$A \times B \times C$ $25 \times 19 \times 0.5$ $50 \times 19 \times 0.5$ $50 \times 20 \times 0.6$ $60 \times 27 \times 0.6$
T形龙骨	主龙骨	t_2　t_1　B　A	$A \times B \times t_1 \times t_2$ $24 \times 38 \times 0.3 \times 0.27$ $24 \times 32 \times 0.3 \times 0.27$ $14 \times 32 \times 0.3 \times 0.27$ $16 \times 40 \times 0.36$
	次龙骨	t_2　t_1　B　A	$A \times B \times t_1 \times t_2$ $24 \times 28 \times 0.3 \times 0.27$ $24 \times 25 \times 0.3 \times 0.27$ $14 \times 25 \times 0.3 \times 0.27$

（续）

龙骨名称		断面形状	规格尺寸/mm
T形龙骨	边龙骨	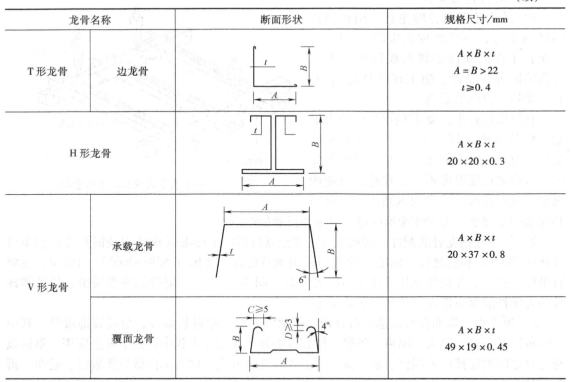	$A \times B \times t$ $A = B > 22$ $t \geqslant 0.4$
H形龙骨			$A \times B \times t$ $20 \times 20 \times 0.3$
V形龙骨	承载龙骨		$A \times B \times t$ $20 \times 37 \times 0.8$
	覆面龙骨		$A \times B \times t$ $49 \times 19 \times 0.45$

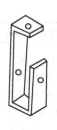 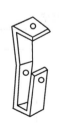 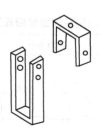 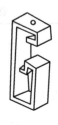 

图 3-21　U形承载龙骨吊件（普通吊件）

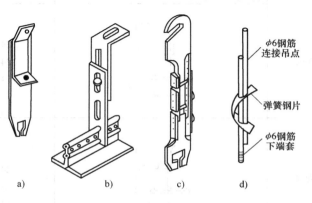

图 3-22　其他龙骨形式的常用吊件

a）T形主龙骨吊件　b）穿孔金属吊件（T形龙骨吊件）　c）游标吊件（T形龙骨吊件）　d）弹簧钢片吊件

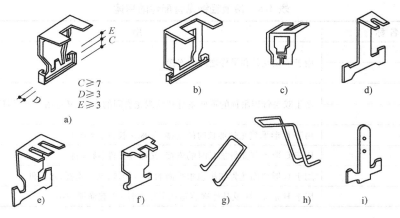

图 3-23 吊顶轻钢龙骨挂件

a)、b) 压筋式挂件（下部钩挂 C 形覆面龙骨） c) 压筋式挂件（下部钩挂 T 形覆面龙骨）
d)、e)、f) 平板式挂件（下部钩挂 C 形覆面龙骨） g)、h) T 形覆面龙骨挂件（挂钩）
i) 快固挂件（下部钩挂 C 形龙骨）

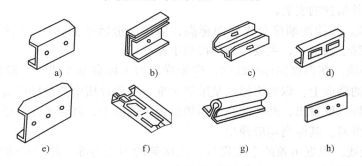

图 3-24 吊顶轻钢龙骨连接件（接长件）

a)、b)、d)、e) U 形承载龙骨连接件 c)、f) C 形覆面龙骨连接件
g)、h) T 形龙骨连接件

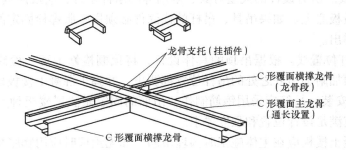

图 3-25 C 形龙骨挂插件

吊顶轻钢龙骨配件的常用类型及其在吊顶骨架的组装和悬吊结构中的用途见表 3-6。

2. 轻钢龙骨吊顶施工

现以轻钢龙骨纸面石膏板吊顶安装为例，说明轻钢龙骨吊顶的施工工艺。

（1）工艺流程。交验→弹线定位→吊筋制作安装→安装轻钢龙骨骨架→骨架安装质量检查→安装纸面石膏板→质量检查→缝隙处理。

表 3-6　吊顶轻钢龙骨配件的用途

配 件 名 称	用　途
普通吊件	用于承载龙骨和吊杆之间的连接
弹簧卡吊件	
压筋式挂件	用于双层骨架吊顶的覆面龙骨和承载龙骨间的连接,又称吊挂件,俗称"挂搭"
平板式挂件	
承载龙骨连接件	用于 U 形承载龙骨加长时的连接,又称接长件、接插件
覆面龙骨连接件	用于 C 形承载龙骨加长时的连接,又称接长件、接插件
挂插件	用于 C 形覆面龙骨在吊顶水平面的垂直相接,又称支托、水平件
插件	用于 H 形龙骨(及其他嵌装暗式吊顶龙骨)中起横撑作用

（2）施工要点

1）交验。在正式安装轻钢龙骨吊顶之前，对上一步工序进行交接验收，包括结构强度、设备位置、防水管线的铺设等，上一步工序必须完全符合设计和有关规范的标准，否则不能进行轻钢龙骨吊顶的安装。

2）弹线定位。弹线的顺序是先竖向标高，后平面造型及细部。竖向标高线弹于墙上，平面造型和细部弹于顶板上，主要应当弹出以下基准线。

① 顶棚标高线。在弹顶棚标高线前，应先弹出施工标高基准线，一般常用 + 500mm 为基线，弹于四周的墙面上。以施工标高基准线为准，按设计所定的顶棚标高，用仪器或量具沿室内墙面将顶棚高度量出，并将此高度用墨线弹于墙面上，其水平允许偏差为 ± 5mm。如果顶棚有叠级造型者，其标高均应弹出。

② 水平造型线。根据吊顶的平面设计，以房间的中心为准，将设计造型按照先高后低的顺序，逐步弹在顶板上，并注意累计误差的调整。

③ 吊点位置线。根据造型线和设计要求，确定吊筋吊点的位置，并弹于顶板上。

④ 吊具位置线。所有设计的大型灯具、电扇等的吊杆位置，应按照具体设计测量准确，并用墨线弹于楼板板底上。如果吊具、吊杆的锚固件必须用膨胀螺栓固定的，应将膨胀螺栓的中心位置一并弹出。

⑤ 弹附加吊杆位置线。根据吊顶的具体设计，将顶棚检修走道、检修口、通风口、柱子周边及其他必须加附加吊杆之处的吊杆位置都测出，并弹于混凝土楼板板底。

3）吊筋制作安装。吊筋应采用钢筋制作，吊筋的固定做法视楼板种类不同而不同，但无论哪种做法均应满足设计位置和强度要求。

预制钢筋混凝土楼板应在主体施工时预埋吊筋。如无预埋时应用膨胀螺栓固定，并保证连接强度。

现浇钢筋混凝土楼板可以预埋吊筋，也可以用膨胀螺栓或射钉固定吊筋。

4）安装轻钢龙骨骨架

① 安装轻钢主龙骨。主龙骨按弹线位置就位，利用吊件悬挂在吊筋上，待全部主龙骨安装就位后进行调直、调平定位，然后将吊筋上的调平螺母拧紧。龙骨中间部分按具体设计起拱，一般起拱高度不得小于房间短向跨度的 1/300。主龙骨的接头位置，不允许留在同一直线上，应适当错开。

② 安装轻钢次龙骨。次龙骨垂直于主龙骨，在交叉点用次龙骨吊挂件将其固定在主龙骨上，吊挂件的上端搭在主龙骨上，吊挂件的 U 形腿用钳子卧入次龙骨内。次龙骨之间通过插件进行连接，插件与次龙骨间要用自攻螺钉或铆钉进行紧固。次龙骨的安装位置要准确，特别是板缝处，要充分考虑缝隙尺寸。

③ 安装附加龙骨、角龙骨、连接龙骨等。靠近柱子周边，增加附加龙骨或角龙骨时，按具体设计安装。在高低叠级顶棚、灯槽、灯具、窗帘盒等处，应根据具体设计增加连接龙骨。

5）骨架安装质量检查。以上工序安装完毕后，应对整个骨架的质量进行严格检查。

① 骨架荷重检查。在顶棚检修孔周围、高低叠级处、吊灯、吊扇等处，根据设计荷载规定进行加载检查。加载后如骨架有翘曲、颤动，应增加吊筋予以加强。增加的吊筋数量和具体位置，应通过计算定。

② 骨架安装及连接质量检查。对整个骨架的安装质量及连接质量进行彻底检查，连接件应错位安装，龙骨连接处的偏差不得超过相关规范规定。

③ 各种龙骨的质量检查。对主龙骨、次龙骨、附加龙骨、角龙骨、连接龙骨等进行详细质量检查。如发现有翘曲或扭曲之处以及位置不正、部位不对等处，均应彻底纠正。

6）安装纸面石膏板。在进行纸面石膏板安装时，应使纸面石膏板长边（即包封边）与主龙骨平行，从顶棚的一端向另一端开始错缝安装，逐块排列，余量放在最后安装，石膏板与墙体间应留 6mm 间隙。每块石膏板用 3.5mm×25mm 的自攻螺钉固定在次龙骨上，固定时应从板中部向板四周固定，螺钉间距 150～200mm。螺钉距纸面石膏板面纸包封的板边 10～15mm 为宜，距切割后的板边 15～20mm 为宜。钉头应略低于板面，但不得将纸面钉破。钉头应做防锈处理，并用石膏腻子抹平。安装双层纸面石膏板时，面板层与基层板的接缝应错开，不得在同一根龙骨上接缝。

7）石膏板安装质量检查。纸面石膏板装钉完毕后，应对其安装质量进行检查。如整个石膏板顶棚表面平整度偏差超过 3mm、接缝平直度偏差超过 3mm、接缝高低差超过 1mm 或石膏板有钉接缝处不牢固，应彻底纠正。

8）缝隙处理。纸面石膏板安装质量检查合格或整修合格后，根据纸面石膏板的类型及嵌缝规定进行嵌缝。施工中常用石膏腻子嵌缝。

① 直角边纸面石膏板。直角边纸面石膏板顶棚嵌缝为平缝，嵌缝时应用刮刀将嵌缝腻子均匀饱满地嵌入板缝之内，并将腻子刮平（与石膏板面齐平）。石膏板表面如需进行装饰时，应待腻子完全干燥后施工。

② 楔形边纸面石膏板。楔形边纸面石膏板顶棚嵌缝一般应采用三道腻子。用刮刀将第一道腻子均匀饱满地嵌入缝内，将浸湿的穿孔纸带贴于缝处，用刮刀将纸带用力压平，使腻子从孔中挤出，然后再薄压一层腻子。第一道嵌缝腻子完全干燥后，再覆盖第二道嵌缝腻子，使之略高于石膏板表面。腻子宽 200mm 左右，另外在钉孔上亦应再覆盖腻子一道，宽度较钉孔扩大 25mm 左右。第二道嵌缝腻子完全干燥后，再薄压 300mm 宽嵌缝腻子一层，用清水刷湿边缘后用抹刀拉平，使石膏板面交接平滑，钉孔第二道腻子上再覆盖嵌缝腻子一层，并用力拉平使之与石膏板面交接平滑。等腻子完全干燥后，用 2 号砂纸安装在手动或电动打磨器上，将嵌缝腻子打磨光滑，打磨时不得将护纸磨破。

嵌缝后的纸面石膏板顶棚应妥善保护，不得损坏、碰撞，不得有任何污染。如石膏板表面另有饰面时，应按具体设计进行装饰。

3.3.2 铝合金龙骨吊顶施工

铝合金龙骨吊顶是随着铝型材挤压技术的发展而出现的新型吊顶。铝合金龙骨自重轻，型材表面经过阳极氧化处理，表面光泽美观，有较强的抗腐、耐酸碱能力，防火性能好，安装简单，适用于公共建筑大厅、楼道、会议室、卫生间、厨房等空间的吊顶。

1. 铝合金龙骨吊顶的构件组成及对材料的要求

（1）铝合金龙骨吊顶的构件组成。铝合金龙骨吊顶由铝合金龙骨组成的龙骨骨架和各类装饰面板构成，如图3-26所示。常用于活动式装配吊顶的有主龙骨（大龙骨）、次龙骨（包括中龙骨和小龙骨）、边龙骨（亦称封口角铝）及连接件、固定材料、吊杆和罩面板等。

主龙骨的侧面有长方形孔和圆形孔。长方形孔供次龙骨穿插连接，圆形孔供悬吊固定，其断面及立面如图3-27所示。次龙骨的长度根据饰面板的规格确定。在次龙骨的两端，为了便于插入主龙骨的长方形孔中，要加工成"凸头"形状，其断面及立面如图3-28所示。为了使多根次龙骨在穿插连接过程中保持顺直，在次龙骨的凸头部位弯了一个角度，使两根次龙骨在一个长方形孔中保持中心线重合。边龙骨的作用是吊顶毛边、检查部位等的封口，使边角部位保持整齐、顺直。边龙骨有等肢与不等肢差别，一般常用25mm×25mm等肢角边龙骨和18mm×32mm的不等肢角边龙骨。

LT型铝合金龙骨的主要配件见表3-7。

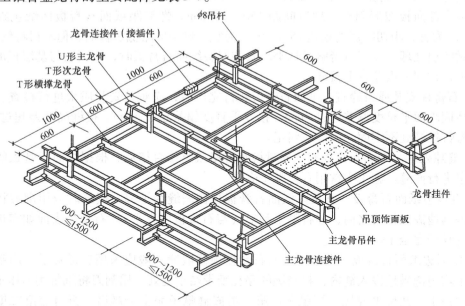

图 3-26 铝合金龙骨双层吊顶示意图

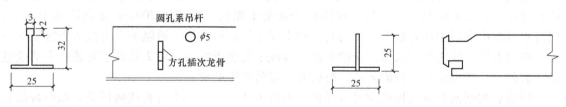

图 3-27 主龙骨断面及立面   图 3-28 次龙骨断面及立面

表 3-7　LT 型铝合金龙骨主要配件　（单位：mm）

名　称	简　图	名　称	简　图
LT-23 龙骨和 LT-异形龙骨吊钩（TC-23 吊钩）		LT-23 龙骨和 LT-异形龙骨连接件	
LT-异形龙骨吊挂钩		LT-23 次龙骨连接钩	

（2）对材料的要求。选择铝合金龙骨时，注意其壁厚不应小于 0.8mm，表面应采用阳极氧化、喷塑或烤漆等方法进行防腐；同时要注意防腐层应完好、无破损。合格的铝合金龙骨还应顺直、无扭曲。

罩面板有增强纤维硅酸钙板、矿棉吸声板、金属板等。这类板材易变形挠曲，使用时应特别注意。

2. 铝合金龙骨吊顶施工

（1）工艺流程。弹线定位→固定悬吊体系→安装铝合金龙骨骨架并调平→安装饰面板。

（2）施工要点

1）弹线定位。弹线主要是弹标高线和龙骨布置线。根据设计图纸，结合具体情况，将龙骨及吊点位置弹到楼板底面上。如果吊顶设计要求具有一定造型或图案，应先弹出吊顶对称轴线，龙骨及吊点位置应对称布置。龙骨和吊杆的间距是影响吊顶高度的重要因素。

2）固定悬吊体系。采用简易吊杆的悬吊有三种形式。

① 镀锌铁丝悬吊。由于活动式装配吊顶一般不做上人考虑，所以悬吊体系也比较简单。目前用得最多的是用射钉将镀锌铁丝固定在结构上，另一端同主龙骨的圆形孔绑牢。

② 伸缩式吊杆悬吊。伸缩式吊杆的形式较多，用得较为普遍的是将 8 号铅丝调直，用一个带孔的弹簧钢片将两根铅丝连起来，调节与固定主要靠弹簧钢片，如图 3-29 所示。

简易伸缩吊杆悬吊如图 3-30 所示。

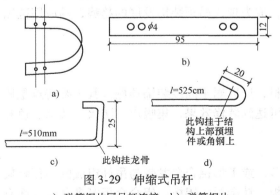

图 3-29　伸缩式吊杆

a）弹簧钢片同吊杆连接　b）弹簧钢片
c）直钩吊杆　d）弯钩吊杆

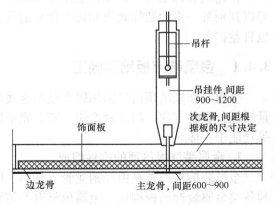

图 3-30　简易伸缩吊杆

上述介绍的均属简易吊杆，构造比较简单，一般施工现场可自行加工。

3）安装并调平龙骨。安装时，根据已确定的主龙骨（大龙骨）位置及确定的标高线，先大致将其就位，次龙骨（中、小龙骨）应紧贴主龙骨安装就位。龙骨就位后，再拉纵横控制标高线（十字中心线），从一端开始，一边安装一边调整，最后再精调一遍，直到龙骨调平和调直为止。边龙骨宜沿墙面或柱面标高线钉牢。固定时，一般用高强水泥钉，间距不宜大于500mm。如果基层材料强度较低，应采取相应措施，改用膨胀螺栓或加长钉的长度等方法。主龙骨一般选用连接件接长。连接件可用铝合金，也可用镀锌钢板，在其表面冲成倒刺，与主龙骨方孔相连。连接件应错位安装。

4）安装罩面板。铝合金龙骨一般多为倒T形，根据其罩面板安装方式的不同，分龙骨底面外露和不外露两种。

龙骨底面外露是指将矿棉板等平放在龙骨的肢上，用肢支撑板。这种方法构造简单，安装方便，特别是铝合金龙骨，既是支撑构件又是板缝的封口条。但是安装时，注意板材边应留有安装缝。

龙骨底面不外露是指将矿棉板、硅酸钙板等周边开槽，制成企口板，然后将龙骨的肢插到暗槽内，靠肢将板担住，如图3-31所示。注意房间内湿度过大时不宜采用。

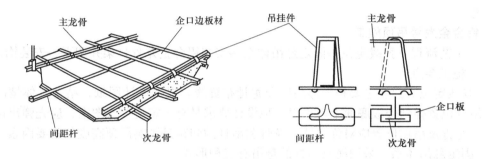

图3-31　铝合金龙骨隐蔽式吊顶示意

3.4　其他形式吊顶的施工

在建筑装饰工程中，除以上最常用的吊顶材料和形式外，金属装饰板吊顶、开敞式吊顶等以其别具一格的装饰效果和许多优异的特点，成为现代吊顶装饰发展的趋势，其应用范围也日益扩大。

3.4.1　金属装饰板吊顶施工

金属装饰板吊顶由于采用较高级的金属板材，所以属于高级装饰顶棚，其主要特点是质量较轻，安装方便，施工速度快，安装完毕即可达到装修效果，集吸声、防火、装饰、色彩等功能于一体。

1. 金属装饰板吊顶的构件组成

金属装饰板吊顶是由轻钢龙骨（U形、C形）或T形铝合金龙骨与吊杆组成的吊顶骨架和各类金属装饰面板构成。金属板材有不锈钢板、钛金板、铝板、铝合金板等多种，表面有抛光、亚光、浮雕、烤漆或喷砂等多种形式。

板形基本上有两大类，方块形板或矩形板和条形板。方形金属吊顶分为上人（承重）吊顶与不上人（非承重）吊顶，如图 3-32 所示。条形金属吊顶分为封闭型金属吊顶和开敞型金属吊顶，如图 3-33 所示。

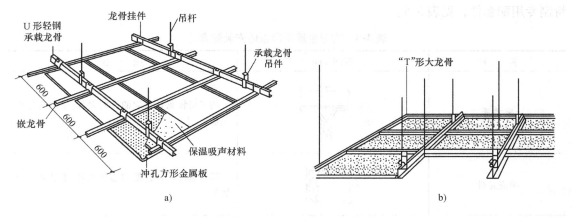

图 3-32　方形金属吊顶构造
a）上人（承重）吊顶　b）不上人（非承重）吊顶

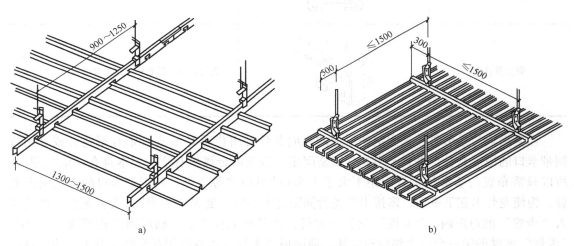

图 3-33　条型金属吊顶构造
a）封闭型金属吊顶　b）开敞型金属吊顶

2. 金属装饰板吊顶施工

（1）工艺流程。基层检查→弹线定位→固定吊杆→龙骨安装→安装金属面板。

（2）施工要点

1）基层检查。安装前应对屋（楼）面进行全面质量检查，同时也检查吊顶上设备布置情况、线路走向等，发现问题及时解决，以免影响吊顶安装。

2）弹线定位。将吊顶标高线弹到墙面上，将吊点的位置线及龙骨的走向线弹到屋（楼）面底板上。

3）固定吊杆。用膨胀螺栓或射钉将简易吊杆固定在屋（楼）面底板上。

4）龙骨安装。主龙骨仍采用 U 形承载轻钢龙骨，固定金属板的纵横龙骨固定于主龙骨之下，其悬吊固定方法与轻钢龙骨基本相同。

当金属板为方形或矩形时，其纵横龙骨用专用特制嵌龙骨，呈纵横十字平面相交布置，组成与方形或矩形板长宽尺寸相配合的框格。嵌龙骨类似夹钳构造，其与主龙骨的连接采用特制专用配套件，见表3-8。

表3-8　方形金属吊顶板的安装配套件

名　称	简图/mm	用　途
嵌龙骨	40 26	用于组装龙骨骨架的纵向龙骨、卡装方形金属板
半嵌龙骨	26	用于组装龙骨骨架的边缘龙骨、卡装方形金属板
嵌龙骨连接件	40.5	嵌龙骨的加长连接
嵌龙骨挂件	60　2.5 49	嵌龙骨和U形轻钢吊顶龙骨的连接

当金属板为条形时，其固定条形板的纵向龙骨可用普通U形或C形轻钢龙骨或专用特制带卡口的槽形龙骨，垂直于主龙骨安装固定。因条形金属板有褶边，本身有一定的刚度，所以只需布置与条形板垂直间距不大于1.5m的纵向龙骨即可。若用带卡口的专用槽形龙骨，为使龙骨卡在下平面，需按卡口龙骨间距钉上小钉，制成"卡规"，安装龙骨时将其卡入"卡规"的钉距内。"卡规"垂直于龙骨，在其两端抄平后，临时固定在墙面上，并从"卡规"两端的第一个钉上斜拉对角线，使两根"卡规"本身既相互平整又方正，然后再拉线将所有龙骨卡口棱边调整至一直线上，再与主龙骨最后逐点固定。

5）金属面板的安装。方形金属板有两种安装方法，一种是搁置式安装，与活动式吊顶罩面安装方法相同；另一种是卡入式安装，只需将方形板向上的褶边（卷边）卡入嵌龙骨的钳口，调平、调直即可，板的安装顺序可任意选择，如图3-32所示。

长条形金属板分为"卡边"与"扣边"两种安装方法。卡边式长条形金属板安装时，只需直接利用板的弹性（因为此板较薄，具有一定的弹性且扩张较为容易）将板沿顺序卡入特制的带夹齿状的龙骨卡口内（龙骨本身兼作卡具），调平、调直即可。此种安装方式有板缝，故称为开敞式吊顶顶棚。扣边式长条金属板与卡边式条形金属板安装方式一样。由于此种板有一平伸出的板肢，正好把板缝封闭，故又称封闭式吊顶顶棚，如图3-33所示。另一种扣边式长条形金属板（即常称的扣板），则采用C形或U形金属龙骨，用自攻螺钉将第一块板的扣边固定于龙骨上，将此扣边调平、调直后，再将下一块板的扣边压入已先固定好的前一块的扣槽内，依此顺序相互扣接即可。长条形金属板的安装均应从房间的一边开始。

6）吊顶的细部处理

① 墙、柱边的连接处理。方形金属板或条形金属板与墙、柱连接处可以离缝平接，也可以采用 L 形边龙骨或半嵌龙骨连接，如图 3-34 所示。

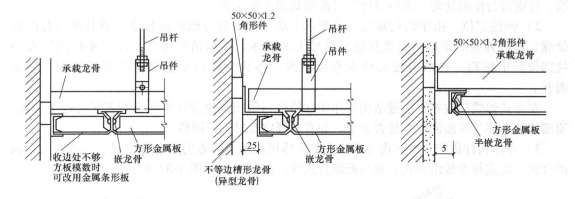

图 3-34　方形金属板与墙、柱边的连接

注：图中单位为 mm。

② 与隔断的连接处理。隔断沿顶龙骨必须与其垂直的顶棚主龙骨连接牢固。当顶棚主龙骨不能与隔断沿顶龙骨相垂直布置时，必须增设短的主龙骨，再与顶棚承载龙骨连接固定。

③ 不同标高处的连接处理。方形金属板可按图 3-35 处理，关键是根据不同标高的高度设置相应的竖向龙骨，此竖向龙骨必须分别与不同标高处主龙骨可靠连接，每节点不少于两个自攻螺钉，使其不会变形，也可以焊接。

④ 吸声或隔热材料布置。当金属板为穿孔板时，先在穿孔板上铺毡垫，再满铺吸声隔热材料（如矿棉、玻璃棉等）。当金属板无孔时，可将隔热材料直接满铺在金属板上。在铺时应边安装金属板边铺吸声隔热材料，最后一块则先将吸声隔热材料铺在金属板上后再进行安装。

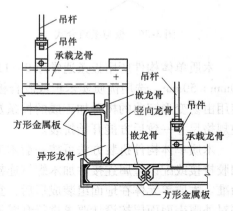

图 3-35　方形金属板不同标高构造

3.4.2　开敞式吊顶施工

开敞式吊顶是指将特定形状的单元体与单元体进行组合，通过龙骨或不通过龙骨而直接悬吊在结构基体下的一种新型吊顶形式。它使建筑室内吊顶饰面既遮又透，有利于建筑通风及声学处理。如果将其单体构件与照明灯具的布置结合起来，无疑增加了吊顶构件与灯具的艺术功能，使整个室内显出了韵味。这种吊顶特别适用于大厅、大堂。

标准化定型单体构件，一般多用木材、金属、塑料等材料制造。由于金属单元构件质轻耐用、防火防潮、色彩鲜艳，具有其他材料的吊顶所不具备的韵律感和通透感，是近几年来常用的吊顶形式。其材料主要有铝合金、彩色镀锌钢板等。

1. 木质开敞式吊顶施工

（1）工艺流程。基层处理→弹线定位→单体构件拼装→单元安装固定→饰面成品保护。

（2）施工要点

1）基层处理。安装准备工作除与前述的吊顶相同外，还需对结构基底底面及顶棚以上墙、柱面进行涂黑处理，或按设计要求涂刷其他深色涂料。

2）弹性定位。由于结构基底及吊顶以上墙、柱面部分已先进行涂黑或其他深色涂料处理，所以弹线应采用白色或其他反差较大的液体。根据吊顶标高，用"水柱法"在墙柱部位测出标高，弹出各安装件水平控制线，再从顶棚一个直角位置开始排布，逐步展开。

在正式弹线前应核对顶棚结构基体实际尺寸与吊顶顶棚设计平面布置图尺寸是否相符，顶棚结构基体与柱面阴阳角是否方正，如有问题应及时进行调整。

3）单体构件拼装。单体构件拼装成单元体可以是板与板的组合框格式、方木骨架与板组合式、盒式与方板组合式、盒与板组合式等，如图3-36、图3-37所示。

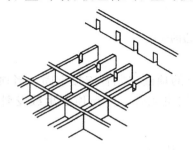

图3-36　板与板组合式

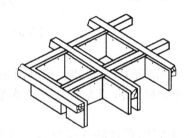

图3-37　方木骨架与板组合式

木质单体构件所用板条通常厚9～15mm、宽120～200mm，长按设计确定。方木一般为50mm×50mm。选用优质实木板或胶合板，板条及方木均需干燥，含水量不大于8%，不得使用由易变形翘曲的树种加工成的板条及方木。板条及方木均需经刨平、刨光、砂纸打磨，使规格尺寸一致后方能开始拼装。

木质单体构件拼装方法可按一般木工操作方法进行，即开槽咬接、加胶钉接、开槽开榫加胶拼接或配以金属连接件加木螺钉连接等。单元体的大小以方便安装而又能减少安装接头为准。木质单元体在地面组装成形后，宜逐个按设计要求做好防腐、防火的表面涂饰工作，并对外露表面面层按设计要求进行刮腻子、刷底层油、中层油等工作，最后一道饰面层待所有单元体拼装完成后，统一进行施工。拼装完成的木质单元体，外表应平整光滑，连接牢固，棱角顺直，不显接缝，尺寸一致，并在适当位置留出单元体与单元体连接用的连接件。

4）单元安装固定

① 吊杆固定。吊点的埋设方法与其他吊顶施工原则上相同，但吊杆必须垂直于地面，且能与单元体无变形的连接，因此吊杆的位置应可移动调整，待安装正确后再进行固定。吊杆左右位置调整构造如图3-38所示，吊杆高低位置调整构造如图3-39所示。

② 单元体安装固定。木质单元体之间的连接，可在其顶加铁板或角部加角钢，以木螺钉进行固定。安装悬吊方式根据实际情况可选择间接安装或直接安装。间接安装是将若干片单元体在地面通过卡具和钢管临时组装成整体，将整体全部举起穿上吊杆，用螺栓调平后固

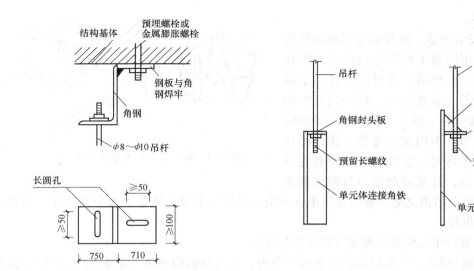

<table>
<tr><td>图 3-38　吊杆左右位置调整</td><td>图 3-39　吊杆高低位置调整</td></tr>
</table>

定。直接安装是举起单元体，一个一个地穿上吊杆并进行调平固定。单元体的安装从一角边开始，按顺序安装到最后一个角边为止。

5）饰面成品保护。木质开敞式吊顶需要进行表面终饰。终饰一般涂刷高级清漆，以露出自然木纹。当完成终饰后安装灯饰等物件时，工人必须戴干净的手套仔细进行操作，对成品进行认真保护，必要时应覆盖塑料布、编织布加以保护。

2. 金属开敞式吊顶施工

（1）金属格片开敞式吊顶施工

1）单体构件拼装。格片型金属板单体构件拼装方式较为简单，只需将金属格片按排列图案先锯成规定长度，然后卡入特制的格片龙骨卡口内即可，如图 3-40 所示。

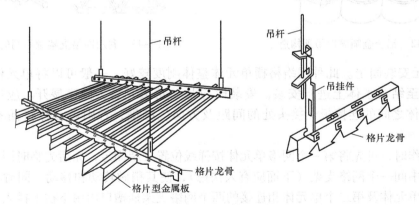

图 3-40　格片型金属板单体构件安装

格片斜交布置式的龙骨必须长短不一，每根均不相同。宜先放样后下料，先在地面上搭架拼成方形或矩形单元体，然后进行吊装。格片纵横布置式或十字交叉布置式可先拼成方形或矩形单元体，然后一块块进行吊装，也可先将龙骨安装好，一片片往龙骨卡口内卡入。十字交叉式格片安装时，必须采用专用特制的十字连接件，并用龙骨骨架固定其十字连接件，如图 3-41 所示。

2）单元安装固定。格片型金属单元体安装固定一般采用圆钢吊杆及专门配套的吊挂件与龙骨连接。此种吊挂件可沿吊杆上下移动（压紧两片簧片后即放松，放松簧片后即卡紧），对调整龙骨平整度十分方便。安装时可先组成单元体，再用吊挂件将龙骨与吊杆连接固定并调平即可。安装时应将所有龙骨相互连接成整体，且龙骨两端应与墙柱面连

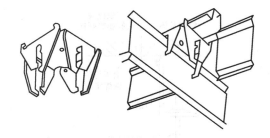

图 3-41　格片型金属板单体十字连接件

接固定，避免整个吊顶晃动。安装宜从角边开始，最后一个单元体留下数个格片先不钩挂，待固定龙骨后再挂。

（2）金属复合单板网络格栅型开敞式吊顶施工

1）单体构件拼装。一般以金属复合吸声单板，通过特制的网络支架嵌插，组成不同的平面几何图案，如三角形、四边形、纵横直线形、菱形、六角形等，或将两种几何图形组成复合图案，如图 3-42 和图 3-43 所示。

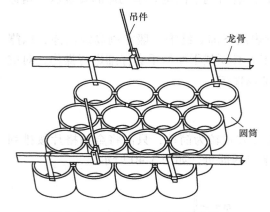

图 3-42　铝合金圆筒形吊顶构造

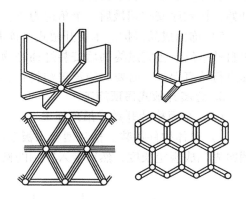

图 3-43　利用网络支架做不同的插接形式

2）单元安装固定。此种网络格栅单元体整体刚度较好，一般可以将单元体直接用人力逐个抬举至结构基体上进行安装。安装时应从一角边开始，循序展开。应注意调整单元体与单元体之间的连接板，接头处的间距及方向应准确，否则单元体将插不到网络支架插槽内。

具体操作时，可先将第一个网络单元体按弹线位置安装固定，而后先临时固定第二个网络单元体的中间一个网络支架（下面应有人扶稳），使其稍做转动和移动；同时将数块接头板往第一个单元体及第二个单元体相连接的两个网络支架插槽口内由下往上插入，边插边调平第二个单元体并将之固定好；随后将数块接头板向上推到位，再分别安装连接件及下封盖，并补上其他接头板。

（3）铝合金格栅型开敞式吊顶施工。金属格栅型开敞式吊顶施工中广泛应用的铝合金格栅，其是用双层 0.5mm 厚的薄铝板加工而成的，表面色彩多种多样，规格尺寸见表 3-9。单元体组合尺寸一般为 610mm×610mm 左右，有多种格片形状，但组成开敞式吊顶的平面

图案大同小异，如 GD2、GD3 和 GD4，分别如图 3-44 ~ 图 3-46 所示，图中相应的参数见表 3-10 ~ 表 3-12。

表 3-9　常用的铝合金格栅单体构件尺寸

规格	宽度/mm	长度/mm	高度/mm	体积质量/(kg/m³)
Ⅰ	78	78	50.8	3.9
Ⅱ	113	113	50.8	2.9
Ⅲ	143	143	50.8	2.0

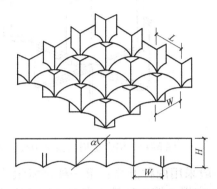

图 3-44　GD2 型格栅吊顶组装形式

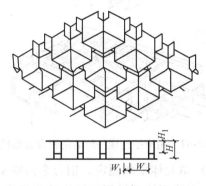

图 3-45　GD3 型格栅吊顶组装形式

表 3-10　GD2 格条式顶棚规格

型号	规格($W \times L \times H$)/mm	遮光角 α/(°)	厚度/mm	分格/mm
GD2-1	$25 \times 25 \times 25$	45	0.80	600×1200
GD2-2	$40 \times 40 \times 40$	45	0.80	600×600

表 3-11　GD3 格条式顶棚规格

型号	规格($W \times H \times W_1 \times H_1$)/mm	分格/mm
GD3-1	$26 \times 30 \times 14 \times 22$	600×600
GD3-2	$48 \times 50 \times 14 \times 36$	600×600
GD3-3	$62 \times 60 \times 18 \times 42$	1200×1200

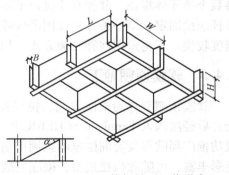

图 3-46　GD4 型格栅吊顶组装形式

表 3-12　GD4 格条式顶棚规格

型号	规格($W \times L \times H$)/mm	遮光角 α/(°)	厚度/mm
GD4-1	$90 \times 90 \times 60$	37	10
GD4-2	$125 \times 125 \times 60$	27	10
GD4-3	$158 \times 158 \times 60$	22	10

1）施工准备。与前述各类开敞式吊顶施工准备工作相同。由于铝合金格栅型单元比前述木质、格片式、网络型单元体整体刚度较差，故吊装时多用通长钢管和专用卡具，或预先加工好悬吊骨架，或不用卡具而采用带卡口的吊管，将多个单元体组装在一起吊装。所以，应按事先选定的吊装方案设计吊点位置，并埋设或安装吊点连接件。

2）单体构件拼装。当格栅型铝合金板采用标准单体构件（普通铝合金板条）时，其单体构件之间的连接拼装，采用与网络支架作用相似的托架及专用十字连接，如图3-47所示。当采用如表3-10～表3-12中所示的铝合金格栅式标准单体构件时，通常采用插接、挂件或榫接的方法，如图3-48所示。

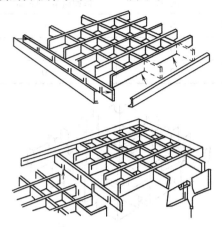

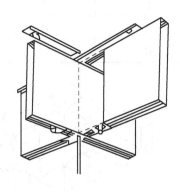

图 3-47　用十字连接件组装的铝合金格栅　　　　　图 3-48　铝合金格栅型吊顶板拼装图

3）单元体安装固定。铝合金格栅型吊顶安装一般采用两种方法：第一种是将组装后的格栅单元体直接用吊杆与结构基体相连，不另设骨架支撑；第二种是用带卡口的吊管及插管将数个单元体担住，并相互连接调平形成一个局部整体，再用通长的钢管将其整个举起，与吊杆连接固定。第一种方法使用吊杆较多，施工速度较慢；第二种方法使用吊杆较少，施工速度较快。不论采用何种安装方式，均应及时与墙柱面连接。

3.4.3　软膜顶棚施工

软膜顶棚又称为柔性顶棚、拉展顶棚、拉膜顶棚与拉蓬顶棚等，在十九世纪始创于瑞士，后经法国人 Farmland SCHERRER（费兰德·斯科尔）先生在1967年继续研究完善并成功推广到欧洲及美洲国家的顶棚市场，是一种高档的绿色环保型装饰材料，其质地柔韧，色彩丰富，可随意张拉造型，彻底突破传统吊顶在造型、色彩、小块拼装等方面的局限性。同时又具有防火、防菌、防水、节能、环保、抗老化、安装方便等优越性，目前已日趋成为吊顶材料的首选材料。软膜采用特殊的聚氯乙烯材料制成，0.20mm 厚，其防火级别为 B1级，每平方米质量约为 180～200g，软膜尺寸的稳定性在 −15～45℃。软膜通过一次或多次切割成形，并用高频焊接完成。软膜需要在实地测量顶棚尺寸后，在工厂里制作完成。

软膜种类繁多：透光膜（灯箱膜），反光膜（亮光膜），哑光膜，缎光膜，鲸绒膜，冲孔膜，彩绘膜（云石膜），磨砂膜，光纤膜，梦幻膜（紫外光源），镜面膜，喷绘膜等。软膜顶棚主要由软膜、边扣条、龙骨材料组成。

1. 软膜顶棚的特点

（1）突破性。突破小块拼装的局限性，可大面使用，整体效果好。

（2）色彩多样性。软膜材料有多种色彩和面料可选择，适用于各种场所和需求。

（3）造型随意性。软膜材料可以根据龙骨的弯曲形状确定顶棚的整体造型，能做成不同的平面和立体的形状，使装饰效果更加丰富。

（4）防霉抗菌。有效抑制金黄葡萄球菌、肺炎杆菌、霉菌等多种致病菌。

（5）防火级别高。B1级，遇到明火后只会自身熔穿，并且数秒内自行收缩，直到离开火源，不会释放有害气体伤及人体，符合欧美国家多种防火标准。

（6）防水性能强。软膜顶棚由经过特殊处理的聚氯乙烯材料制成，能承托200kg以上的水而不会渗透和破损，并且待水处理完毕，软膜仍可完好如新。

（7）安全环保性能好。软膜顶棚选用最先进的环保无毒配方制造，不含镉、甲醛等有害气体，使用期间不会释放有毒气体，产品可百分之百回收，符合当今社会绿色主题。

（8）声学效果理想。经过专业检查，在软膜顶棚中对低频声有良好的吸声效果；冲孔材料对高频声有良好的吸收作用，完全能满足音乐厅、会议室等吸声要求高的场所需求。

（9）装拆方便。软膜顶棚可以直接安装在墙壁、木方、钢结构、石膏间墙、木间墙上，适合于各种建筑结构。在相同面积下，安装于拆卸的时间只相当于传统顶棚的1/3。

2. 软膜顶棚的施工

（1）工艺流程。安装固定支撑 → 安装固定铝合金龙骨 → 安装软膜 → 清洁软膜。

（2）施工要点

1）在需要安装软膜顶棚的水平高度位置四周固定一圈4cm×4cm支撑龙骨（也可以是木方或方钢管）。

2）当所有的支撑龙骨固定好之后，再在支撑龙骨的底面固定安装软膜顶棚的铝合金龙骨。

3）当所有的铝合金龙骨固定后，再安装软膜。先把软膜打开、用专用的加热风炮充分加热均匀，然后用专用的插刀把软膜张紧插到铝合金龙骨上，最后把四周多出的软膜修剪完整即可。

4）安装完毕后，用干净毛巾把软膜顶棚清洁干净。

3.5 吊顶工程的质量验收

3.5.1 一般规定

（1）本节适用于暗龙骨吊顶、明龙骨吊顶等分项工程的质量验收。

（2）吊顶工程验收时应检查下列文件和记录：吊顶工程的施工图、设计说明及其他设计文件；材料的产品合格证书、性能检测报告、进场验收记录和复验报告；隐蔽工程验收记录；施工记录。

（3）吊顶工程应对人造木板的甲醛含量进行复验。

（4）吊顶工程应对下列隐蔽工程项目进行验收：吊顶内管道、设备的安装及水管试压；木龙骨防火、防腐处理；预埋件或拉结筋；吊杆安装；龙骨安装；填充材料的设置。

（5）各分项工程的检验批应按下列规定划分：同一品种的吊顶工程每50间（大面积房间和走廊按吊顶面积每30m²为一间）应划分为一个检验批，不足50间也划分为一个检验批。

（6）检查数量应符合下列规定：每个检验批应至少抽查10%，并不得少于3间，不足3间时应全数检查。

（7）安装龙骨前，应按设计要求对房间、洞口标高和吊顶内管道、设备及其支架的标高进行交接检验。

（8）吊顶工程的木吊杆、木龙骨和木饰面板必须进行防火处理，并应符合有关设计防火规范的规定。

（9）吊顶工程中的预埋件、钢筋吊杆和型钢吊杆应进行防锈处理。

（10）安装饰面板前应完成吊顶内管道和设备的调试及验收。

（11）吊杆距主龙骨端部距离不得大于300mm，当大于300mm时，应增加吊杆。当吊杆长度大于1.5m时，应设置反支撑。当吊杆与设备相遇时，应调整并增设吊杆。

（12）重型灯具、电扇及其他重型设备严禁安装在吊顶工程的龙骨上。

3.5.2 暗龙骨吊顶工程的质量验收

本节适用于轻钢龙骨、铝合金龙骨、木龙骨作骨架，以石膏板、金属板、矿棉板、木板、塑料板或格栅等为饰面材料的暗龙骨吊顶工程的质量验收。其主控项目、一般项目及检验方法见表3-13、表3-14，允许偏差见表3-15。

表3-13 暗龙骨吊顶工程主控项目及检验方法

项次	项 目 内 容	检 验 方 法
1	吊顶标高、尺寸、起拱和造型应符合设计要求	观察；尺量检查
2	饰面材料的材质、品种、规格、图案和颜色应符合设计要求	观察；检查产品合格证书、性能检测报告、进场验收记录和复验报告
3	暗龙骨吊顶工程的吊杆、龙骨和饰面材料的安装必须牢固	观察；手扳检查；检查隐蔽工程验收记录和施工记录
4	吊杆、龙骨的材质、规格、安装间距及连接方式应符合设计要求。金属吊杆、龙骨应经过表面防腐处理；木吊杆、龙骨应进行防腐、防火处理	观察；尺量检查；检查产品合格证书、性能检测报告、进场验收记录和隐蔽工程验收记录
5	石膏板的接缝应按其施工工艺标准进行板缝防裂处理。安装双层石膏板时，面层板与基层板的接缝应错开，并不得在同一根龙骨上接缝	观察

表3-14 暗龙骨吊顶工程一般项目及检验方法

项次	项 目 内 容	检 验 方 法
1	饰面材料表面应洁净、色泽一致，不得有翘曲、裂缝及缺损。压条应平直、宽窄一致	观察；尺量检查
2	饰面板上的灯具、烟感器、喷淋头、风口等设备的位置应合理、美观，与饰面的交接应吻合、严密	观察
3	金属吊杆、龙骨的接缝应均匀一致，角缝应吻合，表面应平整，无翘曲、锤印。木质吊杆、龙骨应顺直，无劈裂、变形	检查隐蔽工程验收记录和施工记录
4	吊顶内填充吸声材料的品种和铺设厚度应符合设计要求，并应有防散落措施	检查隐蔽工程验收记录和施工记录

表 3-15　暗龙骨吊顶工程安装的允许偏差和检验方法

项次	项目	允许偏差/mm			检验方法
		纸面石膏板	金属板	木板、塑料板、格栅	
1	表面平整度	3	3	2	用2m靠尺和塞尺检查
2	接缝直线度	3	1.5	3	拉5m线,不足5m拉通线,用钢直尺检查
3	接缝高低差	1	1	1	用钢直尺和塞尺检查

3.5.3　明龙骨吊顶工程的质量验收

　　本节适用于以轻钢龙骨、铝合金龙骨、木龙骨等为骨架,以石膏板、金属板、矿棉板、塑料板、玻璃板或格栅等为饰面材料的明龙骨吊顶工程的质量验收。其主控项目、一般项目及检验方法见表3-16、表3-17,允许偏差见表3-18。

表 3-16　明龙骨吊顶工程主控项目及检验方法

项次	项目内容	检验方法
1	吊顶标高、尺寸、起拱和造型应符合设计要求	观察;尺量检查
2	饰面材料的材质、品种、规格、图案和颜色应符合设计要求。当饰面材料为玻璃板时,应使用安全玻璃或采取可靠的安全措施	观察;检查产品合格证书、性能检测报告和进场验收记录
3	饰面材料的安装应稳固严密。饰面材料与龙骨的搭接宽度应大于龙骨受力宽度的2/3	观察;手扳检查;尺量检查
4	吊杆、龙骨的材质、规格安装间距及连接方式应符合设计要求。金属吊杆、木龙骨应进行表面防腐处理;木龙骨应进行防腐、防火处理	观察;尺量检查;检查产品合格证书、进场验收记录和隐蔽工程验收记录
5	明龙骨吊顶工程的吊杆和龙骨安装必须牢固	手扳检查;检查隐蔽工程验收记录和施工记录

表 3-17　明龙骨吊顶工程一般项目及检验方法

项次	项目内容	检验方法
1	饰面材料表面应洁净、色泽一致,不得有翘曲、裂缝及缺损。饰面板与明龙骨的搭接应平整、吻合,压条应平直、宽窄一致	观察;尺量检查
2	饰面板上的灯具烟感器、喷淋头、风口等设备的位置应合理、美观,与饰面的交接应吻合、严密	观察
3	金属龙骨的接缝应平整、吻合、颜色一致,不得有划伤、擦伤等表面缺陷。木龙骨应平整、顺直,无劈裂	观察
4	吊顶内填充吸声材料的品种和铺设厚度应符合设计要求,并应有防散落措施	检查隐蔽工程验收记录和施工记录

表 3-18　明龙骨吊顶工程安装的允许偏差和检验方法

项次	项目	允许偏差/mm			检验方法
		石膏板	金属板	塑料板、玻璃板	
1	表面平整度	3	2	2	用2m靠尺和塞尺检查
2	接缝直线度	3	2	3	拉5m线,不足5m拉通线,用钢直尺检查
3	接缝高低差	1	1	1	用钢直尺和塞尺检查

3.6 工程实践案例

某工程采用凹凸小圆角落低吊顶，它由四周窄框和中间小圆角正方形的龙骨框架组成，通过吊杆与楼板固定，再用罩面板封面。

1. 预制龙骨框架及吊杆

预制龙骨框架分为边框与中心框。

（1）边框龙骨架预制。按照设计要求，用 50mm×100mm 的木龙骨制成边框，凹圆角用三角木块制成并钉在转角处。制成的方框应是外方内圆。

（2）中心框龙骨框架预制。按照设计要求，用木龙骨制作中心框龙骨框架，四角圆内方的木龙骨框架。

（3）吊杆与紧固件。吊杆用 6mm×40mm 的铁板做成。吊杆与楼板的连接紧固件，可用膨胀螺栓，也可用预埋件。龙骨与吊杆的连接紧固件，可用螺栓，也可用直径为 48mm 的钢螺杆和螺母固定。

2. 边框龙骨架安装

（1）吊杆安装。根据设计要求确定边框龙骨吊点，在混凝土楼板上弹出吊点位置，采用膨胀螺栓（或用预埋件）将吊杆固定在混凝土楼板上。

（2）边框龙骨架安装。将龙骨与吊杆用螺栓连接，如图 3-49 所示。

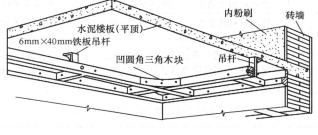

图 3-49　边框龙骨安装

3. 中心框龙骨安装

（1）吊杆安装。根据设计要求，确定中心框龙骨吊点，在混凝土楼板上弹出吊点位置，采用膨胀螺栓（或用预埋件）将吊杆固定在混凝土楼板上。

（2）中心框龙骨框架安装。将中心框龙骨框架与吊杆用螺栓连接，如图 3-50 所示。

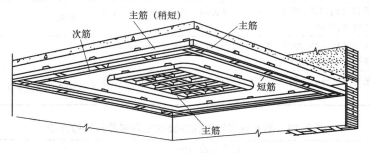

图 3-50　中心框龙骨框架安装

4. 吊顶罩面板安装

（1）罩面板下料。根据设计要求，按框架实际尺寸对罩面板进行下料。下料时应预留出灯光口位置，并开口。

（2）固定罩面板。用射钉枪将罩面板固定在木龙骨架上，如图 3-51 所示。

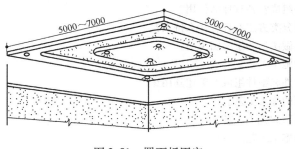

5000～7000　　5000～7000

图 3-51　罩面板固定

实训内容——轻钢龙骨纸面石膏板吊顶

1. 任务

完成一间轻钢龙骨纸面石膏板吊顶的施工。

2. 条件

（1）在实训基地已具备条件的场地上施工。指导教师根据场地情况，按照规范要求设计一间吊顶，具体尺寸要完整、标注清楚。

（2）吊顶所用的全部材料应配套齐备并符合规范和施工要求，有材料检测报告和合格证。轻钢龙骨主件、配件、吊筋及紧固材料由实训教师提供，纸面石膏罩面板的规格和厚度也由实训教师给定。

（3）主要机具有手电钻、螺钉旋具、射钉枪、电动剪、曲线锯、板锯、线坠、靠尺等。

3. 施工工艺

交验及基层处理→弹线定位→吊筋制作安装→主龙骨安装→调平龙骨架→次龙骨安装固定→质量检查→安装面板→质量检查→缝隙处理。

4. 组织形式

以小组为单位，每组 4～6 人，指定小组长，小组进行编号，完成的任务即吊顶编号同小组编号。

5. 其他

（1）小组成员注意协作互助，在开始操作前以小组为单位合作编制一份简单的、针对该任务的施工方案和验收方案。

（2）安全保护措施。

（3）环境保护等。

本章小结：

本章从构件组成、所用材料及要求、施工工艺入手，按施工过程介绍了木龙骨、轻钢龙骨和铝合金龙骨吊顶的施工以及金属装饰板吊顶、开敞式吊顶的施工，并在此基础上分别介绍了各种吊顶的质量验收标准，使学生学会正确选择材料和组织施工的方法。通过案例的介绍，力求培养学生解决施工现场常见工程质量问题的能力。

64

复习思考题：

1. 吊顶由哪几个部件组成？各有什么作用？
2. 吊顶有哪几种主要分类方法？各有什么特点？
3. 吊筋有哪几种构造做法？并绘简图说明。
4. 简述木龙骨吊顶的施工工艺。
5. 轻钢龙骨由哪些主件和配件组成？简述其用途。
6. 简述轻钢龙骨吊顶的施工工艺。
7. 简述木质开敞式吊顶的施工工艺。
8. 简述金属板吊顶的施工工艺。
9. 吊顶安装工程施工质量验收的质量标准有哪些？一般分为哪些项目和要求？

第4章　轻质隔墙工程施工

学习目标：

（1）通过不同类型隔墙与隔断施工工序的重点介绍，使学生能够对其完整的施工过程有全面的认识。

（2）通过对施工工艺的深刻理解，使学生学会正确选择材料和组织施工的方法，培养学生解决施工现场常见工程质量问题的能力。

（3）在掌握施工工艺的基础上，使学生领会工程质量验收标准。

学习重点：

（1）木龙骨、轻钢龙骨隔墙与隔断的施工工艺。

（2）木龙骨、轻钢龙骨隔墙与隔断工程的质量验收。

（3）石膏条板隔墙的施工及质量验收。

（4）玻璃隔墙与隔断的施工及质量验收。

学习建议：

（1）从构件组成、所用材料及施工机具入手，按施工过程学习每一类型隔墙与隔断的施工工艺。

（2）结合实训任务，指导学生在真实情境中完成完整的施工过程并写出操作、安全注意事项和感受。

（3）通过案例教学，提出施工中可能出现的质量问题，开展课堂讨论，并要求在课后查找相关资料，进一步深刻领会成功案例的经验和失败案例的教训。

在现代室内装饰施工中，轻质隔墙与隔断的使用非常普遍，它既可以满足划分室内大空间的功能要求，又可以满足人们生活和审美的需求。这些结构不能承重，但由于其墙身薄、自重小，可以提高平面利用系数，拆装非常方便，同时还具有隔声、防火、防潮等功能，因此具有很强的适用性。

隔墙与隔断的类型非常多。隔墙按照构造方式不同，可分为骨架式、板材式和砌块式，其中砌块式隔墙因自重大且施工过程中多属于湿作业，在现代室内装饰中已较少采用。隔断按照外部形式不同，分为固定式、移动式、屏风式、帷幕式和家具式等。

本文主要介绍骨架式和板材式隔墙和隔断的施工。

4.1　隔墙工程施工常用的机具

4.1.1　常用手工工具

常用手工工具见表4-1。

表 4-1　常用手工工具

序号	名称	简　图	主　要　用　途
1	边角刨		用于墙板拼缝处的倒角,倒角大小可通过调整刀片角度来控制
2	板锯		用于多种规格石膏板材的切割
3	针锉、针锯		针锉用于石膏板开异形孔洞,针锯开直线孔
4	贴纸器		墙板作无缝处理时粘贴接缝纸带或玻纤带
5	滑梳		带半圆孔的箅形刮铲,涂布胶粘剂时使之梳成条状
6	胶料铲		用法与滑梳相似,当几层石膏板相结合,用胶料铲铲刮胶粘剂使均布成细条
7	刮刀		用于石膏板系隔墙墙面接缝处涂刮腻子
8	阴、阳角抹子		用于墙角抹腻子、贴纸带及壁纸等
9	安全多用刀		用于切割石膏板

4.1.2　常用机械

常用机械见表4-2。

表 4-2　常用机械

序号	名称	简 图	主 要 用 途
1	电动螺钉旋具		用于轻钢龙骨、铝合金龙骨及金属墙板的安装
2	电动冲击钻		用于在混凝土、砖墙等基体上钻孔、扩孔
3	射钉枪		用于将轻钢龙骨固定在混凝土、砖砌体上
4	拉铆枪	拉铆头 手柄 倒齿爪子	用于轻钢龙骨隔断墙中竖向龙骨或加强龙骨与沿顶、沿地龙骨或横向龙骨的连接
5	打钉机		用于在木龙骨上钉木夹板、纤维板、石膏板、刨花板、木线条等
6	电动自攻钻		用带有钻头的自攻螺钉将石膏板固定于轻钢龙骨上
7	曲线锯		用于锯异形石膏板、轻钢龙骨

（续）

序号	名称	简 图	主 要 用 途
8	圆孔锯		在石膏板上开出圆洞，用以安装水、电等的管道

4.2 骨架隔墙施工

骨架隔墙工程多以木方、轻钢型材和铝合金型材作为骨架材料，用各种板材固定于骨架两侧面形成的轻质隔墙。当隔声要求比较高时，可在两层面板之间加设隔声层，或同时设置三四层面板，形成二至三层空气层，以提高隔声效果。

4.2.1 木龙骨隔墙与隔断施工

1. 木龙骨隔墙与隔断的结构形式及对材料的要求

（1）木龙骨结构形式。木龙骨隔墙与隔断的龙骨由上槛、下槛、主柱（也称墙筋）和斜撑组成。按立面构造，木龙骨隔断墙通常分为全封隔断墙、有门窗隔断墙和半高隔断墙三种类型。不同类型的隔断墙，其龙骨结构形式也不完全相同。

1）大木方结构。这种结构的木隔断墙，通常用 50mm×80mm 或 50mm×100mm 的大木方制作主框架，框架的规格为 500mm×800mm 的长方框架或 500mm×500mm 的方框，如图 4-1 所示。这种结构多用于墙面较高、较宽的木龙骨隔断墙。

2）小木方双层结构。常用 25mm×30mm 的带凹槽的小木方做成两片骨架，每片骨架规格为 300mm×300mm 或 400mm×400mm，用木方横杆连接这两片骨架。此结构可以使隔断墙有一定厚度，适用于宽度为 150mm 左右的木龙骨隔断墙，如图 4-2 所示。

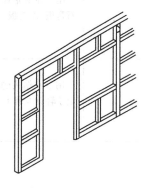

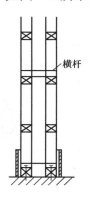

横杆

图 4-1　大木方结构骨架　　　　图 4-2　小木方双层结构骨架

3）小木方单层结构。这种结构常用 25mm×30mm 的带凹槽木方组装，框架规格为 300mm×300mm，多用于高度在 3m 以下的全封闭隔断或普通半高矮隔断。

以上三种结构形式，对于面积不大的隔墙，可在地面一次拼成木骨架后，再安装固定。对于大面积的隔墙，可将拼成的木龙骨骨架分片安装固定。

（2）对材料的要求

1）对木龙骨的要求。选用木材的树种、材质等级、含水率及防腐、防火、防虫处理等，应符合《木结构工程施工质量验收规范》（GB 50206—2012）中的相关规定和设计提出的要求；施工现场所用的木材必须提前进行干燥处理，以减少干缩变形，这也是保证隔断墙质量的关键。

2）对饰面基层板的要求。木夹板、胶合板、纤维板、石膏板等表面平整、边缘整齐、洁净，不得有污染、折裂、缺棱掉角和锤印等缺陷，存放时应防止受潮变形，安装时宜使用镀锌的螺钉和钉子。

3）其他要求。在木龙骨骨架固定施工前，所有接触到砖、石、混凝土的木材和预埋件均应作防腐处理，连接用的铁件必须经镀锌防锈处理，胶粘剂应按饰面板的品种选用。

2. 木龙骨隔墙与隔断施工

（1）工艺流程。基层处理→弹线定位并打孔→固定木龙骨→木骨架与吊顶的连接→饰面基层板的固定。

（2）施工要点

1）基层处理。木龙骨施工前要用垂线法和拉水平线来检查墙身的垂直度和平整度，并在墙面上标出最高点和最低点。对墙面平整误差在10mm以内的墙体，可重新抹灰浆修正。如误差大于10mm，通常不再修正墙体，而是在建筑墙体与木龙骨骨架间加木垫来调整，以保证木龙骨骨架的平整度和垂直度。

2）弹线打孔。按照设计图纸的要求，首先在楼地面和墙面上弹出隔断墙的中心线和宽度线，然后按300～400mm的间距确定固定点的位置。通常用直径为7.8mm或10.8mm的钻头在中心线上打孔，孔深45mm左右，向孔内放入M6或M8的膨胀螺栓。注意打孔的位置应与骨架竖向木方错开；还可以用木楔铁钉固定，这就需要打出直径20mm左右的孔，孔深50mm左右，再向孔内打入木楔，用铁钉固定即可。如在潮湿的地区或墙面易受潮的部位，木楔可刷上桐油，待干燥后再打入墙孔内。

3）固定木龙骨。施工现场为保证装饰工程的结构安全，通常遵循不破坏原建筑结构的原则进行木龙骨的固定。固定木龙骨的方式有多种，一般按以下步骤进行。

固定木龙骨的位置通常是在沿地、沿墙、沿顶等处。为防水、防潮，隔断墙下部宜砌二至三皮普通粘土砖或做厚度一般为100mm的现浇混凝土墙基。为方便沿地龙骨固定可预先埋入防腐木砖，木砖间距按设计要求一般为600mm左右。

固定木龙骨前，应按对应地面、墙面和顶面的隔墙固定点位置，在木龙骨骨架上划线，标出固定点的位置。若用膨胀螺栓固定，就在已知固定点处打孔，打孔的直径略微大于膨胀螺栓的直径。图4-3为木龙骨骨架与地面、墙面用膨胀螺栓固定示意图，图4-4为木龙骨骨架与墙面用木楔圆钉固定示意图。

对于半高矮隔断墙来说，主要靠地面固定和端头墙面固定。如果半高矮隔断墙的端头处无法与墙面固定，常采用铁件来加固端头。加固部分主要是地面与竖向木方之间，如图4-5所示。

4）木骨架与吊顶的连接。一般情况下，木骨架的顶部与建筑楼板底的连接有多种方法，可采用射钉固定或膨胀螺栓或木楔圆钉固定等。

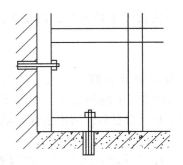

图 4-3　与地面、墙面用膨胀螺栓固定

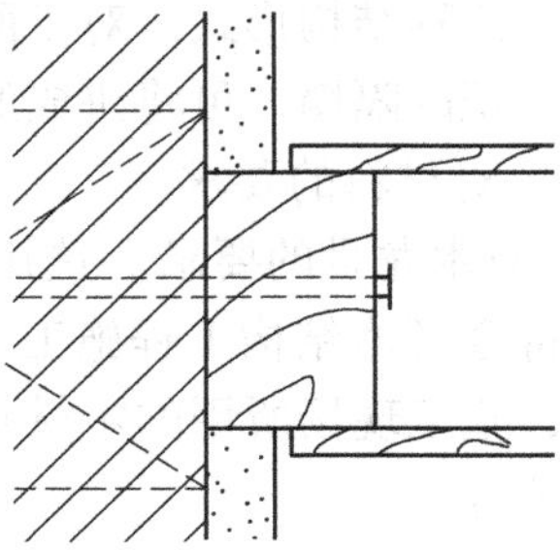

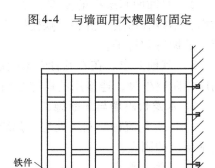

图 4-4　与墙面用木楔圆钉固定

若隔墙上部的顶端不是楼板，而是与吊顶相接触时，其连接方法则需要根据吊顶类型来确定。对于无门的隔断墙，当与木龙骨吊顶接触时，则应将吊顶木龙骨与隔墙木龙骨的沿顶龙骨钉接起来。如果两者之间有接缝，应垫实接缝后再钉钉子。当与铝合金或轻钢龙骨吊顶接触时，只要求接缝缝隙小而平直。对于有开启门扇的隔断墙，考虑到门开闭的振动及人的碰撞，其顶端应采取固定措施。一般做法是使竖向龙骨穿过吊顶面与楼板底面固定，采用斜角支撑，斜角支撑与楼板底面的夹角以 60°为宜，与楼板底的固定可用木楔铁钉或膨胀螺栓，如图 4-6 所示。

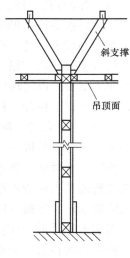

图 4-5　半高矮隔断墙的固定

5）木龙骨隔断墙门窗框的做法

① 木龙骨隔断墙门框做法。木龙骨隔断墙的门框是以门洞口两侧的竖向木方为基体，配以挡位框、饰边板或饰边线条组合而成的。大木方骨架的隔墙门洞竖向木方断面大，其挡位框的木方可直接固定于竖向龙骨上。小木方双层结构的隔墙，由于木方断面较小，一般先在门洞内侧钉固 12mm 厚的木夹板或实木板之后，再在其上固定挡位框。

对于各种木龙骨隔断墙的门框竖向木方，均应采取措施加固，这样可以保证不会由于门的频繁开闭振动而造成隔墙的松动，如图 4-7 所示。

木龙骨隔断墙门框在设置挡位框的同时，为了收边、封口和装饰效果，一般采取门框包边的饰边结构形式，常见的饰边结构形式有厚木夹板加木线条包边、阶梯式包边、大木线条压边等。固定时可用铁钉，注意铁钉应冲入面层。

图 4-6　带木门的隔墙与吊顶面的固定

② 木龙骨隔断墙窗框做法。在制作木龙骨隔断墙时要预留出窗框位置，然后用木夹板和木线条进行压边或定位。木龙骨隔断墙的窗有固定窗扇式和活动窗扇式，固定窗扇式是用木条把玻璃定位在窗框中，活动窗扇式与普通活动窗基本相同。

6）饰面基层板的固定。木龙骨隔断墙的饰面基层板，通常采用木夹板、中密度纤维

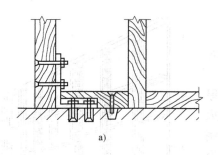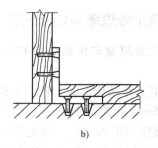

图4-7　木龙骨隔墙门框的固定
a）用膨胀螺栓固定　b）用螺钉固定

板、石棉水泥板等木质板材。基层板与木龙骨的固定方式有钉、粘或通过专门的卡具连接。现以木夹板的固定为例，介绍木龙骨隔断墙饰面基层板的固定方法。

木龙骨隔断墙上固定木夹板的方式通常有明缝和暗缝两种。明缝固定是在两板之间留一条一定宽度的缝隙，当施工图无明确规定时，预留的缝宽一般为8～10mm。明缝可加工成各种装饰缝型。如果明缝处不用垫板，则应将木龙骨面刨光，使明缝的上、下宽度一致。在锯割木夹板时，用靠尺来保证锯口的平直度与尺寸的准确性，并用0号木砂纸打磨修边，如图4-8所示。暗缝固定时，要对木夹板正面四边刨出45°倒角，倒角处宽3mm左右，以便在以后的基层处理时可将木夹板之间的缝隙补平，如图4-9所示。

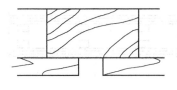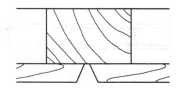

图4-8　明缝固定方式　　　　　　　　　　图4-9　暗缝固定方式

钉板的方法通常用25～35mm长的铁钉，把木夹板固定在木龙骨上。要求布钉均匀，钉距控制在80～150mm。通常5mm厚以下的木夹板用25mm钉子固定，9mm厚左右的木夹板用30～35mm的钉子固定。对钉入木夹板的钉头，应先将钉头打扁，再将钉头打入板面内；或先将钉头与木夹板钉平，待木夹板全部固定后，再用尖头冲子，逐个将钉头冲入木夹板平面以内0.5～1mm，钉眼用油性腻子抹平。这样，可以防止板面空鼓、翘曲，钉帽不致生锈使黄色锈斑破坏饰面。

射钉枪的钉头可直接埋入木夹板内，所以不必再处理。但在使用钉枪时，要注意把钉枪嘴压在板面上后再扣动扳机，以保证钉头埋入木夹板内。

这里需要提及的是，用木夹板做木骨架基层时在阳角处应做护角，以防其在使用中对墙角造成破坏。同时，如果木夹板基层下面做木踢脚板，则木夹板罩面应离地面20～30mm，采用的实木板或厚夹板踢脚线，一般用铁钉与墙面木骨架固定。如果用大理石、瓷砖、水磨石等做踢脚板，则木夹板罩面应与踢脚板上口齐平，接缝严密。近年来，在一些高级装饰中采用模压板的制成品踢脚线，其可用万能胶与木夹板墙面粘贴。

最后在木龙骨隔断墙木夹板基层上，可进行各种饰面工程，如涂料饰面、裱糊饰面、镶贴各种罩面板等。其施工工艺在相关章节中有介绍。

4.2.2 轻钢龙骨隔墙与隔断施工

1. 轻钢龙骨隔墙与隔断的结构形式及对材料的要求

（1）轻钢龙骨结构形式。轻钢龙骨是以厚度为 0.5~1.5mm 的镀锌钢带、薄壁冷轧退火卷带或彩色喷塑钢带为原料，经龙骨机辊压制成的隔墙骨架支撑材料。其骨架边框主要由沿地、沿顶龙骨与沿墙、沿柱龙骨构成，中间立若干竖向龙骨。有些类型的轻钢骨架，还要加通贯横撑龙骨和加强龙骨，如图 4-10 所示。

而不同类型、不同规格的轻钢龙骨，可以组成不同的隔墙骨架构造。图 4-11 为隔墙的单、双排龙骨构造示意图。

轻钢龙骨主件的规格和断面见表 4-3，主要配件见表 4-4。

当采用纸面石膏板等板材作为隔墙罩面板时，另有配套的龙骨附件，见表 4-5。

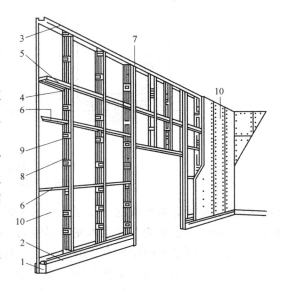

图 4-10　轻钢龙骨隔墙布置示意图
1—混凝土踢脚座　2—沿地龙骨　3—沿顶龙骨　4—竖龙骨　5—横撑龙骨　6—通贯横撑龙骨　7—加强龙骨　8—贯通孔　9—支撑卡　10—纸面石膏板

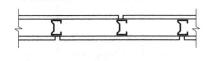

a)　　　　　　　　　　　　b)

图 4-11　隔墙的单、双排龙骨构造图
a）单排龙骨单层石膏板隔墙　b）双排龙骨双层石膏板隔墙

表 4-3　轻钢龙骨主件

名称	横截面形状		规格尺寸/mm	重量/(kg/m)	主要用途
	类型	断面			
横龙骨	U 形	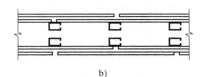	50×40×0.6	0.58	主要用于沿顶、沿地龙骨，多与建筑的楼板底和地面结构相连接，相当于龙骨骨架的上下轨槽，与 C 形竖龙骨配合使用
			75×40×0.6(1.0)	0.76(1.16)	
			100×40×0.7(1.0)	0.95(1.36)	
			150×40×0.7(1.0)	1.23	
竖龙骨	C 形		50×50×0.6 50×45×0.6	0.77	用作骨架竖向的支撑，其两端分别与沿顶、沿地横龙骨连接
			75×50×0.6(1.0) 75×45×0.6(1.0)	0.89(1.48)	
			100×50×0.6(1.0) 100×45×0.6(1.0)	1.17(1.67)	
			150×50×0.7(1.0)	1.45	

（续）

名称	横截面形状		规格尺寸/mm	重量/kg/m	主要用途
	类型	断面			
通贯龙骨	U形		38×12×1.0	0.45	可作为竖龙骨的中间连接构件，高度低于3m的隔墙安装一道，3～5m时安装两道
加强龙骨	C形	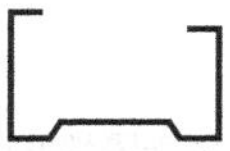	62×35×0.6 72.8×35×0.6(1.0) 97.8×35×0.7(1.0)	0.62 0.68(1.07) 0.87(1.30)	不对称C形，可单独作为竖龙骨使用，也可用两件相扣组合使用，以增加其刚度

注：1. 本表适用于50、75、100、150隔断墙系列。
 2. 根据用户要求，可在竖向龙骨上冲孔，以方便通贯龙骨的横穿。

表4-4 轻钢龙骨主要配件

名　称	横截面形状	主要用途
支撑卡	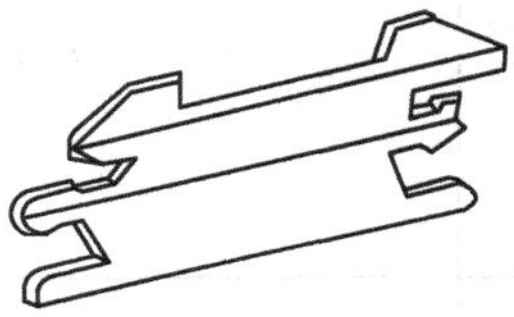	竖向龙骨与沿地龙骨或通贯龙骨相交的锁紧件，设置在竖龙骨开口一侧，卡距为400～600mm，距龙骨两端为20～25mm，用以保证竖龙骨平直和增强结构刚度
角托	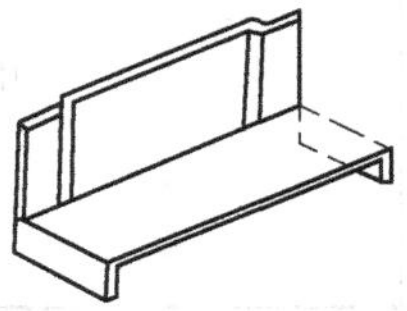	竖向龙骨或加强龙骨与横龙骨的连接，设置在竖向龙骨背面
卡托	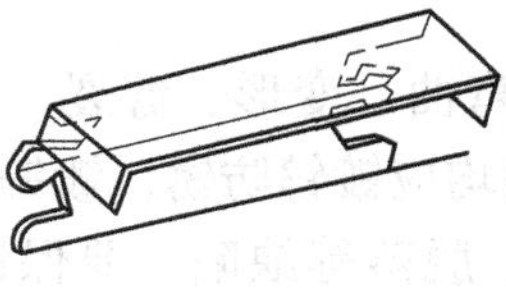	与通贯龙骨的连接，设置在竖向龙骨开口一侧
通贯龙骨连接件	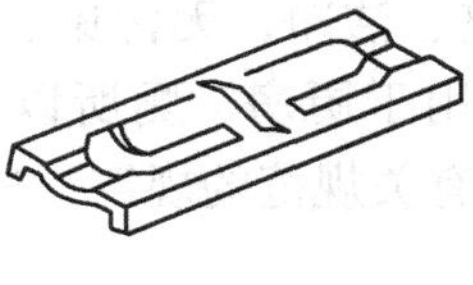	通贯龙骨的加长连接
固定件	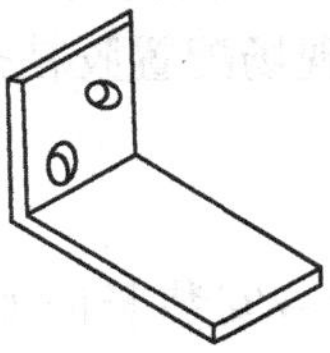	龙骨与建筑结构的加固与连接

表 4-5　轻钢龙骨主要附件

名　　称	横截面形状/mm	主 要 用 途
压条	 20 1.5	用于隔墙窗口
护墙龙骨	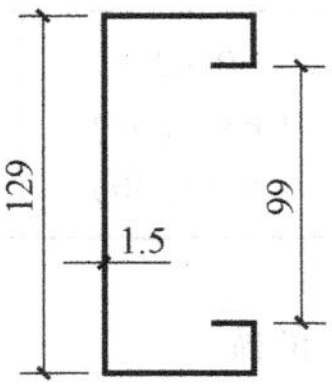 129　99 1.5	用于隔墙端部,起护墙作用
窗口龙骨	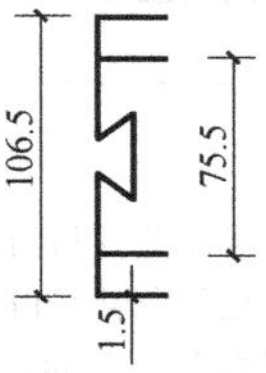 106.5　75.5 1.5	用于隔墙窗口
固定玻璃窗龙骨	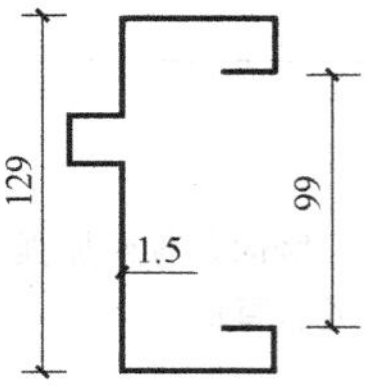 129　99 1.5	用于隔墙窗口

注:本表为纸面石膏板作轻钢龙骨隔墙罩面板时所需的配套附件。

（2）对材料的要求

1）对轻钢龙骨的要求。龙骨外形要平整、无弯曲、变形、劈裂,棱角清晰,切口不应有影响使用的毛刺和变形。龙骨主件、配件等表面均应镀锌防锈,镀锌量应符合有关现行国家标准和行业标准,镀锌层不允许有起皮、起瘤、脱落等缺陷,要保证使用三年内无严重锈蚀。

2）对饰面基层板的要求。罩面板表面应平整、洁净,无污染、麻点、锤印,颜色一致,其中普通纸面石膏板和防火石膏板一般不宜用于厨房、厕所以及空气相对湿度大于70%的潮湿环境中。人造板的甲醛含量应符合国家有关规范的规定,进场后应做复试,且必须有相关的检测报告。

3）其他要求。所有接触到砖、石、混凝土的预埋件均应作防腐处理。连接用的铁件必须经镀锌防锈处理。胶粘剂应按饰面板的品种选用。现场配置胶粘剂,其配合比应由试验决定。填充的隔声材料应符合设计要求。

2. 轻钢龙骨隔墙与隔断施工

（1）工艺流程。弹线定位→安装沿顶和沿地龙骨→安装竖向龙骨→安装横撑龙骨和通贯龙骨→各种洞口龙骨加强→安装墙内管线及其他设施→饰面基层板的固定。

（2）施工要点。轻钢龙骨隔断墙工程施工前，应先完成基本的验收工作并且办理完工种交接手续；基底含水率已达到装饰要求，一般应小于8%～12%；同时安装各种系统的管、线盒的弹线及其他准备工作也已到位。

1）弹线定位。根据设计要求，在楼（地）面上弹出隔墙的位置线，即隔墙的中心线和墙的两边线，并引到隔墙两端墙（或柱）面及顶棚（或梁）的下面，同时将门洞口位置、竖向龙骨位置在隔墙的上、下处分别标出，作为施工时的标准线，而后再进行骨架的组装。如果设计要求有墙基，应按准确位置先进行隔墙墙基的施工，并注意防腐木砖的埋设。

2）安装沿顶和沿地龙骨。在楼地面和顶棚下分别摆好沿顶和沿地龙骨，注意在龙骨与地面、顶面接触处应铺填橡胶条或沥青泡沫塑料条，再按规定的间距（0.6～1.0m，水平方向应不大于0.8m，垂直方向不大于1.0m）用射钉或用电钻打孔打入膨胀螺栓或在主体结构上留预埋件的方法，将沿地龙骨和沿顶龙骨固定于楼（地）面和顶（梁）面，如图4-12所示。其中，射钉射入混凝土墙体的最佳深度为22～32mm，砖墙体为30～50mm。射钉位置应避开已敷设的暗管部位。

3）安装竖向龙骨。竖向龙骨间距根据罩面板宽度而定，一般不大于600mm，在板边、板中应各放置一根。对于罩面板材较宽者，要在中间加设一根竖龙骨。隔墙较高时，龙骨间距亦应适当缩小。竖向龙骨应由墙的一端开始排列，当隔墙上设有门窗时，应从门窗口向一侧或两侧排列。在竖向龙骨上，每隔300mm左右预留一个管线安装专用孔。

竖向龙骨安装时应先截好长度，然后将其推向沿顶、沿地龙骨之间，用拉铆钉与沿顶和沿地龙骨固定，如图4-13所示。也可以采用自攻螺钉或点焊的方法连接，翼缘应朝向罩面板方向。注意竖龙骨的上下方向、冲孔位置不能颠倒，现场切割时，只可从其上端切断。

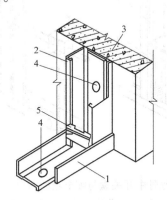

图4-12　沿地、沿墙龙骨与地、墙的固定
1—沿地龙骨　2—竖向龙骨　3—混凝土柱
或墙　4—射钉与垫圈　5—支撑卡

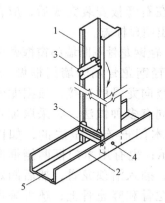

图4-13　竖向龙骨与沿地龙骨的固定
1—竖向龙骨　2—沿地龙骨　3—支撑
卡　4—铆孔　5—橡皮垫条

4）安装横撑龙骨和通贯龙骨。面板横向水平接缝不在沿地、沿顶龙骨上时，要加横撑龙骨固定；同时为增强隔墙轻钢骨架的强度和刚度，每道隔墙应保证最少设置一条通贯龙骨，一般高度低于3m的隔墙安装一道，3～5m时安装两道，5m以上时安装三道，通贯龙骨穿通竖龙骨而横向通长布置。

图 4-14 为通贯龙骨与竖向龙骨用支撑卡连接的构造图。通贯龙骨横穿隔墙全长，图4-15为通贯龙骨使用接长件进行接长的示意图。竖向龙骨与横向龙骨（除通贯龙骨作横向布置外，往往需要设置加强龙骨）相交部位的连接采用角托，如图 4-16 所示。横撑龙骨和通贯龙骨必须与竖向龙骨的冲孔在同一水平上，并卡紧牢固，不得松动。

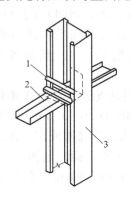

图 4-14　通贯龙骨与竖向龙骨连接
1—支撑卡　2—通贯龙骨
3—竖向龙骨

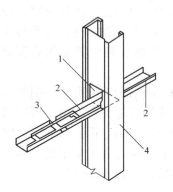

图 4-15　通贯龙骨的接长
1—贯通孔　2—通贯龙骨
3—通贯龙骨连接件
4—竖向龙骨或加强龙骨

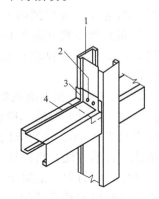

图 4-16　竖向与横向龙骨的连接
1—竖向龙骨或加强龙骨
2—拉铆钉或自攻螺栓
3—角托　4—横向龙骨

5）安装墙内管线及其他设施。当隔墙中设置有配电盘、开关盒、消火栓、脸盆、水箱等时，各种附墙设备及吊挂件均应按设计要求在龙骨组装时预先将连接件与骨架件连接牢固，如图 4-17 所示。在石膏板安装完成后，应在板面做出明显标志。

6）轻钢龙骨隔断墙门窗框做法

① 轻钢龙骨隔断墙门框做法。门框和竖向龙骨的连接，根据龙骨类型不同有多种做法，有采取加强龙骨与木门框连接做法的，如图4-18所示；也有用木门框两侧框向上延长，插入沿顶龙骨，然后固定于沿顶龙骨和竖龙骨上；还可采用其他固定方法，如图 4-19 所示。

② 轻钢龙骨隔断墙窗框做法。

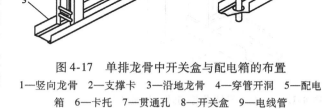

图 4-17　单排龙骨中开关盒与配电箱的布置
1—竖向龙骨　2—支撑卡　3—沿地龙骨　4—穿管开洞　5—配电箱　6—卡托　7—贯通孔　8—开关盒　9—电线管

窗框按设计位置就位，与竖向龙骨、沿顶龙骨连接，必要时也应使用加强龙骨，其安装应符合要求。木窗框可用木螺钉固定，钢、铝合金窗框可用自攻螺钉固定。

7）饰面基层板的固定。轻钢龙骨隔断墙的饰面基层板，通常采用纸面石膏板、水泥刨花板、稻草板、纤维板等木质板材贴于骨架两侧，其中最常用的是纸面石膏板。现以纸面石膏板为例介绍轻钢龙骨隔断墙的饰面基层板的安装固定方法。

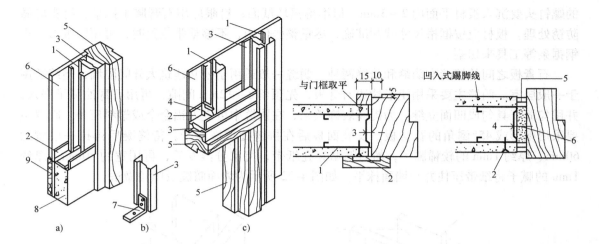

图 4-18　用加强龙骨与木门框连接

a）木门框处下部构造　b）用固定件与

加强龙骨连接　c）木门框处上部构造

1—竖向龙骨　2—沿地龙骨　3—加强龙骨　4—支撑

卡　5—木门框　6—石膏板　7—固定件

8—混凝土隔墙基座　9—踢脚板

图 4-19　轻钢龙骨隔墙与木门框的固定

1—竖向龙骨　2—25mm 长自攻螺钉　3—35mm

长木螺钉　4—50mm 长木螺钉　5—用 KF80 接

缝腻子勾缝　6—12mm 厚石膏板条

纸面石膏板是以石膏为主要原料，掺入纤维和外加剂构成芯材，并与护面纸牢固结合在一起的板材。从性能上分，纸面石膏板有普通石膏板、防火石膏板、防水石膏板三种，可以根据环境的需要选择。纸面石膏板规格通常为 3000mm×900mm（1200mm）×12mm（9mm），可根据隔断墙面积和门、窗的位置正确选购板材。纸面石膏板棱边外形如图 4-20 所示。

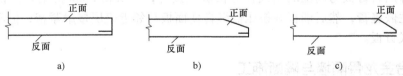

图 4-20　纸面石膏板棱边外形

a）矩形棱边　b）楔形棱边　c）45°倒角

在轻钢龙骨上固定纸面石膏板用平头自攻螺钉，其规格通常有 M4×25 或 M5×25 两种，螺钉距板边不大于 200mm，板中间距不大于 300mm，螺钉与板边缘的距离为 10～16mm，如图 4-21 所示。

安装纸面石膏板时，应从板的中部向板的四边固定，先将整张板材铺在骨架上竖向放置。当两块在一条竖龙骨上对缝时，其对缝应在龙骨之间，对缝的缝隙不得大于 3mm。对正缝后，用直径 3.2mm 或直径 4.2mm 的麻花钻头，将板材与轻钢龙骨一并钻孔，再用 M4 或 M5 的自攻螺钉进行固定，固定后

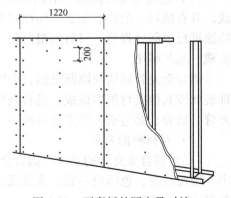

图 4-21　石膏板的固定及对缝

的螺钉头要沉入板材平面内 2~3mm，但不得损坏纸面；钉眼应用石膏腻子抹平，钉头应做防锈处理。板材应按框格尺寸裁割准确，尽量整张使用，不够整张位置时，可用壁纸刀、小钢锯条等工具来切割。

石膏板之间的接缝有明缝和暗缝两种。明缝一般适用于公共建筑大开间隔墙，暗缝适用于一般居室。明缝主要采用矩形棱边石膏板，先预留 8~12mm 间隙，再用石膏油腻子嵌入，并用勾缝工具勾成凹面立缝。为提高装饰效果，在明缝中可嵌入铝合金或塑料压条。暗缝主要采用楔形或 45°倒角的石膏板，安装面板后在拼缝处填嵌腻子，待终凝后再抹一层宽约 60mm、厚约 1mm 的较稀腻子，然后粘贴穿孔纸带，待水分蒸发后，再用宽约 80mm、厚约 1mm 的腻子将纸带压住并与墙面抹平。如图 4-22 所示为墙面暗缝及阳角做法。

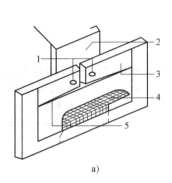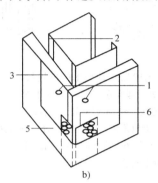

a)   b)

图 4-22　墙面暗缝及阳角做法

a）墙面暗缝　b）阳角护角

1—自攻螺钉　2—竖向龙骨　3—楔形板　4—50mm 宽玻纤带

5—KF80 接缝腻子找平　6—用镀锌铁钉固定金属护角条

隔墙端部的石膏板与周围的墙或柱应松散地接合，一般留 3mm 的槽口。铺设板时，先在槽口处加注嵌缝膏，然后铺板并挤压嵌缝膏使面板与邻近表层接触紧密，但不得强压，最后按常规方式钉板。

4.2.3　铝合金龙骨隔墙与隔断施工

1. 铝合金龙骨隔墙与隔断的结构形式及对材料的要求

（1）铝合金龙骨隔墙与隔断的结构形式。铝合金材料是向纯铝中加入锰、镁等元素制成，具有质轻、耐蚀、耐磨、韧性好等特点。表面经阳极氧化、电泳涂漆、粉末喷涂、氟碳喷涂进行表面处理后，可得到银白色、金色、青铜色和古铜色等几种颜色，其外表色泽雅致美观，经久耐用。

铝合金龙骨隔墙与隔断是铝合金竖向型材和横向型材之间连接形成骨架，再配以各种装饰玻璃或其他板材组装而成，具有制作简单、与墙体连接牢固的特点。常用的截面形式有大方管、扁管、等边槽和等边角等四种，见表 4-6。

（2）对材料的要求

1）对铝合金龙骨的要求。铝合金型材表面应光滑平整，外观顺直，无弯曲、凹陷或鼓出，棱角清晰，色泽应一致，大面无划痕、碰伤、锈蚀等缺陷，切口不应有影响使用的毛刺等。

表 4-6　铝合金龙骨隔墙与隔断用铝型材

序号	名称	截面尺寸/mm	线质量/(kg/m)	序号	名称	截面尺寸/mm	线质量/(kg/m)
1	大方管	76.20×44.45	10.894	3	等边槽	12.7×12.7	0.10
2	扁管	76.20×25.40	0.661	4	等边角	31.8×31.8	0.503

2）对饰面的要求。常用铝合金饰面板和玻璃作为板，具体要求可见相关章节。

3）其他要求。与周边基体固定必须牢固，框架与基体间的伸缩缝内腔宜采用闭孔泡沫塑料、发泡聚苯乙烯等弹性材料分层填塞。

2. 铝合金龙骨隔墙与隔断施工

（1）工艺流程。弹线定位→划线下料→安装固定及组装框架→饰面基层板的固定。

（2）施工要点。在隔断墙施工前，吊顶面的龙骨架安装应完毕，需要通入墙面的电器线路应敷设到位，必要的施工材料已到场，施工所用工具应齐全。

1）弹线定位。根据施工图先弹出地面位置线，再用垂直法弹出墙面位置和高度线，以确定隔墙在室内的具体位置，注意检查与隔墙相接墙面的垂直度；标出竖向型材的间隔位置和固定点位置。

2）划线下料。划线下料是一项细致的工作，对准确度的要求很高，其精度要求为：长度误差±0.5mm。如果划线不准确，不仅使接口缝隙不美观，还会造成不必要的浪费。

划线下料应注意以下方面：

划线时，通常在地面上铺一张干净的木夹板，将铝合金型材放在木夹板上，用钢尺和钢划针对型材划线。在划线操作时注意不要碰伤型材表面。

划线前，应注意复核实际所需尺寸与施工图中所标注的尺寸有没有误差。如误差小于5mm，可按施工图尺寸下料；如误差较大，则应按实量尺寸施工。

下料时应先从隔断墙中最长的型材开始，逐步到最短的型材，并应将竖向型材与横向型材分开进行划线。

划线时，要以沿顶和沿地型材的一个端头为基准，划出与竖向型材的各连接位置线，以保证顶、地之间竖向型材安装的垂直度和对位准确性；要以竖向型材的一个端头为基准，划出与横向型材的各连接位置线，以保证各竖向型材之间横向型材安装的水平度。划连接位置线时，必须划出连接部的宽度，以便在宽度范围内安置铝角件。

铝合金型材的切割下料，要用专门的铝材切割机，切割时应夹紧型材，锯片缓缓与型材接触，切不可猛力下锯。切割时应齐线切或留出线痕，以保证尺寸的准确。切割中，进刀用力均匀才能使切口平滑。快要切断时，进刀用力要轻，以保证切口边部的光滑。

3）安装固定。为了安装方便及效果美观，铝合金骨架的竖向型材和横向型材一般都用同一规格尺寸。型材之间的相互连接主要用铝角件和自攻螺钉，型材与地面、墙面的连接主要用铁脚件固定。

铝合金骨架的安装连接主要是竖向型材与横向型材的垂直结合，目前多采用铝角件连接。所用的铝角通常是厚铝角，其厚度为3mm左右。通过铝角件，一方面将两件型材互相接合，另一方面起到定位的作用，防止型材安装后产生转动现象。对铝角连接件的基本要求是：要有一定的强度，尺寸要准确，其长度应是型材的内径长，使其正好可以装入型材管的内腔之中。具体连接方法如下：

沿竖向型材在与横向型材相连接的划线位置上固定铝角。在固定之前，先在铝角件上钻直径为 3～4mm 的两个孔，孔中心距铝角件端头 10mm；然后用一小截厚约 10mm 的型材放入竖向型材上，即固定横向型材的划线位置处；将铝角件放入这一小截型材内，用手电钻和相同于铝角件上小孔直径的钻头，通过铝角件上小孔在竖向型材上打出两孔，如图 4-23 所示；最后用 M4×20 或 M5×20 的半圆头自攻螺钉，把铝角件固定在竖向型材上。用这种方法固定铝角件，可使两型材在相互连接后，保证对缝的准确性和垂直度。

横向型材与竖向型材连接时，先要将横向型材端头插入竖向型材上的铝角件，并使端头与竖向型材侧面靠紧；再用手电钻将横向型材与铝角件一并打两个孔，然后用自攻螺钉固定。一般是钻好一个孔位后马上用自攻螺钉固定，再打下一个孔。两型材接合的形式，如图 4-24 所示。

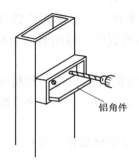

图 4-23　竖向型材与铝角件连接

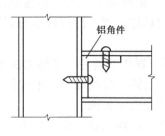

图 4-24　两型材的接合形式

为了保证对接处的美观，自攻螺钉的安装位置应设置在较隐蔽处。如果对接处在 1.5m 以下，则自攻螺钉头安装在型材下方；如果对接处在 1.8m 以上，则自攻螺钉安装在型材上方。这在固定铝角件时将其弯角的方向加以改变即可。

铝合金框架与墙、地面的固定通常用铁脚件，铁脚件的一端与铝合金型材连接，另一端与墙面或地面固定。具体的固定方法如下：

在固定之前，先找好墙面上和地面上的固定点位置，避开墙面的重要饰面部分、设备及线路部分，然后在固定位置处，做出可埋入铁脚件的凹槽。如果墙面或地面还将进行抹灰处理，可不必做出此凹槽。

按墙面或地面的固定点位置，在沿墙、沿地或沿顶型材上划线，用自攻螺钉把铁脚件固定在划线位置上。

铁脚件与墙面或地面的固定，可用膨胀螺栓或铁钉木楔方法，但前者的稳固性优于后者，如图 4-25 所示。如果是与木质墙面固定，铁脚件可用木螺钉固定于墙面内木龙骨上。

4）组装框架。铝合金隔断墙框架有两种组装方式：一种是先在地面上进行平面组装，将组装好的框架竖起进行整体安装，半高铝合金隔断墙通常采用这种方式；另一种是直接对隔断墙框架进行安装，通常是现场先将竖向型材定位，再与横向型材连接，然后与墙面、地面固定，全封铝合金隔断墙通常采用这种方式。

不论哪一种组装方式，在组装时都是从隔断墙框架的一端开始，先将靠墙的竖向型材与铝角件固定，再将横撑型材通过铝角件与竖向型材连接，并以此方法组装框架。

5）饰面板和玻璃的固定、安装。铝合金骨架隔墙在 1m 以下部分，通常用铝合金饰面板，其余部分通常安装玻璃，其具体施工方法见相关章节。

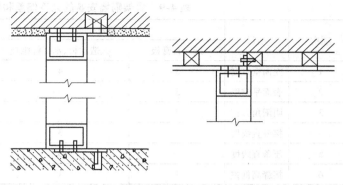

图 4-25　铝合金骨架与墙、地面的固定

4.2.4　骨架隔墙工程的质量验收

骨架隔墙工程每个检验批应至少抽查 10%，并不得少于 3 间；不足 3 间时应全数检查，其主控项目、一般项目及检验方法见表 4-7、表 4-8，允许偏差见表 4-9。

表 4-7　骨架隔墙工程主控项目及检验方法

项　次	项 目 内 容	检 验 方 法
1	骨架隔墙所用龙骨、配件、墙面板、填充材料及嵌缝材料的品种、规格、性能和木材的含水率应符合设计要求。有隔声、隔热、阻燃、防潮等特殊要求的工程,材料应有相应性能等级的检测报告	观察;检查产品合格证书、进场验收记录、性能检测报告和复验报告
2	骨架隔墙工程边框龙骨必须与基体结构连接牢固,并应平整、垂直、位置正确	手扳检查;尺量检查;检查隐蔽工程验收记录
3	骨架隔墙中龙骨间距和构造连接方法应符合设计要求。骨架内设备管线的安装、门窗洞口等部位加强龙骨应安装牢固、位置正确,填充材料的设置应符合设计要求	检查隐蔽工程验收记录
4	木龙骨及木墙面板的防火和防腐处理必须符合设计要求	检查隐蔽工程验收记录
5	骨架隔墙的墙面板应安装牢固,无脱层、翘曲、折裂及缺损	观察;手扳检查
6	墙面板所用接缝材料的接缝方法应符合设计要求	观察

表 4-8　骨架隔墙工程一般项目及检验方法

项　次	项 目 内 容	检 验 方 法
1	骨架隔墙表面应平整光滑、色泽一致、洁净、无裂缝,接缝应均匀、顺直	观察;手摸检查
2	骨架隔墙上的孔洞、槽、盒应位置正确、套割吻合、边缘整齐	观察
3	骨架隔墙内的填充材料应干燥,填充应密实、均匀、无下坠	轻敲检查;检查隐蔽工程验收记录

表 4-9　骨架隔墙安装的允许偏差和检验方法

项次	项目	允许偏差/mm		检 验 方 法
		纸面石膏板	人造木板、水泥纤维板	
1	立面垂直度	3	4	用2m垂直检测尺检查
2	表面平整度	3	3	用2m靠尺和塞尺检查
3	阴阳角方正	3	3	用直角检测尺检查
4	接缝直线度	—	3	拉5m线,不足5m拉通线,用钢直尺检查
5	压条直线度	—	3	拉5m线,不足5m拉通线,用钢直尺检查
6	接缝高低差	1	1	用钢直尺和塞尺检查

4.3　板材隔墙施工

板材隔墙指不用骨架,而用比较厚、高度等于室内净高的条形板材拼装成的隔墙。目前常用的条板材料有石膏条板、石膏复合条板、石棉水泥板面层复合板、压型金属板面层复合板、泰柏墙板及各种面层的蜂窝板等。本文主要介绍泰柏墙板、石膏条板隔断墙的施工。

4.3.1　泰柏墙板隔墙施工

1. 泰柏墙板隔墙的结构形式

泰柏墙板由 14 号高强镀锌低碳钢丝焊接而成的三维钢丝网骨架和高热阻、自熄性聚苯乙烯泡沫塑料芯料组成,两面喷涂 20～31.5mm 的水泥砂浆,如图 4-26 所示。泰柏墙板具有轻质高强、防震、隔热隔声、防火防潮、耐久性好、易于加工、安装轻便快捷等特点,同时穿埋管道、转弯悬挂、局部更改均很方便,易于保证质量,缩短工期。适用于高度小于 3.05m、门窗宽度小于 1.22m 的非承重内隔墙,也可使用于屋面及外墙。

目前泰柏墙板的产品规格有三种,短板尺寸为 2140mm × 1220mm × 76mm,标准板尺寸为 2440mm × 1220mm × 76mm,长板尺寸为 2740mm × 1220mm × 76mm。

泰柏墙板施工安装配件见表 4-10,这里仅介绍与以下施工构造图有关的配件。

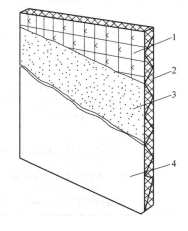

图 4-26　泰柏墙板的构造
1—14 号镀锌钢丝制成的桁条网笼骨架
2—厚57mm 聚苯乙烯泡沫塑料
3—水泥砂浆　4—饰面层

2. 泰柏墙板隔墙施工

(1) 工艺流程。墙位放线→立板→板缝处理→墙面抹灰。

(2) 施工要点。施工前隔墙位置的上下基层(如结构墙面、地面、顶面)应平整、牢固,处理应符合要求;同时应按照设计图纸准备板材、施工安装配件及施工机具,并准备用于压紧箍码的专用工具气动钳。

表 4-10　泰柏墙板施工安装配件

序号	名称	简图	主要用途
1	箍码		用于泰柏墙板之间的拼接,角网、平联结网、U 码、之字条与泰柏板的连接
2	U 码		与膨胀螺栓一起使用,用于泰柏墙板与楼面、顶板、梁、金属门窗框以及其他结构等的连接
3	半码		用于宽度大于 1.2m 的金属门框或木门框的安装
4	钢筋码		在非承重内隔墙结构中,可替代 U 码连接墙体或顶棚等
5	之字条		用于泰柏板竖向及横向接缝处,还可组合成蝴蝶网或 Ⅱ 型桁条,做阴角补强或木门窗框安装
6	Ⅱ 型桁条		三条之字条组合而成,用于木质门窗框的安装及一些洞口的四周补强
7	蝴蝶网		两条之字条组合而成,用于板块结合的阴角补强
8	角网		102mm×204mm,用于泰柏板阳角补强;102mm×102mm,用于泰柏板阴角补强。用方格网卷材现场剪制
9	压片		3mm×48mm×64mm 或 3mm×40mm×80mm,用于 U 码与楼地面等的连接或延伸板与檩条的连接

1) 墙位放线。按照平面设计在地面上弹放平面位置线,并将平面位置线在墙面及楼板顶处交圈,两线间距 80mm。

2) 立板。在弹好线的墙面上沿地面以上 500mm 用电钻打孔,打入直径 8～12mm 的膨胀螺栓以固定 U 码,然后把按平面裁好的泰柏板在 U 码内立起,如图 4-27 所示;也可以在墙面上弹好线的两侧各沿地面以上 500mm 用直径 5mm 的冲击钻钻孔,孔心钻在线上,孔深 50～70mm,将直径为 6mm 的钢筋码打入一侧钻好的孔内,将板材紧靠一侧钢筋码立起,再将另一侧钢筋码打入孔内,把墙板夹紧。泰柏墙板安装

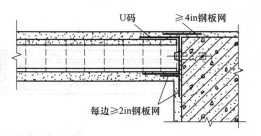

图 4-27　泰柏墙板与墙体的连接
注:1in = 25.4mm。

时,应当注意墙板与其他墙板、楼面、顶棚、门窗框及墙板与墙板之间的连接,一定要紧密牢固。

泰柏墙板与吊顶或楼板以及与地板之间的连接方法同上，如图 4-28 和图 4-29 所示。

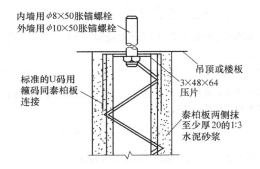

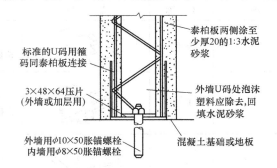

图 4-28　泰柏墙板与吊顶或楼板的连接
注：图中尺寸单位为 mm。

图 4-29　泰柏墙板与地板的连接
注：图中尺寸单位为 mm。

墙板转角即阴阳角部位均应设加强网，一般阳角用通长角网，阴角用蝴蝶网，通过箍码（箍距 150mm）将其连接牢固，如图 4-30 所示。

（3）泰柏墙板与门窗框的连接。与木门框的连接如图 4-31 所示，与铝合金门框和窗框的连接如图 4-32 和图 4-33 所示。

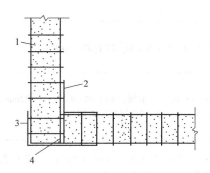

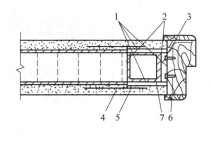

图 4-30　阴阳角部位加强示意图
1—泰柏板　2—102mm×102mm 的角网
3—102mm×204mm 的角网
4—转角补强

图 4-31　泰柏板与木门框的连接
1—Ⅱ型桁条　2—焊缝　3—半码　4—U 码
5—之字条　6—25mm 长的木螺钉
7—2in×2in 的方通

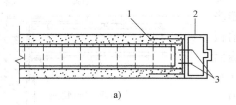

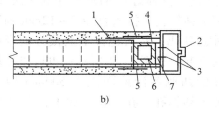

a)　　　　　　　　　　　　　　　　　　b)

图 4-32　泰柏墙板与铝合金门框的连接
a）宽度≤1200mm　b）宽度>1200mm
1—U 码　2—铝合金门框　3—拉铆钉　4—Ⅱ型桁条　5—之字条　6—2in×2in 的方通　7—半码

（4）板缝处理。在墙板与墙板拼缝两侧，必须用平联结网或之字条进行覆盖、补强，然后用箍码（箍距 150mm）把平联结网或之字条同横向钢丝连接，如图 4-34 所示。

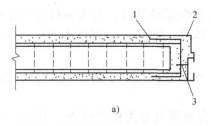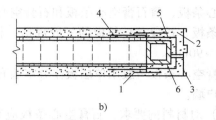

图 4-33　泰柏墙板与铝合金窗框的连接

a）宽度≤1800mm　b）宽度>1800mm

1—之字条　2—铝合金窗框　3—金属膨胀管　4—U码　5—Ⅱ型桁条　6—2in×2in 的方通

（5）墙面抹灰。泰柏墙板在抹灰前，应全面检查安装质量，符合要求后才能进行。抹灰材料中水泥要求选用强度等级为 42.5MPa 的普通硅酸盐水泥或硅酸盐水泥，砂要求采用中砂。

泰柏墙板抹灰分两层进行，第一层约 10mm，用 1:2.5 的水泥砂浆打底，抹灰面与钢丝网平。第一层抹灰完成后，加用带齿抹刀沿平行桁条方向拉出小槽，以利于与第二层抹灰结合牢固；第二层厚 8~12mm。墙体抹灰应先抹墙体任何一面的第一层，湿养护 48h 后抹另一面的第一层，湿养护 48h 后再抹各面的第二层。

至于水电设备的安装，要按线管和开关盒位置将泰柏墙板上局部钢丝剪断，把线管和开关盒埋入墙内，线管处用之字条将网补齐，开关盒上、下各增放直径为 6mm 的钢筋与网固定，如图 4-35 所示。最后用 C25 素混凝土将洞堵实。

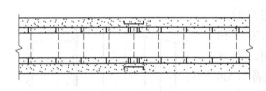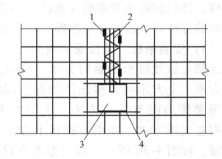

图 4-34　墙板与墙板拼缝的处理　　　　图 4-35　开关盒安装图

1—预埋电线管　2—之字条补强
3—开关盒　4—直径 6mm 的钢筋

4.3.2　石膏条板隔墙施工

石膏板是以建筑石膏为主要原料生产制成的一种质量轻、强度高、厚度薄、隔声、隔热、加工方便和防火性能较好的建筑材料，有纸面石膏板、无面纸纤维石膏板、装饰石膏板、石膏空心条板等多种，而石膏空心条板作室内隔断墙是目前建筑装饰中应用较多的类型，本文以此为例来介绍板材隔墙的施工。

1. 石膏空心条板隔墙的结构形式及对材料的要求

（1）石膏空心条板隔墙的结构形式。石膏空心条板是以建筑石膏为主要原料，掺加适量粉煤灰和水泥，再加入少量增强纤维（也可掺加适量膨胀珍珠岩），加水搅拌制成料浆，再经浇注成型、抽芯、干燥等工艺而制成的轻质板材。其品种按原材料分，有石膏粉煤灰硅酸盐空心条板、磷石膏空心条板和石膏空心条板。按防潮性能分，有普通石膏空心条板和防潮空心条板。石膏空心条板的一般规格，长度为 2500～3000mm，宽度为 500～600mm，厚度为 60～90mm。

石膏空心条板一般用单层板作分室墙和隔墙，也可用两层空心条板，中设空气层或矿棉组成分户墙。

（2）对材料的要求。石膏空心条板应有产品合格证及有关检验证书，表面应平整，边沿应整齐，不应有污垢、裂纹、缺角、翘曲、起皮、色差和图案不完整等缺陷。条板的安装宜使用镀锌的螺钉，预埋的木砖和安装时所用的金属件应做防腐处理，所有木作都应做好防火处理。

条板安装前应针对板材类型不同做好相应的防潮措施，厨房、厕所的隔墙，应采用掺加水泥的珍珠岩石膏空心条板，并涂刷 3% 的甲基硅醇钠溶液防潮涂料；一般居室的隔墙用珍珠岩石膏空心条板可不做防潮处理。

2. 石膏空心条板隔墙施工

（1）工艺流程。基层处理→墙位放线→安装条板→嵌缝。

（2）施工要点

1）基层处理。施工前隔墙墙位的上下基层应平整、牢固，楼地面应凿毛，并清扫干净，用水湿润。基层的处理要符合要求，如处理不当，则易产生裂缝。

2）墙位放线。根据设计要求，在楼（地）面上弹出墙板的位置线，即中心线和墙的两边线，并引到隔墙两端墙（或柱）面及楼板（或梁）的下面，同时标出门洞口位置作为施工时的标准线。放线必须准确，经复验合格后方可进行下道工序。

3）安装条板。墙板安装前先立好并固定门口通天框，架立靠放墙板的临时方木。临时方木分上方木和下方木。上方木可直接压线顶在上部结构底面，下方木可离楼地面 100mm 左右，上下方木之间每隔 1.5m 左右立支撑方木，并用木楔将下方木与支撑方木之间撴紧，如图 4-36 所示。临时方木支设后，即可安装空心条板。安装前应在板与板之间的接缝或板的顶部、侧面与建筑结构的结合部位涂刷 108 胶水泥砂浆，先推紧侧面，再顶牢顶面。条板两侧各 1/3 处垫两组木楔，并用靠尺检查。

图 4-36 支设临时方木后隔墙的安装

安装墙板时，应严格按照放线的位置，尽可能用整块板安装。当有门洞口时，应从门口通天框旁开始向两侧依次进行，墙板与门洞口的连接如图 4-37 所示。当无门洞口时，应从一端向另一端顺序安装。墙板收口处可根据需要随意锯开再拼装黏结，但不得在门边拼装。

条板与梁或楼板的固定，一般采用下楔法，也称"下楔顶板固定法"，即板的上端与上部结构底面用 108 胶水泥砂浆黏结，下部用木楔顶紧后往空隙间填入细石混凝土。具体方法为：先将条板对准预定位置，用撬棍将板撬起，垂直向上顶紧于梁板底面黏紧，板的一侧与主体结构或已安装好的另一块墙板黏紧，并在板下用木楔撴紧，撤出撬棍，如图 4-38 所示。墙板固定后，在板下填塞细石混凝土。如采用经防腐处理后的木楔，则板下木楔可不撤除；

如采用未经防腐处理的木楔，则待填塞细石混凝土凝固并具有一定强度后，应将木楔撤除，再用细石混凝土堵严木楔孔。石膏空心条板隔墙的墙板与墙板的连接、墙板与地面的连接、墙板与柱子的连接、墙板与顶板的连接，分别如图 4-39 ~ 图 4-42 所示。每块墙板安装后，应用靠尺检查墙面垂直和平整情况。

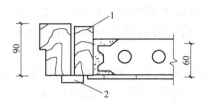

图 4-37 墙板与门洞口的连接
1—通天框 2—木压条

图 4-38 墙板下部打入木楔

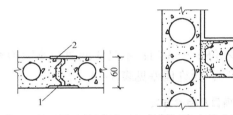

图 4-39 墙板与墙板的连接
1—108 胶水泥砂浆黏结 2—石膏腻子嵌缝

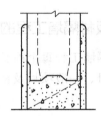

图 4-40 墙板与地面的连接

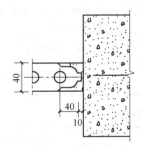

图 4-41 墙板与柱子的连接

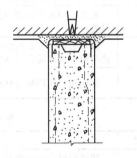

图 4-42 墙板与顶板的连接

至于墙板安装与地面施工两者的先后顺序，不作统一规定。先立墙板后做地面，板的下部因地面嵌固，较为牢靠，但做地面时需对墙板注意保护；先做地面后立墙板，可以加快施工进度，板材少受碰撞，但事先运入楼层的板材需要二次倒运，且地面要做好保护。

4）安装门窗框。一般采用先留门窗洞口后安门窗框的方法。计算并量测门窗洞口上部及窗口下部的墙板尺寸，按此尺寸配备有预埋件的门窗框板。钢门窗框必须与门窗框板中的预埋件焊接，木门窗框用 L 形连接件连接，一边用木螺钉与防腐木砖连接，另一端与门窗框板中的预埋件焊接。门窗框与门窗框板之间缝隙不宜超过 3mm（超过 3mm 时，应加木垫片），用胶粘剂嵌缝。嵌缝要密实，以防门扇开关时碰撞门框造成裂缝。

5）板缝处理。隔墙板安装3d后，检查所有缝隙是否黏结良好，有无裂缝。如出现裂缝，应查明原因后进行修补。已黏结良好的所有板缝、阴阳角缝和门窗框边缘处，一般采用不留明缝的做法，先清理浮灰，刮胶粘剂（主要原料为醋酸乙烯，与石膏粉调成胶泥），再贴50～60mm宽玻纤网格带，阴阳角处粘贴每边各100mm宽的玻纤布一层，压实、粘牢表面再用石膏胶粘剂刮平。

6）踢脚线施工。待板缝凝固7d后做隔墙踢脚，先将板下端距地200mm高度范围内用稀108胶刷一遍，再用108胶水泥砂浆刷至踢脚线部位，待初凝后用水泥砂浆抹实压光，再做各种踢脚，如做塑料、木踢脚等。

7）做饰面。一般居室墙面，直接用腻子刮平，打磨后再刮第二道腻子，再打磨，最后做饰面层，如刷油漆或贴壁纸墙布，或用108胶水泥砂浆刷涂一遍，用纸筋灰抹平，厚度5mm，再喷涂料；对防潮要求较高的墙面，墙面找平打磨后，要刷防潮涂料。

至于设备和电气安装，需要根据工程设计在条板上相应位置处定位并钻单面孔（不能对开穿孔），用胶粘剂粘贴电气开关插座和设备吊挂配件，等吊挂配件黏结强度达到后即可固定设备。

4.3.3 板材隔墙工程的质量验收

板材隔墙工程每个检验批应至少抽查10%，并不得少于3间；不足3间时应全数检查。其主控项目、一般项目及检验方法见表4-11、表4-12，允许偏差见表4-13。

表4-11 板材隔墙工程主控项目及检验方法

项 次	项目内容	检验方法
1	隔墙板材的品种、规格、性能、颜色应符合设计要求。有隔声、隔热、阻燃、防潮等特殊要求的工程，板材应有相应性能等级的检测报告	观察；检查产品合格证书、进场验收记录和性能检测报告
2	安装隔墙板材所需预埋件、连接件的位置、数量及连接方法应符合设计要求	观察；尺量检查；检查隐蔽工程验收记录
3	隔墙板材安装必须牢固。现制钢丝网水泥隔墙与周边墙体的连接方法应符合设计要求，并应连接牢固	观察；手扳检查
4	隔墙板材所用接缝材料的品种及接缝方法应符合设计要求	观察；检查产品合格证书和施工记录

表4-12 板材隔墙工程一般项目及检验方法

项 次	项目内容	检验方法
1	隔墙板材安装应垂直、平整、位置正确，板材不应有裂缝或缺损	观察；尺量检查
2	板材隔墙表面应平整光滑、色泽一致、洁净，接缝应均匀、顺直	观察；手摸检查
3	隔墙上的孔洞、槽、盒应位置正确、套割方正、边缘整齐	观察

表4-13 板材隔墙安装的允许偏差和检验方法

项 次	项 目	允许偏差/mm		检验方法
		金属夹芯板	石膏空心板	
1	立面垂直度	2	3	用2m垂直检测尺检查
2	表面平整度	2	3	用2m靠尺和塞尺检查
3	阴阳角方正	3	3	用直角检测尺检查
4	接缝高低差	1	2	用钢直尺和塞尺检查

4.4 玻璃隔墙与隔断施工

玻璃隔墙与隔断因具有一定的透光性，且外观光洁明亮，所以在室内隔断墙装饰中应用较多，目前主要有玻璃花格透式隔断墙和玻璃砖隔断墙两种做法。其中玻璃花格透式隔断墙由木材或金属材料（如铝合金、不锈钢、钛合金、型钢等）作骨架和装饰条，内安装玻璃而成。玻璃砖隔断墙由玻璃半透花砖或玻璃透明花砖砌筑或浇筑而成。本文主要介绍玻璃花格透式隔断墙的施工。

施工前的准备：

骨架材料应符合设计要求和有关规定的标准。若使用木龙骨，必须进行防火处理，并应符合有关防火规范的规定，直接接触结构的木龙骨应预先刷防腐漆。使用的膨胀螺栓、射钉、自攻螺钉、木螺钉、玻璃支撑垫块、橡胶配件、金属配件、结构密封胶等其他材料，应符合设计要求和有关规定的标准。

玻璃的品种、规格、性能、图案和颜色应符合设计要求，应使用安全玻璃，玻璃厚度有8mm、10mm、12mm、15mm、18mm、22mm 等，长宽根据工程设计要求确定。

拼花彩色玻璃隔断在安装前，应按拼花要求计划好各类玻璃和零配件需要量；把已裁好的玻璃按部位编号，并分别竖向堆放待用；安装玻璃前应对骨架、边框的牢固程度进行检查，如有不牢应进行加固。

4.4.1 木框架玻璃隔墙与隔断施工

1. 木框架固定

固定方法同 4.2 节"骨架隔墙施工"中木龙骨的施工，这里不再赘述。需要注意的是，用木框安装玻璃时，在木框上要裁口或挖槽。

2. 玻璃安装

（1）安装玻璃前，要检查玻璃的角是否方正，检查木框的尺寸是否准确、是否变形，木框内的裁口或挖槽是否完成。在校正好的木框内侧，定出玻璃安装的位置线，并固定玻璃板靠位线条，如图 4-43 所示。

（2）把玻璃装入木框内，其两侧距木框的缝隙应相等，一般在木框的上部和侧面留有 3mm 左右的缝隙（为玻璃热胀冷缩设置的），并在缝隙中注入玻璃胶。对于大面积玻璃板来说，留缝更为重要。

（3）用射钉枪固定木压条，如图 4-44 所示。木压条应与木边框紧贴，不得弯棱、凸鼓。而对于面积较大的玻璃板，安装时应用玻璃吸盘器吸住玻璃，再用手握吸盘器将玻璃提起来进行安装，如图 4-45 所示。

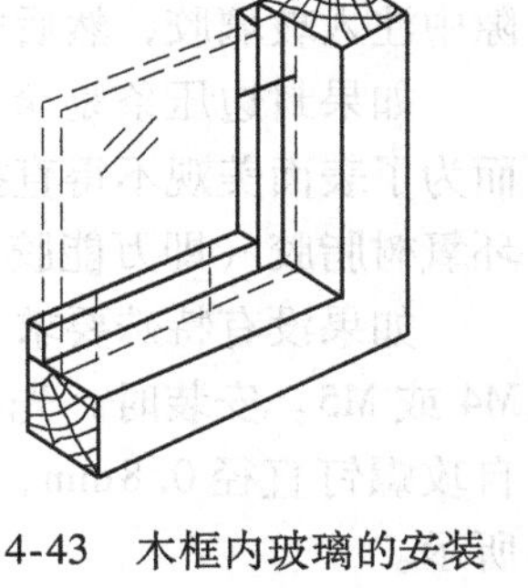

图 4-43　木框内玻璃的安装

（4）玻璃安装后，应随时清理玻璃面，特别是彩色玻璃，要防止污垢积淤，影响美观。

4.4.2 金属框架玻璃隔墙与隔断施工

金属框架一般用铝合金、钛合金、不锈钢、型钢等材料组装而成，而铝合金和钛合金一

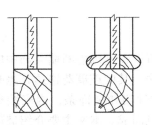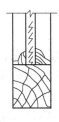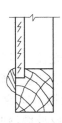

图4-44　木压条固定玻璃　　　　　　　图4-45　大面积玻璃的安装

一般采用方形截面，不锈钢采用圆形截面，边框型钢采用角钢或薄壁槽钢。至于不锈钢圆柱框的施工方法，限于篇幅有限，这里不再作介绍。

1. 金属框架固定

金属框架隔断墙分有框和无竖框两种。其中铝合金方框框架的固定方法在4.2节已具体讲述，这里不再赘述。对于无竖框玻璃隔墙，当结构施工没有预埋件或预埋件位置不符合要求时，则首先设置膨胀螺栓，然后将边框型钢按已弹好的位置安装好，在检查无误后随即与预埋件或膨胀螺栓焊牢。型钢材料安装前应刷好防腐涂料，焊好以后在焊接处应再补刷防锈漆。

2. 玻璃安装

（1）根据金属框架的尺寸裁割玻璃，通常按小于框架3～5mm的尺寸裁割，玻璃与框架的结合不能太紧密。

（2）玻璃与金属框架安装时，通常用自攻螺钉安装玻璃靠位线条，靠位线条可以是金属角线或是金属槽线。

（3）安装玻璃前，应在框架下部的玻璃放置面上，涂一层厚2mm的玻璃胶。玻璃安装后，玻璃的底边就压在玻璃胶上，如图4-46所示。还可以放置一层防振橡胶垫块，玻璃安装后，底边就压在胶垫上。

（4）把玻璃放入框内，并靠在靠位线条上。玻璃板距金属框两侧的缝隙相等，并在缝隙中注入玻璃胶，然后安装封边压条。

如果封边压条是金属槽条（10mm×10mm的铝压条或10mm×12mm的不锈钢压条），而为了表面美观不得直接用自攻螺钉固定，可采用先在金属框上固定木条，然后在木条上涂环氧树脂胶（即万能胶），把金属槽条卡在木条上，以达到装饰目的。

如果没有特殊要求，可用自攻螺钉直接将金属槽条固定在框架上。常用的自攻螺钉为M4或M5。安装时，先在槽条上打孔，然后通过此孔在金属框架上打孔，打孔钻头要小于自攻螺钉直径0.8mm，在全部槽条的安装孔位都打好后，再进行玻璃的安装，如图4-47所示。

（5）两块玻璃之间接缝时应留2～3mm的缝隙，此缝隙是为注胶而准备的，因此玻璃下料时应计算留缝宽度尺寸。

（6）安装好的玻璃应平整、牢固，不得有松动现象。密封条与玻璃、玻璃槽口的接触应紧密，不得露在玻璃槽口外面。玻璃安装后，应随时清理玻璃面，特别是彩色玻璃，要防止污垢积淀，影响美观。

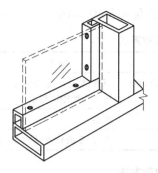

图 4-46　玻璃靠位线条与底边玻璃胶

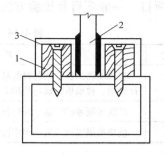

图 4-47　金属框架上玻璃安装

1—木条　2—玻璃板　3—金属槽条

3. 钛合金玻璃隔墙与隔断

钛合金是以钛为基础同时又加入其他元素的合金，因此钛合金比铝合金具有更好的性能。钛合金的主要优良性能有以下几点：

（1）比强度高。钛合金的密度一般在 $4.51g/cm^3$ 左右，仅为钢的 60%，比强度（强度/密度）远大于其他金属结构材料，可制造单位强度高、刚性好且质轻的构件，如飞机发动机构件等。

（2）热强度高。钛合金工作温度可达 500℃，铝合金在 150℃ 时强度明显下降。

（3）抗蚀性好。钛合金可在潮湿的空气和海水介质中工作，抗蚀性远优于不锈钢；对点蚀、酸蚀、应力腐蚀的抵抗力特别强；对碱、氯化物、氯的有机物品、硝酸、硫酸等有优良的抗腐蚀能力。但对具有还原性氧及铬盐介质的抗蚀性差。

（4）低温性能好。钛合金在低温和超低温下，仍能保持力学性能，是一种重要的低温结构材料。

（5）导热弹性小。钛的导热系数 $\lambda = 15.24W/(m \cdot K)$，约为镍的 1/4、铁的 1/5、铝的 1/14，而各种钛合金的导热系数比钛的导热系数约下降 50%，是很好的保温节能材料。

钛合金主要特点是高温时与其他材料化学反应性差。因此刚开始大多用在飞机结构、航空器及石油和化学工业等高科技工业。不过由于太空科技的发达、人民生活质量的提升，所以钛合金也渐渐用来制成民生用品，造福人们的生活，如图 4-48 所示。

图 4-48　钛合金玻璃折叠门（客厅、阳台隔断）

4.4.3　玻璃隔墙与隔断工程的质量验收

玻璃隔墙工程每个检验批应至少抽查 20%，并不得少于 6 间；不足 6 间时应全数检查，其主控项目、一般项目及检验方法见表4-14、表4-15，允许偏差见表4-16。

表4-14 玻璃隔墙工程主控项目及检验方法

项 次	项 目 内 容	检 验 方 法
1	玻璃隔墙工程所用材料的品种、规格、性能、图案和颜色应符合设计要求。玻璃板隔墙应使用安全玻璃	观察；检查产品合格证书、进场验收记录和性能检测报告
2	玻璃板隔墙的安装方法应符合设计要求	观察
3	玻璃板隔墙的安装必须牢固。玻璃板隔墙胶垫的安装应正确	观察；手扳检查；检查施工记录

表4-15 玻璃隔墙工程一般项目及检验方法

项 次	项 目 内 容	检 验 方 法
1	玻璃隔墙表面应色泽一致、平整洁净、清晰美观	观察
2	玻璃隔墙接缝应横平竖直，玻璃应无裂痕、缺损和划痕	观察
3	玻璃板隔墙嵌缝应密实平整、均匀顺直、深浅一致	观察

表4-16 玻璃隔墙安装的允许偏差和检验方法

项 次	项 目	玻璃板允许偏差/mm	检 验 方 法
1	立面垂直度	2	用2m垂直检测尺检查
2	表面平整度	—	用2m靠尺和塞尺检查
3	阴阳角方正	2	用直角检测尺检查
4	接缝直线度	2	拉5m线，不足5m拉通线，用钢直尺检查
5	接缝高低差	2	用钢直尺和塞尺检查
6	接缝宽度	1	用钢直尺和塞尺检查

4.5 工程实践案例

某综合楼改建工程采用GRC空心混凝土条板作内隔墙，条板尺寸为3300mm×600mm×60mm。GRC空心混凝土条板是用水泥砂浆作基材，玻璃纤维作增强材料的纤维水泥复合材料，其特点是施工方便，如可锯、可刨、可钻孔、易黏结、体轻且防火。考虑到用791或792胶泥作黏结材料来固定隔墙板顶部与楼板或梁、隔墙板侧面与主体结构的柱或墙、隔墙板与隔墙板时，可能会在板缝之间、板与楼板或梁之间、板与侧墙或柱之间以及板与门窗洞口之间出现不同程度裂缝的情况，施工单位特制定了一些相应的技术措施。

1. 设置钢卡板

在每块条板顶部设2块长度为60mm（同条板厚）的槽钢卡板，下端设两组4块长度为60mm（同条板厚）的角钢卡板，门窗洞口处设通长槽钢加强，如图4-49和4-50所示。钢卡板与主体结构的预埋件应做可靠连接。

2. 粘贴两层玻璃纤维布

在板缝与板缝两侧粘贴两层玻璃纤维布。第一层采用60mm宽的加强玻璃纤维网格条贴缝，贴缝胶粘剂与板缝之间的胶粘剂（如采用黏结砂浆，水泥:砂为1:3，加适量108胶水溶液）相同；待胶粘剂稍干时，贴第二层加强玻璃纤维网格条，宽度为150mm。完成后将胶

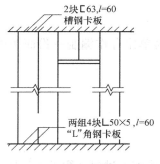

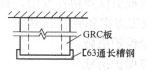

图 4-49　钢卡板的设置
注：图中尺寸单位为 mm。

图 4-50　门窗洞口处的加强

粘剂刮平、清理干净。

3. 施工工艺的改进

清理现场→定位放线→配板→安装上端槽钢卡板→配制胶粘剂→接缝处抹灰→立板并临时固定→板缝处理及粘贴玻璃纤维布→下端角钢卡板安装→立板最后固定→板缝养护→装饰层施工。

4. 做好配板和水电设备的安装工作

配板工作很关键，要充分考虑到墙板组合的合理性，避免出现小于 2/3 的板，切割的板尽量放在阴角等部位，做好配板图；同时将需要安装的水电等设备的预留洞口位置标注在配板图上。尽量使小孔洞的预留在板安装前完成，以减少安装后由于开槽打洞而产生的振动。无法在板安装前进行线槽开洞的，必须待接缝砂浆强度达到 100% 之后方可进行，而且必须用切割机施工。线槽设置后，随即用低碱水泥细石混凝土填实抹平。

实训内容——轻钢龙骨纸面石膏板隔墙

1. 任务

完成一面轻钢龙骨纸面石膏板隔墙的施工。

2. 条件

（1）在实训基地已具备条件的场地上施工。指导教师根据场地情况，按照规范要求设计一面隔墙，具体尺寸要完整、标注清楚。隔墙地枕带设置在场地的水泥地面上，必须提前施工完毕并达到指定要求，同时场地平整。

（2）隔墙所用的全部材料应配套齐备并符合规范和施工要求，有材料检测报告和合格证。轻钢龙骨主件、配件及紧固材料由实训教师提供，作为填充隔声材料的矿棉板和纸面石膏罩面板，规格和厚度也由实训教师给定。木门框应提前加工完成。

（3）主要机具有手电钻、螺钉旋具、射钉枪、电动剪、曲线锯、板锯、线坠、靠尺等。

3. 施工工艺

放线→安装门洞口框→安装沿顶龙骨和沿地龙骨→安装竖龙骨→安装横撑龙骨→安装纸面石膏罩面板（注意隔墙内开关盒和配电箱的安装）→板面接缝做法→墙面装饰。

4. 组织形式

以小组为单位，每组 4~5 人，指定小组长，小组进行编号，完成的任务即隔墙编号同小组编号。

5. 其他

（1）小组成员注意协作互助，在开始操作前以小组为单位合作编制一份简单的针对该行动的局部施工方案和验收方案。

（2）安全保护措施。

（3）环境保护措施等。

本章小结：

本章从构件组成、所用材料及要求、施工机具入手，按施工过程介绍了木骨架、轻钢龙骨和铝合金龙骨隔断墙的施工以及石膏条板隔墙、泰柏墙板隔墙、玻璃隔断的施工，并在此基础上分别介绍了各种隔断墙的验收，使学生学会正确选择材料和合理组织施工的方法，力求培养学生解决施工现场常见工程质量问题的能力。

复习思考题：

1. 室内隔墙与隔断有何作用？如何对其进行分类？
2. 隔断墙工程施工的作业条件是什么？
3. 木龙骨隔断墙骨架有哪几种类型？
4. 简述木龙骨隔墙门窗的构造做法。
5. 简述轻钢龙骨隔墙的施工方法。
6. 简述铝合金龙骨划线下料时应注意的问题。
7. 简述泰柏板隔墙在安装时的注意事项。
8. 简述石膏空心条板隔墙的施工方法。
9. 简述钛合金的优良性能。
10. 轻质隔墙工程应对哪些隐蔽工程项目验收？

第5章 饰面工程施工

学习目标：

（1）通过对不同饰面材料施工工艺的重点介绍，使学生对其施工过程有全面的认识。

（2）通过对施工工艺的深刻理解，使学生学会正确选择材料和组织施工的方法，培养学生解决施工现场常见工程质量问题的能力。

（3）在掌握施工工艺的基础上，使学生领会工程质量验收标准。

学习重点：

（1）饰面砖、木饰面、石材饰面的施工工艺。

（2）饰面砖、木饰面、石材饰面的质量验收。

（3）金属板饰面和玻璃饰面的施工及质量验收。

学习建议：

（1）从所用材料及施工工艺入手，按施工过程学习各种饰面装饰的施工工艺。

（2）结合实训任务，指导学生在真实情境中完成完整的施工过程并写出操作、安全注意事项和感受。

（3）通过案例教学，提出施工中可能出现的质量问题，开展课堂讨论，并要求在课后查找相关资料，进一步深刻领会成功案例的经验和失败案例的教训。

饰面装饰是把各种饰面材料镶贴到基层上的一种装饰方法，主要分为外墙饰面和内墙饰面，不同的饰面有不同的使用和装饰要求。一般情况下，外墙饰面主要起保护墙体、美化建筑和环境、改善墙体物理性能等作用。内墙饰面主要起保护墙体、改善室内使用条件、美化室内环境等作用。饰面材料的种类很多，常用的有天然饰面材料和人工合成饰面材料两大类，如微薄木、实木板、人造板材、天然石材、饰面砖、合成树脂饰面板材、复合饰面板材等。近些年来，高档的饰面材料更是层出不穷，如铝塑装饰板、彩色涂层钢板、铝合金复合板、彩色压型钢板、彩色玻璃面砖、釉面玻璃砖、文化石等。

5.1 饰面工程施工常用的机具

5.1.1 常用手工机具

湿作业贴面装饰施工除一般抹灰常用的手工工具外，根据饰面的不同，还需要一些专用的手工工具，如镶贴饰面砖缝用的开刀、镶贴陶瓷锦砖用的木垫板、安装或镶贴饰面板时敲击振实用的木锤和橡胶锤、用于饰面和饰面板手工切割剔槽用的錾子、磨光用的磨石、钻孔用的合金钻头等，如图5-1所示。

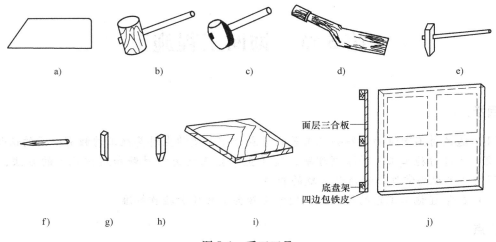

图 5-1　手工工具

a）开刀　b）木锤　c）橡胶锤　d）铁铲　e）小手锤　f）合金錾子
g）扁錾　h）方头錾　i）硬木板　j）木垫板

5.1.2　常用机械

饰面装饰施工常用机械有专门切割饰面砖的手动切割机（图 5-2），饰面砖打眼用的打眼器（图 5-3），钻孔用的手电钻，切割大理石饰面板用的台式切割机和电动切割机以及饰面板安装在混凝土等硬质基层上时钻孔用的电锤等。这些机械有的在前述内容中已经讲到，这里不再赘述。

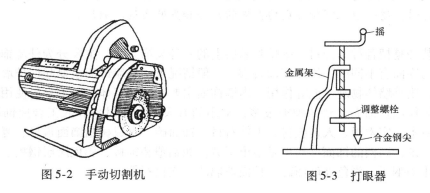

图 5-2　手动切割机　　　　　　　　图 5-3　打眼器

5.2　饰面砖工程施工

5.2.1　施工准备

1. 作业条件

在饰面砖铺贴之前，必须完成以下技术准备：

（1）主体结构已进行中间验收并确认合格，同时饰面施工的上层楼板或屋面应已完工且不漏水，全部饰面材料按计划数量验收入库。

（2）找平层拉线贴灰饼和冲筋已做完，大面积底糙完成，基层经自检、互检、交接验，墙面平整度和垂直度合格。

（3）突出墙面的钢筋头、钢筋混凝土垫块、梁头已剔平，脚手洞眼已封堵完毕。

（4）水暖管道经检查无漏水，试压合格，电管敷设完毕，壁上灯具支架做完。

（5）门窗框及其他木制、钢制、铝合金预埋件按正确位置预埋完毕，标高符合设计要求。配电箱等嵌入件已嵌入指定位置，周边用水泥砂浆嵌固完毕，扶手栏杆装好。

2. 对材料的要求

（1）已到场的饰面材料应进行数量清点核对。

（2）按设计要求进行外观检查。检查内容主要包括进料与选定样品的图案、花色、颜色是否相符，有无色差；各种饰面材料的规格是否符合质量标准规定的尺寸和公差要求；各种饰面材料是否有表面缺陷或破损现象。

（3）检测饰面材料所含污染物是否符合规定。

特别强调的是，以上检查必须开箱进行全数检查，不得抽样或部分检查。因为大面积装饰贴面，如果其中一块不合格，就会破坏整个装饰面的效果。

5.2.2　内墙饰面砖施工

1. 工艺流程

基层处理→抹底、中层灰并找平→弹出上口和下口水平线→分格弹线→选面砖→预排砖→浸砖→做标志块→垫托木→面砖铺贴→勾缝→养护及清理。

2. 施工要点

（1）基层处理。当基层为光滑的混凝土时，应先剔凿基层使其表面粗糙，然后用钢丝刷清理一遍，并用清水冲洗干净。在不同材料的交接处或表面有孔洞处，用1:2或1:3的水泥砂浆找平。当基层为砖时，应先剔除墙面多余灰浆，然后用钢丝刷清理浮土，并浇水润湿墙体。

（2）做找平层。用1:3水泥砂浆在已充分润湿的基层上涂抹，总厚度应控制在15mm左右，应分层施工，同时注意控制砂浆的稠度且基层不得干燥。找平层表面要求平整、垂直、方正。

（3）弹水平线。根据设计要求，定好面砖所贴部位的高度，用"水柱法"找出上口的水平点，并弹出各面墙的上口水平线。

依据面砖的实际尺寸，加上砖与砖之间的缝隙，在地面上进行预排、放样，量出整砖部位即最上皮砖的上口至最下皮砖下口尺寸，再在墙面上从上口水平线量出预排砖的尺寸，作出标记，并以此标记，弹出各面墙所贴面砖的下口水平线。

（4）弹线分格。弹线分格是在找平层上用墨线弹出饰面砖分格线。弹线前应根据镶贴墙面长、宽尺寸（找平后的精确尺寸），将纵、横面砖的皮数划出皮数杆，定出水平标准。

1）弹水平线。对要求面砖贴到顶的墙面，应先弹出顶棚底或龙骨下标高线，按饰面砖上口伸入吊顶线内25mm计算，确定面砖铺贴上口线，然后从上往下按整块饰面砖的尺寸分划到最下面的饰面砖。当最下面砖的高度小于半块砖时，最好重新分划，使最下面一层面砖高度大于半块砖。重新排砖划分后，可将面砖多出的尺寸伸入到吊顶内。

2）弹竖向线。最好从墙内一侧端部开始，以便于将不足模数的面砖贴于阴角处。弹线分格示意如图 5-4 所示。

（5）选面砖。选面砖是保证饰面砖镶贴质量的关键工序。为保证镶贴质量，必须在镶贴前按颜色的深浅、尺寸的大小进行分选。对于饰面砖的几何尺寸大小，可以采用自制模具，如图 5-5 所示。这种模具根据饰面砖几何尺寸及公差大小，做成 U 形木框钉在木板上，将面砖逐块放入木框，即能分选出大、中、小，分别堆放备用。在分选饰面砖的同时，还要注意砖的平整度，不合格者不得使用于工程。最后挑选配件砖，如阴角条、阳角条、压顶等。

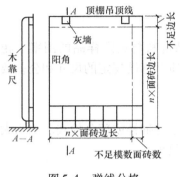

图 5-4　弹线分格

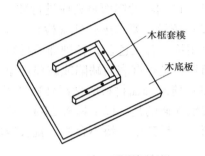

图 5-5　自制分选套模

（6）预排砖。为确保装饰效果和节省面砖用量，在同一墙面只能有一行与一列非整块饰面砖，并且应排在紧靠地面或不显眼的阴角处。排砖时可用适当调整砖缝宽度的方法解决，一般饰面砖的缝宽可在 2mm 左右变化。当饰面砖外形尺寸偏差较大时，采用大面积密缝镶贴法效果不好，易造成缝线游走、不直，以致不好收头交圈。这种情况最好用调缝拼法或错缝排列比较合适，既可解决面砖大小不一的问题，又可对尺寸不一的面砖分排镶贴。当面砖外形有偏差，但偏差不太大时，阴角用分块留缝镶贴，排块时按每排实际尺寸，将误差留于分块中。如果饰面砖厚薄有差异，亦可将厚薄不一的面砖，按厚度分类，分别镶贴在不同墙面上。如实在分不开，则先贴厚砖，然后用面砖背面填砂浆加厚的方法，解决饰面砖镶贴平整度的问题。

内墙面砖镶贴排列方法，主要有直缝镶贴和错缝镶贴（俗称"骑马缝"）两种，如图 5-6 所示。

凡有管线、卫生设备、灯具支撑等或其他大型设备时，面砖应裁成 U 形口套入，再将裁下的小块截去一部分，与原砖套入 U 形口嵌好，严禁用几块其他零砖拼凑。面砖排列时应以设备下口中心线为准对称排列，如图 5-7 所示。其中图 5-7a 肥皂盒所占位置为单数釉面砖时，应以下水口中心为釉面砖中心，图 5-7b 肥皂盒所占位置为双数釉面砖时，应以下水口中心为砖缝中心。

在预排砖中应遵循平面压立面、大面压小面、正面压侧面的原则。凡阳角和每面墙最顶一皮砖都应是整砖，而将非整砖留在最下一皮与地面连接处。阳角处正立面砖盖住侧面砖。对整个墙面的镶贴，除不规则部位外，中间部位都不得裁砖。除柱面镶贴外，其他阳角不得对角粘贴，如图 5-8、图 5-9 所示。

（7）浸砖。已经分选好的瓷砖，在铺贴前应充分浸水润湿，防止用干砖铺贴上墙后，干砖吸收砂浆（灰浆）中的水分，致使砂浆中水泥不能完全水化，造成黏结不牢或面砖浮滑。一般浸水时间不少于 2h，取出后阴干到表面无水膜，通常 6h 左右。

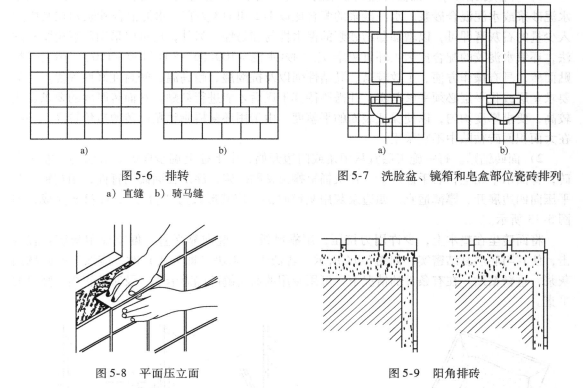

图 5-6　排转

a）直缝　b）骑马缝

图 5-7　洗脸盆、镜箱和皂盒部位瓷砖排列

图 5-8　平面压立面

图 5-9　阳角排砖

（8）做标志块。铺贴面砖时，应先贴若干块废面砖作为标志块，上下用托线板挂直，作为粘贴厚度的依据。横向每隔1.5m左右做一个标志块，用拉线或靠尺校正平整度，如图5-10所示。在门洞口或阳角处，如有阳三角条镶边时，则应将其尺寸留出并且先铺贴一侧的墙面瓷砖，并用托线板校正靠直。如无镶边，在做标志块时，除正面外，阳角的侧面亦相应有灰饼，即所谓的双面挂直，如图5-11所示。

（9）垫托木。按地面水平线嵌上一根八字尺或直靠尺，用水平尺校正，作为第一行面砖水平方向的依据。铺贴时，面砖的下口坐在八字尺或直靠尺上，防止面砖因自重而向下滑移，并在托木上标出砖的缝隙距离，如图5-12所示。

（10）面砖铺贴

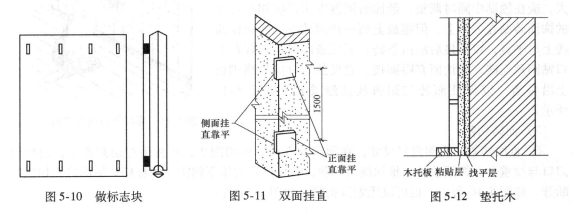

图 5-10　做标志块

图 5-11　双面挂直

图 5-12　垫托木

1）拌制黏结砂浆。饰面砖黏结砂浆的厚度应大于 5mm，但不宜大于 8mm。砂浆可以是水泥砂浆或水泥混合砂浆。水泥砂浆的配合比以 1:2 和 1:3 为宜，水泥混合砂浆则在其中加入少量的石灰膏即可，以增加黏结砂浆的保水性与和易性。另外，也可以采用环氧树脂粘贴法，环氧水泥胶的配合比为：环氧树脂:乙二胺:水泥 = 100:(6~8):(100~150)。用它来粘贴面砖，具有操作方便、工效较高、黏结性强以及抗潮湿、耐高温、密封性好性等优点，但要求基层或找平层必须平整坚实，并需要待其干燥后才能进行粘贴。对面砖厚度的要求也比较高，要求厚度均匀，以便保证表面的平整度。由于用环氧树脂粘贴面砖的造价较高，一般在大面积面砖粘贴中不宜采用。

2）面砖铺贴。每一施工层宜从阳角或门边开始，由下往上逐步镶贴。方法为：左手拿砖，背面水平朝上，右手握灰铲，在灰桶里掏出粘贴砂浆，涂刮在面砖的背面，用灰铲将灰平压向四边展开，厚薄适宜，四边余灰用灰铲收刮，使其形状为"台形"，即打灰完成，如图 5-13 所示。

将面砖坐在垫木上，少许用力挤压，用靠尺板横、竖向靠平直，偏差处用灰铲轻轻敲击，使其与底层黏结密实，如图 5-14 所示。若低于标志块（即欠灰）时，应取下面砖抹满灰浆，重新粘贴。在有条件的情况下，可用专用的面砖缝隙隔离卡子，及时校正横、竖缝的平直。

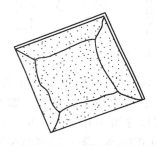

图 5-13　刮满灰浆

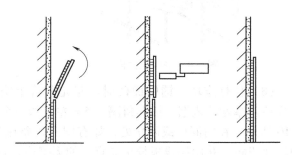

图 5-14　面砖镶贴

在镶贴施工过程中，应随粘贴随敲击，并将挤出的砂浆刮净，同时随用靠尺检查表面平整度和垂直度。检查发现高出标准砖面时，应立即压砖挤浆。如果已形成凹陷，必须揭下重新抹灰再贴，严禁从面砖边缘塞砂浆造成空鼓。如果遇到面砖几何尺寸差异较大，应在铺贴中随时调整。最佳的调整方法是将相近尺寸的饰面砖贴在一排上，但镶最上面一排面砖时，应保证面砖上口平直，以便最后贴压条砖。无压条砖时，最好在上口贴圆角面砖。如地面有踢脚板，靠尺条上口应为踢脚板上沿位置，以保证面砖与踢脚板接缝美观，如图 5-15 所示。

图 5-15　靠尺条应为踢脚板上沿

3）面砖切割

① 直线切割。应测量好尺寸，在面砖的正面划出切割线，放在手提切割机上，使切割刀口与线重合，按下手柄，推动滚刀向前，并少许用力压下切割机的杠杆，使面砖沿切割线断开，如图 5-16 所示。也可以用划针切割，如图 5-17 所示。

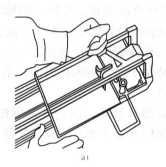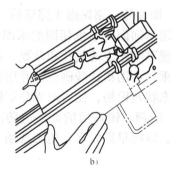

图 5-16　切割机切割

a）推刀向前　b）压下切割机的杠杆

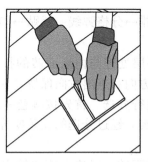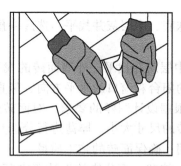

图 5-17　划针切割

② 曲线、非直线切割。在管道、窗洞口处需切割圆弧时应做好套板，在砖的正面画好所需切割的圆弧线，用电动切割机进行切割，并用钳子进行修整，如图5-18、图5-19 所示。

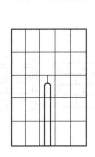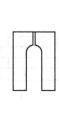

图 5-18　管道处切割

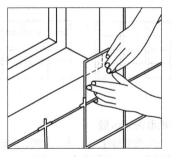

图 5-19　窗洞口处切割、修整

（11）勾缝。饰面砖在镶贴施工完毕后，应进行全面检查，合格后用棉纱将砖表面上的灰浆拭净，同时用与饰面砖颜色相同的水泥（彩色面砖应加同色颜料）嵌缝。嵌缝中注意应全部封闭缝中镶贴时产生的气孔和砂眼，并且用棉纱或海绵仔细擦拭干净污染的部位。如砖面污染比较严重，可用稀盐酸刷洗，并用清水冲洗干净。待面砖表面完全干燥后用干抹布全面仔细擦去粉末状残留物，使表面光亮如镜即可。

（12）养护、清理。镶贴后的面砖应防冻、防烈日暴晒，以免砂浆酥松。完工 24h 后，墙面应洒水湿润，以防早期脱水。施工现场、地面的残留水泥浆应及时铲除干净，多余面砖应集中堆放。

5.2.3 外墙饰面砖施工

1. 工艺流程

基层处理→抹底、中层灰并找平→选砖→预排→分格弹线→铺贴→勾缝。

2. 施工要点

（1）抹底、中层灰并找平。外墙面砖的找平层处理与内墙面砖的找平层处理相同。只是应注意各楼层的阳台和窗口的水平方向、竖直方向和进出方向保持"三向"成线。

（2）选砖。根据设计图样的要求，对面砖进行分选。首先按颜色一致选一遍，然后再用自制模具对面砖的尺寸大小、厚薄进行分选归类。经过分选的面砖要分别存放，以便在镶贴施工中分类使用，确保面砖的施工质量。

（3）预排砖。按照立面分格的设计要求预排面砖，以确定面砖的皮数、块数和具体位置，作为弹线和细部做法的依据。当无设计要求时，预排要确定面砖在镶贴中的排列方法。外墙面砖镶贴排砖的方法较多，常用的有矩形长边水平排列和竖直排列两种。按砖缝的宽度，又可分为密缝排列（缝宽 1～3mm）和疏缝排列（4～20mm）。图 5-20 为外墙矩形面砖排缝图。

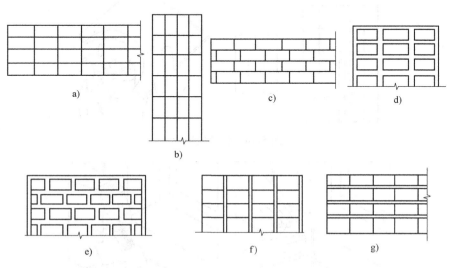

图 5-20 外墙矩形面砖排缝

a）长边水平密缝 b）长边竖直密缝 c）密缝错缝 d）水平、竖直疏缝

e）疏缝错缝 f）水平密缝、竖直疏缝 g）水平疏缝、竖直密缝

外墙面砖的预排中应遵循：阳角部位应当是整砖，且阳角处正立面整砖应盖住侧立面整砖；对大面积墙面砖的镶贴，除不规则部分外，其他部分不允许裁砖；除柱面镶贴外，其余阳角不得对角粘贴，如图 5-21 所示；在预排中，对突出墙面的窗台、腰线、滴水槽等部位的排砖，应注意面砖必须铺成一定的坡度（i），一般 $i=3\%$，面砖应盖住立面砖；底面砖应贴成滴水鹰嘴，如图 5-22 所示。

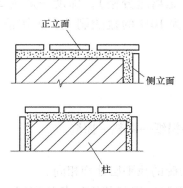

图 5-21　阳角镶贴排砖图

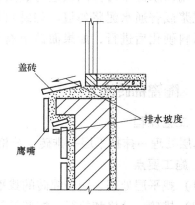

图 5-22　外窗台面砖镶贴图

预排外墙面砖还应核实外墙的实际尺寸，以确定外墙找平层厚度，控制排砖模数（即确定竖向、水平、疏密缝宽度及排列方法）。此外，还应注意外墙面砖的横缝应与门窗贴脸和窗台相平，门窗洞口阳角处应排横砖。窗间墙应尽可能排整砖，直缝排列有困难时，可考虑错缝排列，以求得墙砖对称的装饰效果。

（4）弹线分格。应根据预排结果画出大样图，按照缝的宽窄大小（主要指水平缝）做好分格条，作为镶贴面砖的辅助基准线。弹线按以下步骤进行。

1）在外墙阳角处用线锤吊垂线并用经纬仪进行校核，然后用花篮螺栓将线锤吊正的钢丝固定绷紧上下端，作为垂线的基准线。

2）以阳角基线为准，每隔 1.5~2m 做标志块，定出阳角方正，抹灰找平。

3）在找平层上，按照预排大样图先弹出顶面水平线。在墙面的每一部分，根据外墙水平方向的面砖数，每隔约 1m 弹一垂线。

4）在层高范围内，按照预排面砖实际尺寸和对称性，弹出水平分缝、分层皮数。

（5）镶贴施工。镶贴面砖前应将墙面清扫干净，清除妨碍贴面砖的障碍物，检查平整度和垂直度。铺贴的砂浆一般为水泥砂浆或水泥混合砂浆，其稠度要一致，厚度一般为 6~10mm。

镶贴顺序应自上而下分层分段进行，每层内镶贴程序应是自下而上进行，而且要先贴柱、后贴墙面、再贴窗间墙。镶贴时，先按水平线垫平八字尺或直靠尺，操作方法与内墙面砖相同。在贴完一行后，必须将每块面砖上的灰浆刮净。如果上口不在同一直线上，应在面砖的下口垫小木片，尽量使上口在同一直线上，然后在上口放分格条，既可控制水平缝的大小与平直，又可防止面砖向下滑移，然后再进行第二皮面砖的铺贴。

竖缝的宽度与垂直度，应当完全与排砖时一致，所以在操作中要特别注意随时进行检查。除以墙面的控制线为基准外，还应当经常用线锤检查。如果竖缝是离缝（不是密缝），在黏结时对挤入竖缝处的灰浆要随手清理干净。

门窗套、窗台及腰线镶贴面砖时，要先将基体分层抹平，并随手划毛，待七八成干时，再洒水抹 2~3mm 厚的水泥浆，随即镶贴面砖。为了使面砖镶贴牢固，应采用 T 形托板作临时支撑，在常温下隔夜后即可拆除。

（6）勾缝、擦洗清理。在完成一个层段的墙面铺贴并经检查合格后，即可进行勾缝。勾缝所用的水泥浆可分两次进行嵌实，第一次用一般水泥砂浆，第二次按设计要求用彩色水泥浆或普通水泥浆勾缝。勾缝可做成凹缝（尤其是离缝分格），深度一般为 3mm 左右。材料硬化后进行，如果面砖上有污染，可用含量为 10% 的盐酸刷洗，再用清水冲洗干净。

5.2.4　陶瓷锦砖施工

1. 工艺流程

基层处理→抹找平层→排砖、分格、放线→铺贴→揭纸→调整→擦缝。

2. 施工要点

（1）找平层处理。陶瓷锦砖的找平层处理与内墙面砖的找平层处理相同。

（2）排砖、分格和放线。按照设计要求，根据门窗洞口横竖装饰线条的布置，首先明确墙角、墙垛、出檐、线条、分格、窗台、窗套等节点的细部处理，按整砖模数预排砖确定分格线。排砖、分格时应使横缝与窗台相平，竖向要求阳角窗口处都是整砖。根据墙角、墙垛、出檐等节点细部处理方案，首先绘制出细部构造详图，然后按排砖模数和分格要求，绘制出墙面施工大样图，以保证墙面完整和镶贴各部位操作顺利。

施工时，根据节点详图和施工大样图，先弹出水平线和垂直线，水平线按每方陶瓷锦砖一道，垂直线最好也是每方一道，也可以 2~3 方一道，垂直线要与房屋大角以及墙垛中心线保持一致。如果有分格时，按施工大样图规定的留缝宽度弹出分格线，按缝宽备好分格条。

（3）镶贴施工。镶贴施工时，一般由下而上进行，按已弹好的水平线放置八字靠尺或直靠尺，并用水平尺校正垫平。一种做法是两个人协同操作：一人在前洒水湿润墙面，先刮一道素水泥浆，然后抹上 2mm 厚的水泥浆，另一人将陶瓷锦砖铺在木垫板上，纸面向下，锦砖背面朝上，先用湿布把底面擦净，用水刷一遍，再刮素水泥浆，将素水泥浆刮至陶瓷锦砖的缝隙中，再将陶瓷锦砖粘贴在墙上。另一种方法是：一人在润湿后的墙面上抹纸筋混合砂浆 2~3mm，用靠尺板刮平，再用抹子抹平整，另一人将陶瓷锦砖铺在木垫板上，底面朝上，缝里灌细砂，用软毛刷子刷净底面，再用刷子稍刷一点水，抹上薄薄一层灰浆，然后在黏结层上铺贴陶瓷锦砖。

铺贴时，双手放在陶瓷锦砖上方，使下口与所垫八字靠尺或直靠尺齐平，由下向上铺贴。注意缝要对齐，使每张之间的距离基本与小块陶瓷锦砖缝隙相同，不宜过大或过小，以免造成明显的接槎，影响装饰效果。控制接槎宽度一般用薄铜片或其他金属片。将铜片放在接槎处，在陶瓷锦砖贴完后，再取下铜片。如果设分格条，其方法同外墙面砖。

（4）揭纸。陶瓷锦砖贴于墙面后，一手将硬木拍板放在已贴好的陶瓷锦砖上，一手用小木锤敲击木拍板，将所有的陶瓷锦砖满敲一遍，使其平整，然后将陶瓷锦砖护面纸用软刷子刷水润湿，等护面纸吸水泡开即可揭纸。立面镶贴时纸面不易吸水，可往盛水的桶中撒几把干水泥并搅匀，再用刷子蘸水润纸，这样纸面可泡开。揭纸时要仔细，按顺序慢慢撕，如发现有个别小块陶瓷锦砖随纸带下，在揭纸时要重新补上。如随纸带下的数量较多，说明护面纸还未充分泡开，这时应用抹子将其重新压紧，继续刷水润湿护面纸，直到撕纸时无掉块为止。

（5）调整。揭纸后要检查缝的大小。调整砖缝（拨缝）的工作，应在黏结层砂浆初凝前进行。拨缝时一手将开刀放于缝间，一手用小抹子轻敲开刀，将缝拨匀、拨正，使陶瓷锦砖的边口以开刀为准排齐。拨缝后用小锤子敲击木拍板将其拍实一遍，以增强与墙面的黏结。

（6）擦缝。黏结用的水泥浆凝固后，用素水泥浆找补擦缝。先用橡胶刮板将水泥浆在陶瓷锦砖表面刮一遍，嵌实缝隙，接着加些干水泥，进一步找补擦缝。全面清理干净后，次日喷水养护。

5.2.5 饰面砖工程的质量验收

饰面砖工程验收时应检查的文件和记录有：施工图、设计说明及其他设计文件，材料的产品合格证书、性能检测报告、进场验收记录和复验报告，后置埋件的现场拉拔检测报告，外墙饰面砖样板件的黏结强度检测报告，隐蔽工程验收记录，施工记录。

室内每个检验批应至少抽查 10%，并不得少于 3 间；不足 3 间时应全数检查。室外每个检验批每 100m² 应至少抽查一处，每处不得小于 10m²。其主控项目、一般项目及检验方法见表 5-1、表 5-2，允许偏差见表 5-3。

表 5-1　饰面砖粘贴工程主控项目及检验方法

项次	项 目 内 容	检 验 方 法
1	饰面砖的品种、规格、颜色和图案必须符合设计要求	观察；检查产品合格证书、进场验收记录、性能检测报告和复验报告
2	饰面砖工程的找平、防水、黏结和勾缝材料及施工方法应符合设计要求及国家现行产品标准和工程技术标准的规定	检查产品合格证书、复验报告和隐蔽工程验收记录
3	饰面砖粘贴必须牢固	检查样板件黏结强度检测报告和施工记录
4	满粘法施工的饰面砖工程应无空鼓、裂缝	观察；用小锤轻击检查

表 5-2　饰面砖粘贴工程一般项目及检验方法

项次	项 目 内 容	检 验 方 法
1	饰面砖表面应平整、洁净、色泽一致，无裂痕和缺损	观察
2	阴阳角处搭接方式、非整砖使用部位应符合设计要求	观察
3	墙面突出物周围的饰面砖应整砖套割吻合，边缘应整齐。墙裙、贴脸突出墙面的厚度应一致	观察；尺量检查
4	饰面砖接缝应平直、光滑，填嵌应连续、密实；宽度和深度应符合设计要求	观察；尺量检查
5	有排水要求的部位应做滴水线（槽）。滴水线（槽）应顺直，流水坡向应正确，坡度应符合设计要求	观察；用水平尺检查

表 5-3　饰面砖粘贴的允许偏差和检验方法

项次	项目	允许偏差/mm		检验方法
		外墙面砖	内墙面砖	
1	立面垂直度	3	2	用2m垂直检测尺检查
2	表面平整度	4	3	用2m靠尺和塞尺检查
3	阴阳角方正	3	3	用直角检测尺检查
4	接缝直线度	3	2	拉5m线,不足5m拉通线,用钢直尺检查
5	接缝高低差	1	0.5	
6	接缝宽度	1	1	用钢直尺检查

5.3　饰面板工程施工

　　饰面板类饰面是建筑装饰工程一种传统的、也是发展较快的工艺方法。常用饰面板种类主要有木质板（微薄木贴面板、胶合板、纤维板、刨花板、细木工板、防火板等）、天然石材（大理石、花岗石、青石板等）、人造石材（人造大理石、预制水磨石）、金属类装饰板（不锈钢板、铝板、铝合金板、铜板、彩色涂层钢板等），不同的饰面材料其施工工艺各不相同，装饰效果也风格各异，丰富多彩。

5.3.1　木饰面工程施工

　　本节主要针对木质护墙板的施工。

　　1. 施工准备

　　室内木质护墙板饰面施工应在墙面隐蔽工程、抹灰工程及吊顶工程完成并经过验收合格后进行。若有龙骨则应在安装好门框和窗台板之后进行固定。当墙体有防水要求时，还应对防水工程进行验收。除此之外，在做施工准备时，还应注重以下几个方面：

　　（1）在现场堆放、搬动过程中，护墙板制品及其安装配件要轻拿轻放，不得曝晒和受潮，防止开裂变形。

　　（2）所用木材的树种、材质及规格等，均应符合设计的要求，应避免木材的以次充优或者大材小用、长材短用、优材劣用等现象。工程中使用的人造木板和胶粘剂等材料，应检测甲醛及其他有害物质含量。各种木制材料的含水率，应符合国家标准的有关规定。所用木龙骨骨架以及人造木板的背面，均应涂刷防火涂料，按具体产品的使用说明确定涂刷方法。采用配套成品或半成品时，要按质量标准进行验收。

　　（3）检查结构墙面质量，其强度、稳定性及表面的平整度、垂直度应符合装饰饰面的要求。有防潮要求的墙面，应按设计要求进行防潮处理。

　　（4）根据设计要求，安装护墙板骨架需要预埋防腐木砖时，应预先埋入墙体。当工程需要有其他后置埋件时，也应准确到位。埋件的数量、位置应符合龙骨布置的要求。

　　（5）对于采用木楔进行安装的工程，应按设计弹出标高和竖向控制线、分格线，打孔埋入木楔，木楔的埋入深度一般应不小于50mm，并应做防腐处理。

　　2. 木饰面工程施工

　　（1）工艺流程。基层检查与处理→固定木龙骨→铺装木质板材。

（2）施工要点

1）基层检查与处理。木龙骨安装前，应认真检查和处理结构主体及其表面，墙面要求平整、垂直、阴阳角方正，符合安装工程的要求。

结构基体表面的质量对于护墙板龙骨与罩面的安装方法及安装质量有重要影响，特别是当采用木楔圆钉、水泥钢钉及射钉等方式固定木龙骨时，要求墙体基面层必须具有足够的刚性和强度，否则应采取必要的补强措施。

对于有预埋木砖的墙体，应检查防腐木砖的埋设位置是否符合安装要求，木砖间距以方便木龙骨的就位固定为依据，位置一定要正确。对于未设预埋件的二次装修工程，目前较普遍的做法是在墙基体钻孔打入木楔，将木龙骨用圆钉与木楔连接固定，或者用厚胶合板条作为龙骨，直接用水泥钢钉将其固定于结构墙体。

对于有特殊要求的墙面，如建筑外墙的内立面，应首先按设计规定进行防潮、防渗漏等功能性的保护处理（如做防潮层或抹防水砂浆等）。内立面底部的防潮、防水，应与楼地面工程结合进行处理，严格按照设计要求和有关规定封闭立墙与楼地面的交接部位，同时，建筑外窗的窗台流水坡度、洞口窗框的防水密封等，均对该部位护墙板工程具有重要影响。

2）固定木龙骨。墙基体有预埋防腐木砖的，可将木龙骨钉固于木砖部位，要钉平、钉牢，以保证立筋（竖向龙骨）的垂直。当采用木楔圆钉固定龙骨时，可用 16～20mm 的冲击钻头在墙面钻孔，钻孔深度最小为 40mm，钻孔位置按龙骨布置分格线确定，在孔内打入防腐木楔，再将木龙骨与木楔用圆钉固定。

在龙骨安装过程中，要随时吊垂线和拉水平线校正骨架的垂直度、水平度，并检查木龙骨与基层表面的靠平情况，空隙过大时应先采取适当的垫平措施（对于平整度和垂直度偏差过大的建筑结构表面应抹灰找平、找规矩），然后再将木龙骨钉牢。

罩面分块或整幅板的横向接缝处，应设水平方向的龙骨。饰面板斜向分块时，应斜向布置龙骨。应确保罩面板的所有拼接缝隙均落在龙骨的中心线上，使罩面板铺钉牢固。龙骨间距应符合设计要求，一般竖向间距宜为 400mm，横向间距宜为 300mm。

3）铺装木质板材罩面。采用显示木纹图案的饰面板作为罩面时，铺装前先选配板材，使其颜色、木纹自然协调、基本一致。有木纹拼花要求的罩面应按设计规定的图案分块试排，按照预排编号铺装。

为确保罩面板接缝落在龙骨上，罩面板铺装前可在龙骨上弹好中心控制线，板块就位时其边缘应与控制线吻合，并保持接缝平整、顺直。

胶合板用圆钉固定时，钉长根据胶合板的厚度选用，一般为 25～35mm，钉距宜为 80～150mm，钉帽应敲扁冲入板面 0.5～1mm，钉眼用油性腻子抹平。当采用钉枪固定时，钉的长度一般采用 15～20mm，钉距宜为 80～100mm。当采用胶粘剂固定面板时，应按照胶粘剂产品的使用要求进行操作。安装封边收口条时，钉的位置应在线条的凹槽处或背离视线的一侧。

采用木质企口装饰板罩面时，可根据产品配套材料及其应用技术要求进行安装，使用异形板卡或带槽口的压条等对板材嵌装固定。对于硬木压条或横向设置的腰带，应先钻透眼，然后再用钉固定。

在弧形造型体或曲面墙上固定胶合板时，一般选用材质优良的三夹板，并先进行试铺。

如果胶合板弯曲有困难或设计要求采用较厚的板材（如五夹板）时，可在胶合板背面用刀割竖向的卸力槽，等距离划割槽深1mm，在木龙骨表面涂胶，将整幅胶合板的长边方向横向围住龙骨骨架进行粘贴，然后用圆钉或钉枪从一侧开始向另一侧顺序铺钉。

5.3.2　石材饰面板工程施工

1. 对材料的要求

大理石板材在长、宽和厚度尺寸上的允许误差见表5-4，在平面上的允许偏差见表5-5，角度上的允许偏差见表5-6，外观质量的允许缺陷见表5-7。花岗石饰面板质量要求可参照大理石。各种花色人造石板表面要求石子均匀、颜色一致，无旋纹气孔。

表5-4　板材在长、宽和厚度尺寸上的允许误差　　　　（单位：mm）

部　　位		优 等 品	一 等 品	合 格 品
长、宽度		0	0	0
		−1.0	−1.0	−1.5
厚度	≤12	±0.5	±0.8	±1.0
	>12	±1.0	±1.5	±2.0

表5-5　板材平整度允许偏差　　　　（单位：mm）

板 材 长 度	优 等 品	一 等 品	合 格 品
≤400	0.20	0.30	0.50
400 < ≤800	0.50	0.60	0.80
>800	0.70	0.80	1.00

表5-6　板材角度允许偏差　　　　（单位：mm）

板材长度范围	优等品	一等品	合格品
≤400	0.30	0.40	0.50
>400	0.40	0.50	0.70

表5-7　板材外观质量要求

名称	规 定 内 容	优等品	一等品	合格品
裂纹	长度超过10mm的不允许条数（条）		0	
缺棱	长度超过8mm，宽度不超过1.5mm（长度≤4mm，宽度≤1mm不计），每米长允许个数（个）	0	1	2
缺角	沿板材边长顺延方向，长度≤3mm，宽度≤3mm（长度≤2mm，宽度≤2mm不计），每米长允许个数（个）			
色斑	面积不超过6m²（面积小于2m²不计），每块板允许个数（个）			
砂眼	直径在2mm以下		不明显	有，不影响装饰效果

2. 施工准备

由于饰面板价格昂贵，且多用在装饰标准较高的工程上，因此对饰面板安装技术要求更为细致、准确，施工前必须做好各方面的准备工作。

（1）放施工大样图。饰面板安装前，首先应检查墙面基体的垂直度、平整度，偏差较大的应剔凿或修补，超出允许偏差的，则应在保证墙面整体与饰面板表面距离不小于 50mm 的前提下，重新排列分块。柱面应先量测出柱的实际高度和柱子的中心线以及柱与柱之间上、中、下部水平通线，确定柱饰面板的位置线，然后决定饰面板分块规格尺寸。对于楼梯墙裙、圆形及多边形复杂墙面，则应在现场实测后放施工大样图校对。

根据墙、柱校核实测的规格尺寸，将饰面板间的接缝宽度包括在内，由此计算出板材的排列方式和数量，并按安装顺序进行编号，绘制大样图及节点大样详图，作为加工订货及安装的依据。如果设计中对接缝宽度无规定，则应符合表 5-8 的规定。

表 5-8　饰面板的接缝宽度

项　次	名　　称		接缝宽度／mm
1	天然石	光面、镜面	1
2		粗磨面、麻面、条纹面	5
3		天然面	10
4	人造石	水磨石	2
5		水刷石	10

（2）选板与试拼。选板主要是对照施工大样图检查复核所需板材的几何尺寸，并按误差大小进行归类；检查板材磨光面的缺陷，并按纹理和色泽进行归类。对有缺陷的板材，应改小使用或安装在不显眼的地方。对有破碎、变色、局部缺陷或缺棱掉角者，一律另行堆放。对于破裂的板材，可用环氧树脂胶粘剂黏结，其配合比见表 5-9。黏结时，黏结面必须清洁干燥，涂胶厚度为 0.5mm，在 15℃ 以上的环境下黏结，并在相同温度的室内环境下养护，养护时间不得少于 3d。对表面缺边少棱、坑洼、麻点的修补，可刮环氧树脂腻子，并在 15℃ 以上的室内养护 1d 后，用 0 号砂纸轻轻磨平，再养护 2～3d，打蜡即可。

表 5-9　环氧树脂胶粘剂与环氧树脂腻子配合比

材　料　名　称	质量配合比	
	环氧树脂胶粘剂	环氧树脂腻子
环氧树脂 E44（6101）	100	100
乙二胺	6～8	10
邻苯二甲酸二丁酯	20	10
白水泥	0	100～200
颜料	适量（与修补颜色相近）	适量（与修补颜色相近）

选板和修补工作完成后，即可进行试拼。因为板材（特别是天然板材）具有天然纹理和色泽差异较大的特点，如果拼镶非常巧妙，可以获得意想不到的效果。试拼经过有关方面认可后，方可正式安装施工。

（3）基层处理。为防止饰面板安装后产生空鼓、脱落，饰面板安装前，应对墙、柱等认真处理，要求其表面平整而粗糙，光滑的基体表面还应进行凿毛处理，凿毛深度一般为 0.5～1.5mm，间距不大于 30mm。基体表面残留的砂浆、尘土和油渍等，应用钢丝刷子刷净并用水冲洗。

3. 石材饰面板工程施工

根据规格大小的不同，饰面板分为小规格和大规格两种。小规格饰面板边长小于等于 4m，安装高度不超过 3m，可采用水泥砂浆粘贴法，其施工工艺与面砖镶贴基本相同。大规格饰面板的安装主要有钢筋钩挂贴施工法、干挂施工法、粘贴施工法等。本节主要介绍钢筋钩挂贴施工法和粘贴施工法，干挂施工法将放在石材幕墙中作重点介绍。

（1）钢筋钩挂贴施工法

1）工艺流程。基层处理→墙体钻孔→饰面板选材编号→饰面板钻孔剔槽→安装饰面板→灌浆→清理→灌缝→打蜡。

2）施工要点

① 墙体钻孔。有两种打孔方式：一种是在墙上打直孔，孔径为 14.5mm，孔深 65mm，以能锚入膨胀螺栓为准；另一种是在墙上打 45°斜孔，孔径一般为 7mm，孔深 50mm。

② 饰面板钻孔剔槽。先在板厚度中心打深为 7mm 的直孔。板长小于 500mm 的钻两个孔，大于 800mm 的钻四个孔，在 500～800mm 之间的钻三个孔。钻孔后，再在饰面板两个侧边下部各开一个直径为 8mm 的横槽，如图 5-23 所示。

③ 安装饰面板。饰面板必须由下向上进行安装，其安装的方法有两种。其一，先将饰面板安放就位，将直径 6mm 的不锈钢斜角直角钩（图 5-24）刷胶，把 45°斜角一端插入墙体斜洞内，直角钩一端插入石板顶边的直孔

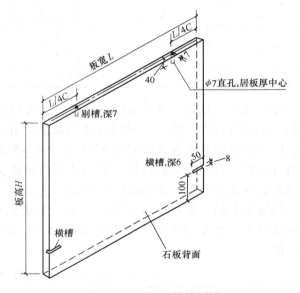

图 5-23 石板上钻孔剔槽

内；同时将不锈钢斜角 T 形钩（图 5-25）刷胶，斜脚放入墙体内，T 形一端扣入石板下部直径 8mm 的横槽内，最后用大头硬木楔揳入石板与墙体之间，将石板固定牢靠，石板固定

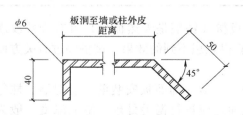

图 5-24 不锈钢斜角直角钩

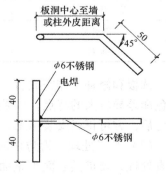

图 5-25 不锈钢斜角 T 形钩

后将木楔取出。其二,将不锈钢斜角直角钩改为不锈钢直角钩,不锈钢斜角T形钩改为不锈钢T形钩,一端放入石板内,一端与预埋在墙内的膨胀螺栓焊接。其他工艺不变。

钢筋钩挂贴法的构造比较复杂,第一种安装方法的构造,如图5-26所示。第二种安装方法的构造,如图5-27所示。

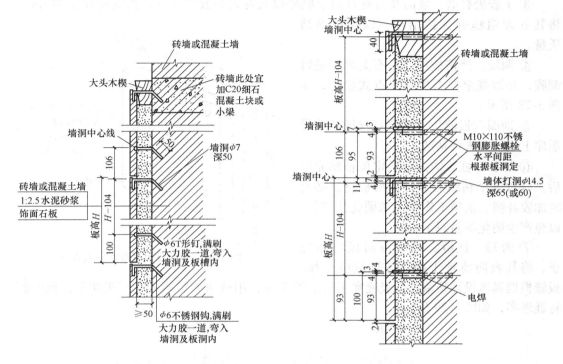

图5-26 钢筋钩挂贴法构造图一　　　　图5-27 钢筋钩挂贴法构造图二

④ 灌缝。每行饰面板挂贴完毕,并安装就位、校正调整后,向石板与墙内进行灌浆。灌缝一般采用1:2.5水泥砂浆,将砂浆向板材背面与基体间的缝隙中慢慢注入。全长要均匀满灌,并随时检查,不得出现漏灌和板材外移现象。灌缝宜分层进行。第一层灌入高度一般不大于1/3板材高度且不大于150mm,灌入完毕1～2h后检查板材有无位移,然后进行第二层灌浆,高度100mm左右。第三层灌浆应低于板材上口50mm,余量作为上层板材灌浆的接缝。

(2) 粘贴施工法。大力胶粘贴法是当代石材饰面装修简捷、经济的一种新型施工工艺,它摆脱了传统粘贴施工方法中受板块面积和安装高度限制的缺点,对于一些形状复杂的墙面和柱面特别适用。目前国内没有很好的专用饰面石材的大力胶,进口的澳洲美之宝大力胶质量较好。主要施工工艺有直接粘贴法、加厚粘贴法、粘贴锚固法、钢架粘贴法。本节介绍直接粘贴法,适用于高度不大于9m,饰面石材与墙面净距离不大于5mm的情况。

1) 工艺流程。基层处理→检查墙身垂直、平整度→饰面板编号→上胶处磨净、磨粗→调胶→涂胶(点涂)→饰面石板就位→加胶补强→清理、嵌缝→打蜡上光。

2) 施工要点。

① 弹线、找规矩。检查墙身垂直、平整度,根据设计用墨线在墙面上弹出每块石材的

具体位置。

② 饰面板编号。将花岗石或大理石饰面板或预制水磨石饰面板选取其品种、规格、颜色、纹理和外观质量一致的，按墙面装修施工大样图排列编号，并在建筑现场进行试拼，校正尺寸、四角套方。

③ 上胶处打磨。墙面及石材背面上胶处以及与大力胶接触处，预先用砂纸均匀打磨，将其处理粗糙并保持洁净，以保证黏结质量。

④ 调胶。严格按照产品有关规定进行调胶，并按规定在石板背面点式涂胶，如图 5-28 所示。

⑤ 饰面石板就位。按照石材板的编号顺序上墙就位进行粘贴。

⑥ 加胶补强。饰面石板定位粘贴完毕后，应对各个粘结点进行详细检查，必要时加胶补强。这项工作要在未硬化前进行，以免产生硬化不易纠正。

⑦ 清理、嵌缝。全部饰面板粘贴完毕，将其表面清理干净，进行嵌缝工作。

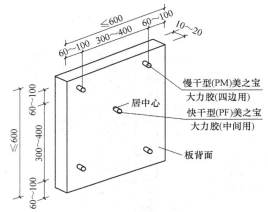

图 5-28　饰面石板背面点涂大力胶

板缝根据具体设计预留，一般缝宽不得小于 2mm，用透明型胶调入与石板颜色近似的颜料将缝嵌实，如图 5-29 所示。

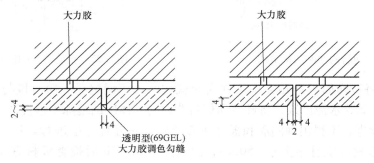

图 5-29　嵌缝处理

⑧ 打蜡上光。嵌缝工作完成后，再将石板表面清理一遍，使其表面保持清洁，然后在石板表面上打蜡、上光。

5.3.3　金属饰面板工程施工

金属饰面板工程一般采用铝合金板、彩色压型钢板和不锈钢板作饰面板，由型钢或铝型材做骨架。金属饰面板的形式可以是平板，也可以制成凹凸形花纹。这类板不但坚固耐用，而且美观新颖，不仅可用于室内，也可用于室外。

1. 不锈钢板饰面施工

不锈钢装饰是目前在装饰工程中比较流行的一种装饰方法，它具有金属光泽和质感，具有不锈蚀的特点和如同镜面的效果，同时还具有强度和硬度较大、在施工和使用过程中不易发生变形的特点，具有非常明显的优越性。本节主要介绍原建筑方柱装饰成圆柱的不锈钢包面施工工艺。

（1）工艺流程。弹线→制作骨架→制作骨架基层→饰面板安装。

（2）施工要点

1）弹线。在柱体弹线工作中，将原建筑方柱装饰成圆柱的弹线工艺较为典型。现介绍柱体弹线的基本方法。

通常画圆应该从圆心点开始，依半径把圆画出。但圆柱的中心点已有建筑方柱，而无法直接得到。因此，要画出圆柱的底圆，就必须用变通的方法。这里仅介绍一种常用的统切法。画圆柱底圆的方法是：

① 基准方框确定。因为建筑结构的尺寸有误差，方柱也不一定是正方形，所以必须确立方柱底边的基准方框，才能进行下一步的画线工作。首先测量方柱的尺寸，找出最长的一条边。然后以该边为边长，用直角尺在方柱底弹出一个正方形，该正方形就是基准方框，如图 5-30 所示（该方框的每条边中点要标出）。

② 制作样板。在一张纸板上或三夹板上，以装饰圆柱的半径画一个半圆，并剪裁下来。在这个半圆形上，以标准底框边长的一半尺寸为宽度，做一条与该半圆形直径相平行的直线。然后，从平行线处剪裁这个半圆，得到的这块圆弧板，就是该柱弦切弧样板，如图5-31所示。

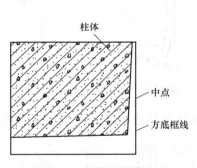

图 5-30　方框基准线画法

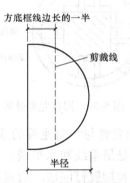

图 5-31　弦切弧样板画法

③ 画线。以该样板的直边，靠住基准底框的四个边，将样板的中点线对准基准底框边长的中心。然后沿样板的圆弧边画线，这样就得到了装饰圆柱的底圆，如图 5-32 所示。顶面的画线方法基本相同，但基准顶框必须通过底边框吊垂直线的方法来获得，以保证地面与顶面的垂直度。

2）制作骨架。不锈钢装饰板包圆柱柱体的骨架一般采用木骨架，木骨架用木方连接成框体。其制作顺序为：

① 竖向龙骨定位。先从画出的装饰柱体顶面线向底面线吊垂直线，并以垂直线为基准，在顶面与地面之间立起竖向龙骨。校正好位置后，分别在顶面和地面把竖向龙骨固定起来，然后根据施工图的要求间隔，分别固定好所有的竖向龙骨。固定方法常采用连接件，即用膨胀螺栓或射钉将连接件与顶面、地面固定，用焊接或螺钉固定连接件与竖向龙骨，如图5-33所示。

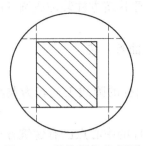

图 5-32　装饰圆柱的底圆

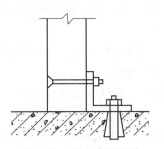

图 5-33　竖向龙骨固定

② 制作横向龙骨。需要制作的横向龙骨，主要是为具有弧形的装饰柱体之用。横向龙骨一方面是龙骨架的支撑件，另一方面还起着造型的作用。所以，在圆形或有弧形的装饰柱体中，横向龙骨需制作出弧形线，如图 5-34 所示。弧线形横向龙骨的制作方法为：首先在 15mm 厚的木夹板上按所需的圆半径，画出一条圆弧，在该圆半径上减去横向龙骨的宽度后，再画出一条同心圆弧。按同样方法在一张板上画出各条横向龙骨。但在木夹板上的画线排列，应以节省材料为原则。在一张木夹板上画线排列后，可用电动直线锯按线切割出横向龙骨，如图 5-35 所示。

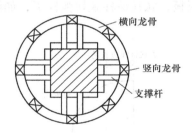

图 5-34　圆柱龙骨骨架

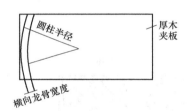

图 5-35　制作弧线形横向龙骨

③ 横向龙骨与竖向龙骨的连接。连接前，必须在柱顶与地面间设置弧形位置控制线，控制线主要是吊垂线和水平线。木龙骨的连接可用槽接法和加胶钉固法。通常圆柱等弧面柱体用槽接法，而方柱和多角柱可用加胶钉固法，如图 5-36 所示。

槽接法是在横向、竖向龙骨上分别开出半槽，两龙骨在槽口处对接。当然，槽接法也需在槽口处加胶、加钉固定。这种固定方法稳固性较好。加胶钉固法是在横向龙骨的两端头面加胶，将其置于两竖向龙骨之间，再用钢钉斜

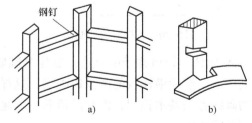

图 5-36　圆柱木龙骨的连接
a）加胶钉固法　b）槽接法

向与竖向龙骨固定。横向龙骨之间的间隔距离，通常为 300mm 或 400mm。

④ 柱体骨架与建筑柱体的连接。为保证装饰柱体的稳固，通常在建筑的原柱体上安装支撑杆，使它与装饰柱体骨架互相固定连接。支撑杆可用方木或角钢制作，并用膨胀螺栓或射钉、木楔钢钉的方法与建筑柱体连接，其另一端与装饰柱体骨架钉接或焊接。支撑杆应分层设置，在柱体的高度方向上分层的间隔为 800～1000mm。

⑤ 骨架形体校正。为了保证骨架形体的准确性，在施工过程中，应不断对骨架进行检查。检查的主要内容是柱体骨架的垂直度、不圆度、各条横向龙骨与竖向龙骨连接的平整度等。垂直度检查是在连接好的柱体骨架顶端边框线设置吊垂线，如果吊垂线下端与柱体边框平行，说明柱体没有歪斜。吊线检查应在柱体周围进行，一般不少于四点位置。柱高 3.0m以下，允许歪斜度误差在 3mm 以内；柱高 3.0m 以上，其误差允许在 6mm 以内。如超过误差，就必须进行修理。柱体骨架的不圆度，经常表现为凸肚和内凹，这对饰面板的安装带来不便。检查不圆度的方法也采用垂线法，将圆柱上、下边用垂线相接，如细线被中间骨架顶弯，说明柱体凸肚；如细线与中间骨架有间隔，说明柱体内凹。柱体表面的不圆度误差值不得超过 3mm，超过误差值的部分应进行修整。

⑥ 修边。柱体骨架连接、固定之后，要对其连接部位和龙骨本身的不平整处进行修平处理。对曲面柱体中竖向龙骨要进行修边，使之成为曲面的一部分。

3）制作骨架基层

① 圆柱骨架上安装木夹板。应选择弯曲性能较好的薄三夹板。安装固定前，先在柱体骨架上进行试铺。如果弯曲粘贴有困难，可在木夹板的背面用刀切割一些竖向刀槽，刀槽深 1mm，两刀横向相距 10mm 左右。要注意，应用木夹板的长边来包柱体，然后在木骨架的外面刷乳胶或各类环氧树脂胶等，将木夹板粘贴在木骨架上，用钢钉从一侧开始钉木夹板，逐步向另一侧固定。在对缝处用钉量要适当加密，钉头要埋入木夹板内。

② 实木条板安装。在圆柱体骨架上安装实木条板，所用的实木条板宽度一般为 50～80mm。如圆柱体直径较小（小于 φ350），木条板宽度可减少或将木条板加工成曲面。木条板厚度为 10～20mm。常见实木条板的安装方式如图 5-37 所示。

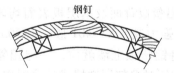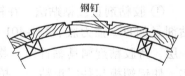

图 5-37　实木条板安装方式

4）饰面板安装。用骨架做成的圆柱体，不锈钢圆柱面可采用镶面施工。通常是在工厂专门加工成所需的曲面，一个圆柱面一般都由两片或三片不锈钢曲面板组装而成。不锈钢板安装的关键在于片与片间对口处的处理，处理方式主要有直接卡口式和嵌槽压口式两种。

直接卡口式是在两片不锈钢板对口处，安装一个不锈钢卡口槽，该卡口槽用螺钉固定于柱体骨架的凹部。安装柱面不锈钢板时，只要将不锈钢板一端的弯曲部勾入卡口槽内，再用力推按不锈钢板的另一端，利用不锈钢板本身的弹性，使其卡入另一个卡口槽内，如图 5-38所示。

嵌槽压口式是把不锈钢板在对口处的凹部用螺钉或钢钉固定，再把一条宽度小于凹槽的木条固定在凹槽中间，两边空出的间隙相等，其间隙宽为 1mm 左右。在木条上涂刷环氧树脂胶，等胶面不粘手时，向木条上嵌入不锈钢槽条。不锈钢槽条应在嵌入前用酒精或汽油清洗槽条内的油迹和污物，如图 5-39 所示。安装嵌槽压口的关键是木条的尺寸准确、形状规则。木条安装前，应先与不锈钢槽条试配，木条的高度一般不大于不锈钢槽内深度 0.5mm。尺寸准确可保证木条与不锈钢槽面与柱体面的一致，形状规则可使不锈钢槽嵌入木条后胶结

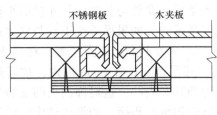

图 5-38　直接卡口式安装

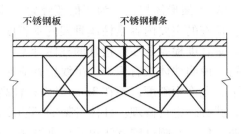

图 5-39　嵌槽压口式安装

面均匀，黏结牢固，防止槽面的侧歪现象。

2. 铝塑板墙板施工

铝塑板墙面装修做法有多种，不管哪种做法，均不允许将高级铝塑板直接贴于抹灰找平层上，最好是贴于纸面石膏板、耐燃型胶合板等比较平整的基层上或铝合金扁管做成的框架上（要求横、竖向铝合金扁管的分格与铝塑板分格一致）。基层铺板或基层框架的施工，相关章节中已有介绍，此处仅介绍铝塑板在基层板（或框架）上的粘贴施工方法。

（1）工艺流程。弹线→翻样、试拼、裁切、编号→安装、粘贴→修整→板缝处理。

（2）施工要点

1）弹线。按具体设计，根据铝塑板的分格尺寸在基层板上弹出分格线。

2）翻样、试拼、裁切、编号。根据设计要求及弹线，对铝塑板进行翻样、试拼，然后将铝塑板裁切、编号备用。

3）安装、粘贴。铝塑板的安装、粘贴，基本上有下列三种做法：

① 胶粘剂直接粘贴法。在铝塑板背面及基层板表面均匀涂布立时得胶或其他橡胶类胶粘剂（如 801 强力胶、XH-401 强力胶、XY-401 胶、FN303 胶、CX-401 胶、JY-401 胶等）一层，待胶粘剂稍具黏性时，将铝塑板上墙就位，并与相邻各板抄平、调直后用手拍平压实，使铝塑板与基层板粘牢。拍压时严禁用铁棒或其他硬物敲击。

② 双面胶带及胶粘剂并用粘贴法。根据墙面弹线，将薄质双面胶带按"田"字形分布粘贴于基层板上（按双面胶带总面积占基底总面积 30% 的比例分布）。在无双面胶带处，均匀涂立时得胶或其他强力胶一层，然后按弹线范围，将已试拼、编号的铝塑板临时固定，经与相邻各板抄平、调直完全符合质量要求后，再用手拍实压平，使铝塑板与基层板粘牢。

③ 发泡双面胶带直接粘贴法。按图 5-40 所示将发泡双面胶带粘贴于基层板上，然后将铝塑板根据编号及弹线位置顺序上墙就位，进行粘贴（操作方法同上）。粘贴后在铝塑板四角加化妆螺钉四个，以利加强。

4）修整表面。整个铝塑板安装完毕后，应严格检查装修质量，如发现不牢、不平、空心、鼓肚及平整度、垂直度、方正度偏差不符合质量要求的，应彻底修整；表面如有胶液、胶迹，必须彻底拭净。

5）板缝处理。板缝大小、宽窄以及造型处理，均按具体工程的设计要求。如设计无具体规定时，可参照图 5-41 处理。

6）封边、收口。整个铝塑板的封边、收口以及用何种封边压条、收口饰条等，均按具体设计处理。

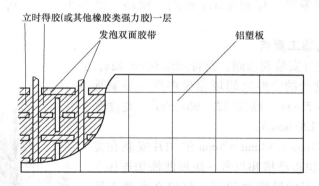

图 5-40　铝塑板发泡双面胶带直接粘贴法

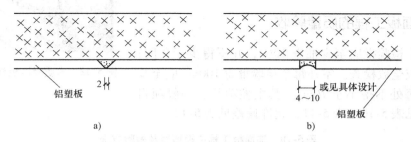

a)　　　　　　　　　　　　b)

图 5-41　铝塑板墙面直接粘贴法接缝造型图
a）对缝造型　b）宽缝造型

5.3.4　吸声板施工

吸声板作为理想的吸声装饰材料，其品种丰富多样，主要有木质吸声板、聚酯纤维吸声板、布艺吸声板、立体扩散型吸声板、木丝吸声板等。其中木质吸声板应用较为广泛，是根据声学原理精致加工而成，由饰面、芯材和吸声薄毡组成，分槽木吸声板和孔木吸声板两种。

1. 木质吸声板的特点

（1）材质轻、不变形、强度高、造型美观、色泽优雅、立体感强。

（2）吸声降噪。根据声学原理，合理配合，具有出色的降噪吸声性能，对中、高频吸声效果尤佳。

（3）装饰性强。既有天然木质纹理，古朴自然；亦有体现现代节奏的明快亮丽的风格。产品的装饰性极佳，可根据需要饰以天然木纹、图案等多种装饰效果，提供良好的视觉享受。

（4）环保。所有材料符合国家环保标准，甲醛含量低，产品还具有天然木质的芳香。

（5）防火性好。木质最高的防火等级 B1。

（6）安装简易。标准化模块设计，采用插槽、龙骨结构，安装简便、快捷。

2. 木质吸声板的适用范围

木质吸声板适用范围：演播室、录音室、听音室、排练场等专业空间音质施工；剧场、影院、室内体育场馆、歌舞厅、KTV 厢房等观演、娱乐建筑装饰声效施工；会议室、写字楼、厅堂、酒店等吸声保密施工；机场、铁路、公共车站、厂房、车间的吸声降噪施工。

3. 木质吸声板的施工要点

（1）先将轻钢龙骨安装到墙面，龙骨间距 60cm 最合适。

（2）在龙骨与龙骨的空腔之间填充吸声棉（玻璃棉或环保白棉厚度 25～50mm、密度 32～96kg/m³、宽度和长度分别是 600mm×1200mm）。

（3）将尺寸为 45mm×38mm×5mm 的扣片安装在龙骨和吸声板之间，一块板凸槽和与另一块板凹槽相连接卡在扣片上，或在槽孔板的缝隙之间用气钉钉在龙骨上即可，如图 5-42 所示。

图 5-42　木质吸声板构造示意图

5.3.5　饰面板工程的质量验收

室内每个检验批应至少抽查 10%，并不得少于 3 间；不足 3 间时应全数检查。室外每个检验批每 100m² 应至少抽查一处，每处不得小于 10m²。其主控项目、一般项目及检验方法见表 5-10、表 5-11，允许偏差见表 5-12。

表 5-10　饰面板工程主控项目及检验方法

项次	项　目　内　容	检　验　方　法
1	饰面板的品种、规格、颜色和性能应符合设计要求，木龙骨、木饰面板和塑料饰面板的燃烧性能等级应符合设计要求	观察；检查产品合格证书、进场验收记录和性能检测报告
2	饰面板孔、槽的数量、位置和尺寸应符合设计要求	检查进场验收记录和施工记录
3	饰面板安装工程的预埋件（或后置埋件）、连接件的数量、规格、位置、连接方法和防腐处理必须符合设计要求。后置埋件的现场拉拔强度必须符合设计要求。饰面板安装必须牢固	手扳检查；检查进场验收记录、现场拉拔检测报告、隐蔽工程验收记录和施工记录

表 5-11　饰面板工程一般项目及检验方法

项次	项　目　内　容	检　验　方　法
1	饰面板表面应平整、洁净、色泽一致，无裂痕和缺损。石材表面应无泛碱等污染	观察
2	饰面板嵌缝应密实、平直，宽度和深度应符合设计要求，嵌填材料色泽应一致	观察；尺量检查
3	采用湿作业法施工的饰面板工程，石材应进行防碱背涂处理。饰面板与基体之间的灌注材料应饱满、密实	用小锤轻击检查；检查施工记录
4	饰面板上的孔洞应套割吻合，边缘应整齐	观察

表 5-12　饰面板安装的允许偏差和检验方法

项次	项目	允许偏差/mm						检验方法
		石材			木材	塑料	金属	
		光面	剁斧石	蘑菇石				
1	立面垂直度	2	3	3	1.5	2	2	用2m垂直检测尺检查
2	表面平整度	2	3	—	1	3	3	用2m靠尺和塞尺检查
3	阴阳角方正	2	4	4	1.5	3	3	用直角检测尺检查
4	接缝直线度	2	4	4	1	1	1	拉5m线,不足5m拉通线,用钢直尺检查
5	墙裙、勒脚上口直线度	2	3	3	2	2	2	
6	接缝高低差	0.5	3	—	0.5	1	1	用钢直尺和塞尺检查
7	接缝宽度	1	2	2	1	1	1	用钢直尺检查

5.4　玻璃饰面工程施工

　　装饰玻璃的兴起,给建筑装饰开拓了新的领域。随着玻璃制作技术的迅速发展,玻璃板饰面种类繁多。目前在外墙饰面装饰中,常用的有激光玻璃装饰板饰面、幻影玻璃装饰板饰面、微晶玻璃装饰板饰面、彩釉钢化玻璃装饰板饰面、玻璃幕墙、空心玻璃砖等。宝石玻璃装饰板饰面、浮雕玻璃装饰板饰面、镜面玻璃装饰板饰面等则适宜用于内墙装饰及外墙局部造型装饰面。

5.4.1　玻璃装饰板施工

　　本节主要介绍激光玻璃装饰板的施工,其他类型的玻璃如幻影玻璃装饰板、微晶玻璃装饰板等的施工,方法与激光玻璃装饰板基本相同。

　　激光玻璃又称镭射玻璃、波光玻璃,是以玻璃为基材,经激光表面微刻处理形成的一代新型激光装饰材料。北京的五洲大酒店、广州越秀公园、深圳阳光酒店、上海外贸大厦等一些著名的现代高层建筑,都不同程度地采用了激光玻璃装饰板饰面,取得了很好的效果。

　　用激光玻璃装饰板饰面,其抗压、抗折、抗冲击强度都明显高于天然石材。不仅可用作内墙面装饰,还可以用于顶棚、楼地面以及门面、吧台、隔断、屏风、灯具、柱面、工艺品、家具等的装饰。

1. 激光玻璃装饰板的分类

　　激光玻璃装饰板的分类方法很多。从透明度上分,有反射不透明玻璃、反射半透明玻璃和全透明玻璃;从结构上分,有单片和夹层两种;从材质上分,有单层浮法玻璃、单层钢化玻璃、表层钢化底层浮法玻璃、表底层均为钢化玻璃、表底层均为浮法玻璃;从色彩上分,有红、白蓝、黑、黄绿等颜色;从花型上分,有根雕、水波纹、星空、叶状、风火轮、花岗石纹等多种;从几何形状上分,有方形板、圆形板、矩形板、椭圆板、扇形板等多种。

2. 激光玻璃规格限制

　　(1) 各种花形产品宽度不超过500mm,长度不超过1500mm。

（2）各种产品图案宽度不超过1100mm，长度不超过1500mm。

（3）圆柱形产品三块拼接，每块弧长不超过1500mm，长度标准统一为1500mm。

3. 激光玻璃装饰板墙体的装饰施工

施工方法，一般有龙骨贴墙做法、直接贴墙做法和离墙吊挂做法三种。

（1）龙骨贴墙做法。龙骨贴墙做法施工简便、快捷、造价也比较经济。它是将轻钢或铝合金龙骨固定于建筑墙体上，再将激光玻璃装饰板与龙骨固定，如图5-43和图5-44所示。

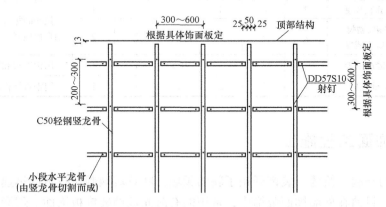

图5-43 龙骨贴墙做法的平面布置图

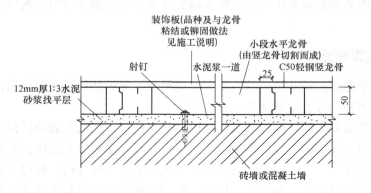

图5-44 龙骨贴墙做法的剖面图

1）工艺流程。基层处理→抹找平层→安装龙骨→试拼和编号→上胶处打磨→调胶→涂胶→玻璃装饰板就位和固定→加胶补贴→嵌缝。

2）施工要点

① 墙体表面处理。将墙体表面上的灰尘、污垢、油渍等清除干净，并洒水湿润。

② 找平层施工。在砖墙表面抹一层12mm厚1∶3的水泥砂浆找平层，这是整个工程施工质量好坏的关键，必须保证找平层十分平整。

③ 安装龙骨。墙体在钉龙骨之前，必须涂5～10mm厚的防潮层一道，至少三遍成活，均匀找平。木龙骨应用30～40mm的龙骨，正面刨光，满涂防腐剂一道，再满涂防火涂料三道。木龙骨与墙的连接，可以预埋防腐木砖，也可用射钉固定。轻钢龙骨只能用

射钉固定。当用射钉将贴墙轻钢龙骨与墙固定时，射钉的间距一般为 200～300mm，小段水平龙骨与竖龙骨之间应留 25mm 的缝隙，竖龙骨顶端与顶层结构之间（如地面）应留 13mm 缝隙，作通风之用。全部龙骨安装完结后，必须进行抄平、修整。如所用装饰板并非方形板或矩形板，则龙骨的布置应另出施工详图，安装时应按照具体设计的龙骨布置详图进行施工。

④ 试拼和编号。激光玻璃装饰板采用的品种如玻璃基片种类、厚度、层数以及玻璃装饰板的花色、规格、透明度等均需在具体施工图内注明。为了保证装饰质量及安全，室外墙面装饰所用的激光玻璃装饰板宜采用双层钢化玻璃。施工时，按具体设计的规格、花色、几何图形等画施工大样图，并排列编号进行试拼，同时校正尺寸，四角套方。

⑤ 调胶。随调随用，超过施工时效时间的胶，不得继续使用。

⑥ 涂胶。在激光玻璃装饰板背面沿竖向及水平龙骨位置，点涂胶，胶点厚 3～4mm，各胶点面积总和按每 50kg 胶涂玻璃板为 120cm² 掌握。

⑦ 玻璃装饰板就位和固定。按激光玻璃装饰板试拼的编号，顺序上墙就位，进行固定。利用玻璃板与相邻板进行调平、调直。若木龙骨上胶贴激光板，要在木龙骨上先钉一层胶合板，再将激光玻璃装饰板用胶粘剂直接贴于木龙骨上，这种方法称为龙骨加底板胶贴做法。除采用粘贴之外，还可用玻璃钉锚固法。若轻钢龙骨上胶粘激光板，要将激光玻璃装饰板用胶粘剂直接贴于轻钢龙骨上，称为龙骨无底板胶贴做法。除采用粘贴之外，还可用自攻螺钉加玻璃钉锚固或采用紧固件镶钉的做法。

⑧ 加胶补贴。若使用粘贴法，则在粘贴后要对黏合点详细检查，必要时需要加胶补强。

⑨ 清理嵌缝。激光玻璃装饰板全部固定完毕，应迅速将板面清理干净，板间是否留缝及留缝宽度应按具体设计处理。

（2）直接贴墙做法。激光玻璃装饰板直接贴墙做法不要龙骨，而将装饰板直接粘贴于墙体表面上，如图 5-45 所示。该做法要求墙体表面特别平整，并要求墙体找平层施工时必须特别注意两点：其一，找平层特别坚固，与墙体要黏结好，不得有任何空鼓、疏松、不实、不牢之处；其二，找平层必须十分平整，不论是垂直方向还是水平方向，均不得有正负偏差，否则装饰质量难以保证。

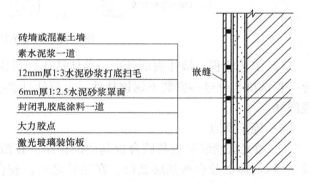

图 5-45 直接贴墙做法

1）工艺流程。墙体表面处理→刷一道素水泥浆→找平层→涂封闭底漆→板编号、试拼→上胶处打磨净、磨糙→调胶→点胶→板就位、粘贴→加胶补强→清理、嵌缝。

2）施工要点

① 刷素水泥浆。为了黏结牢固，必须掺胶。

② 找平层。底层用 12mm 厚 1:3 的水泥砂浆打底并扫毛，如有不平之处必须垫平的，可用快干型大力胶加细砂调匀补平，必须铲平的可用铲刀铲平；然后再抹 6mm 厚 1:2.5 水泥砂浆罩面。

③ 涂封闭底漆。罩面灰养护 10d 后，当含水率小于 10% 时，刷或涂封闭乳胶漆一道。

④ 粘贴。如直接在墙体上粘贴激光玻璃装饰板，其背面必须有铝箔。凡不加铝箔者，不得用本做法施工。

（3）离墙吊挂做法。这种做法适用于具体设计中必须将玻璃装饰板离墙吊挂之处，如墙面突出部分、突出的腰线部分、突出的造型面部分、墙内必须加保温材料的部位等，此做法比较复杂。图 5-46 为离墙吊挂做法及吊挂件示意图。

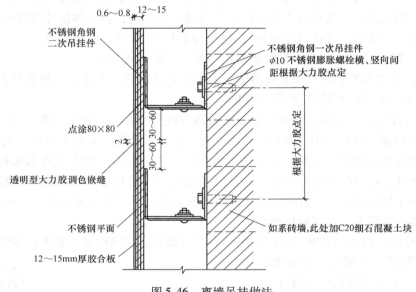

图 5-46　离墙吊挂做法

1）工艺流程。墙体表面处理→墙体钻孔打洞装膨胀螺栓→装饰板与胶合板基层黏贴复合→板试拼与编号→安装不锈钢挂件→上胶处打磨净、磨糙→调胶与点胶→板就位黏贴→清理嵌缝。

2）施工要点

① 激光玻璃装饰板与胶合板基层的粘贴。在激光玻璃装饰板上墙安装以前，必须先与 12～15mm 厚的胶合板基层粘贴。在粘贴之前，胶合板满涂防火涂料三遍，防腐涂料一遍，且必须用背面带有铝箔的激光玻璃装饰板。将胶合板的正面与大力胶黏结、接触之处，预先打磨干净，并且将杂物清除彻底。激光玻璃装饰板背面涂胶处，只需将浮松物及不利于黏结的杂物清除即可，不需打磨处理，不得损坏铝箔。

② 安装不锈钢挂件。将不锈钢一次吊挂件及二次吊挂件安装就绪，借吊挂件的调整孔将一次吊挂件调垂直，上下、左右的位置调准。按墙板高低、前后要求，调正二次吊挂件位置。

5.4.2　镜面玻璃装饰施工

建筑装饰所用的镜面玻璃在构造与材质等方面和一般玻璃镜均有所不同。镜面玻璃以高级浮法平板玻璃为基材，经过镀银、镀铜、镀漆等特殊工艺加工而制成。与一般镀银玻璃镜、真空镀铝玻璃镜相比，这种玻璃具有镜面尺寸较大、成像清晰逼真、抗盐雾性优良、抗热性能好、使用寿命长等特点。本节主要介绍镜面玻璃内墙面的施工。

1. 工艺流程

墙面清理、修整→涂防潮层→安装防腐、防火木龙骨→安装阻燃型胶合板→安装镜面玻璃→清理嵌缝→封口、收口。

2. 施工要点

（1）涂防潮层。墙体表面要求涂防潮层一道，清水墙防潮层厚 6~12mm，兼作找平层用，至少 3~5 遍成活。非清水墙体防潮层厚 4~5mm，至少 3 遍成活。

（2）安装防腐、防火木龙骨。镜面玻璃内墙所用的木龙骨，一般是 40mm×40mm 或 50mm×50mm 的小木方，正面刨光，背面刨一道通长防翘凹槽，并满涂氟化钠防腐剂一道，防火涂料三道。

按中距为 450mm 双向布置木龙骨，并用射钉与墙体固定，不得有松动、不牢、不实之处。钉头必须射入木龙骨表面 0.5~1.0mm，钉眼用油性腻子抹平。在木龙骨与墙面的缝隙处，要用防腐、防火木片（或木块）垫平塞实。

（3）安装镜面玻璃。安装镜面玻璃常用紧固件镶钉法和胶粘法。

1）紧固件镶钉法。该做法主要包括弹线、安装、修整表面和封边收口等主要工序。

① 弹线。根据具体设计和镜面玻璃规格尺寸，在胶合板上将镜面玻璃位置及镜面玻璃分块都弹出，作为施工的标准和依据。

② 安装。用紧固件及装饰压条等，将镜面玻璃固定于胶合板及木龙骨上。钉距和采用何种紧固件、何种装饰压条以及镜面玻璃的厚度和尺寸等，均按具体工程实际和具体设计处理。紧固件一般有螺钉固定、玻璃钉固定、嵌钉固定和托压固定等，如图 5-47~图 5-50 所示。螺钉固定，即用直径 3~5mm 的平头或圆头螺钉，透过玻璃上的钻孔钉在木筋上，一般从下向上、由左至右进行安装。全部镜面固定后，用长靠尺靠平，以全部调平为准。嵌压

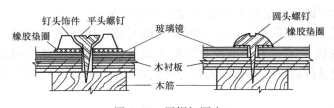

图 5-47 用螺钉固定

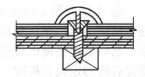

图 5-48 用玻璃钉固定

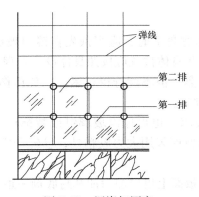

图 5-49 用嵌钉固定

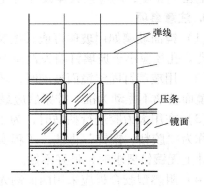

图 5-50 托压固定

固定，即用嵌钉钉在木筋上，将镜面玻璃的四个角压紧。安装时从下向上进行，安装第一排时，嵌钉应临时固定，装好第二排后再拧紧。托压固定，即用压条和边框将镜面托压在墙上，镜面的重量主要落在下部边框或砌体上，其他边框起防止镜面外倾和装饰作用。压条和边框可采用木材和金属型材。从下向上，先用竖向压条固定最下层镜面，安放上一层镜面后再固定横向压条。木压条一般宽30mm，每200mm内钉一颗钉子，钉头没入压条中0.5～1mm，用腻子找平后刷漆。

③ 修整表面。整个镜面玻璃墙面安装完毕后，应当严格检查装饰质量是否符合规范要求。如果发现不牢、不实、松动、倾斜、压条不直及平整度、垂直度、方正度偏差不符合质量要求之处，均应彻底进行修正。

④ 封边收口。整个镜面玻璃墙面装饰的封边、收口及采用何种封边压条、收口装饰条等，均按照具体设计处理。

2）胶粘法。该做法包括弹线、做保护层、打磨和磨糙、上胶、上墙胶贴、清理嵌缝、封边收口。

① 弹线。胶粘法做法的弹线与紧固件镶钉法相同。

② 做保护层。将镜面玻璃背面的所有尘土、砂粒、杂物、碎屑等彻底清除。然后在背面满涂白乳胶一道，满堂黏贴一层薄牛皮纸保护层，并用塑料薄板（片）将牛皮纸刮贴平整。也可以在准备点胶处刷一道混合胶液，粘贴上铝箔保护层，周边铝箔宽150mm，与四边等长。其余部分铝箔均为150mm×150mm。

③ 打磨、磨糙。凡胶合板表面与大力胶点黏结之处，均要预先打磨干净，将浮松物、垃圾、杂物、碎屑等以及不利于黏结之物彻底清除干净。对于表面过于光滑之处，还应进行磨糙处理。镜面玻璃背面保护层上涂胶处，亦应清理干净，不得有任何不利于黏结之处，但不准采用打磨的处理方法。

④ 上胶（涂胶）。在镜面玻璃背面保护层上将大力胶点涂于玻璃背面。

⑤ 上墙胶贴。将镜面玻璃依胶合板上的弹线位置，按照预先编号依次上墙就位，逐块进行粘贴。利用镜面玻璃背面中间的快干型大力胶点及其他施工设备，使镜面玻璃临时固定，然后迅速将镜面玻璃与相邻玻璃进行调正、顺直，同时将镜面玻璃按压平整。待大力胶硬化后将固定设备拆除。

⑥ 清理嵌缝。待镜面玻璃全部安装和粘贴完毕后，将镜面玻璃的表面清理干净，玻璃之间的留缝宽度，均应按具体设计处理。

3. 注意事项

（1）镜面玻璃如用玻璃钉或其他装饰钉镶钉于木龙骨上时，应当预先在镜面玻璃上加工打孔。孔径应小于玻璃钉端头直径3mm。钉的数量及具体位置应按照具体设计处理。

（2）用玻璃钉固定镜面玻璃时，玻璃钉应对角拧紧，但不能拧得过紧，以免损伤玻璃，应以镜面玻璃不晃动为准。拧紧后应最后将装饰钉帽拧上。

（3）在用大力胶进行粘贴时，为了满足美观的要求，也可加设玻璃钉或装饰钉。这种做法称为"胶粘、镶钉"做法。工程实践证明，镜面玻璃采用大力胶粘贴，已经非常牢固，如设计上无镶钉要求时，最好不做。

（4）阻燃型胶合板应采用两面刨光的一级产品，板面上也可加涂油基封底剂一道。

（5）镜面玻璃也可将四边加工磨成斜边。这样，光线折射后可使玻璃立体感增强，给人一种高雅新颖的感受。

5.5 工程实践案例

北京某一工程工地，外墙采用南方某知名品牌的面砖，规格尺寸符合外观质量标准。秋季施工时墙面找平层及面砖黏结层采用强度等级为 32.5MPa 的普通硅酸盐水泥，砂浆配合比及黏结层厚度都严格进行了控制，面砖粘贴也是横平竖直，色泽一致，质量被评为优良。经过一冬，于次年春天发现个别面砖脱落，经仔细观察发现面砖普遍龟裂，而且墙面面砖色泽也起了一些变化。

经调查分析，归纳原因如下：

1）基层不洁净，使得黏结不牢固。

2）对水泥性能进行了测试，发现其凝结时间和安定性不好。

3）面砖浸水后未经晾干就进行了施工，而且养护也不及时。

4）施工单位对面砖外观曾作过认真检查，调查当事人，复查施工日志，未发现异常现象，后来决定对面砖性能进行鉴定。对面砖吸水率进行鉴定后，发现该面砖吸水率达 8%，超过国家标准。

本工程质量问题的主要原因是面砖吸水率过大，砖吸水后在冷冻季节因砖内水分受冻膨胀，砖体被胀裂，反复受冻严重时造成脱落。所以在面砖的使用过程中应严格按照国家标准，按地区分类选择吸水率符合要求的面砖，同时满足面砖冻融循环的次数要求。

实训内容——内墙饰面砖镶贴

1. 任务

完成一面墙的饰面砖镶贴施工，可以结合抹灰工程中的部分内容。

2. 条件

（1）在实训基地已具备条件的场地上施工。指导教师根据场地情况，按照规范要求设计一面墙体，尺寸为 2m（高）×3m（宽）。

（2）饰面砖镶贴所用的全部材料应配套齐备并符合规范和施工要求，有材料检测报告和合格证。面砖、水泥、砂等材料由实训教师提供。

（3）主要机具有手提切割机、橡胶锤、铁铲、木垫板、线坠、靠尺等。

3. 施工工艺

找平层处理→弹线分格→预排砖→选面砖→浸砖→做标志块→垫托木→面砖铺贴→嵌缝→养护、清理。

4. 组织形式

以小组为单位，每组 4~5 人，指定小组长，小组进行编号，完成的任务即镶贴饰面砖的墙体编号同小组编号。

5. 其他

（1）小组成员注意协作互助，在开始操作前以小组为单位合作编制一份简单的针对该任务的施工方案和验收方案。

（2）安全保护措施。

（3）环境保护措施等。

本章小结：

本章从所用材料及要求、施工机具入手，按施工过程介绍了饰面砖、木饰面、石材饰面的施工以及金属饰面、玻璃饰面的施工，并在此基础上分别介绍了各种饰面材料的质量验收，使学生学会正确选择材料和组织施工的方法，力求培养学生解决施工现场常见工程质量问题的能力。

复习思考题：

1. 简述装饰工程上常用的饰面装饰材料的种类、适用范围及施工机具。
2. 简述木质护墙板的施工准备工作及对材料的要求和安装施工工艺。
3. 简述饰面砖的施工准备工作和安装施工工艺。
4. 石材饰面板的施工工艺有哪几种？简述其施工工艺。
5. 简述不锈钢板饰面的施工工艺。
6. 简述铝塑板的安装工艺。
7. 简述镜面玻璃内墙木龙骨的施工工艺。
8. 简述吸声板的施工工艺。
9. 饰面装饰工程施工质量验收的质量标准有哪些？一般分为哪些项目？

第6章　楼地面工程施工

学习目标：

（1）通过不同类型楼地面装饰工程施工工序的重点介绍，使学生对其完整的施工过程有全面的认识。

（2）通过对施工工艺的深刻理解，使学生学会正确选择材料和组织施工的方法，培养学生解决施工现场常见工程质量问题的能力。

（3）在掌握施工工艺的基础上，使学生领会工程质量验收标准。

学习重点：

（1）砖面层、天然大理石和花岗石楼地面的施工工艺及质量验收。

（2）块材类楼地面施工常见的质量问题与预防措施。

（3）木地板、电热地板、自流平地面的施工及质量验收。

学习建议：

（1）从构件组成、所用材料及施工机具入手，按施工过程学习每一类型地面施工的施工工艺。

（2）结合实训任务，指导学生在真实情境中完成完整的施工过程并写出操作、安全注意事项和感受。

（3）通过案例教学，提出施工中可能出现的质量问题，开展课堂讨论，并要求在课后查找相关资料，进一步深刻领会成功案例的经验和失败案例的教训。

楼地面装饰包括地面装饰和楼面装饰两部分。楼地面的基本构造层次为面层、基层。面层是楼地面的表面层，其主要作用是满足使用要求，直接受外界各种因素的作用。地面的名称通常以面层所用的材料来命名，如水磨石地面、地砖地面等。基层是指面层以下的各构造层，包括找平层、填充层、隔离层、垫层、素土（楼板）等，其主要作用是承担面层传来的荷载，并满足找平、结合、防水、防潮、隔声、弹性、保温隔热、管线敷设等功能的要求，楼地面的构造大多为分层构造，其构造组成如图6-1所示。

楼地面按面层结构可分为整体类楼地面、块材类楼地面、木竹类楼地面。最常见的按面层材料及做法不同来分类型，如水泥砂浆楼地面、F现浇水磨石楼地面、天然大理石与花岗石楼地面、地毯楼地面等。本章重点介绍几类常用的和有代表性的楼地面施工方法。

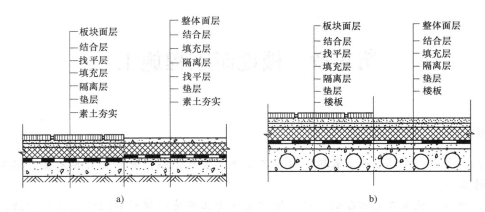

图 6-1　楼地面构造

a）地面构造　b）楼面构造

6.1　楼地面装饰工程施工常用的机具

6.1.1　块材类楼地面施工的主要机具

块材类楼地面施工的主要机具有方尺、水平尺、尼龙线、墨斗、喷水壶、小水桶、木抹子、靠尺、铁皮抹子、小灰铲、木锤或橡皮锤、硬木垫板、棉纱等手工工具以及切割机等机械，见表 6-1。

表 6-1　块材类楼地面施工常用机具

项次	名　称	主　要　用　途
1	石材切割机	大理石、花岗石等板材的切割
2	手提电动机石材切割机	地砖、水磨石、大理石等板材的切割

部分施工机械如图 6-2、图 6-3 所示：

图 6-2　电动机石材切割机

图 6-3　电动打蜡机

6.1.2　木质楼地面施工的主要机具

木质楼地面施工的常用机具见表 6-2。

表 6-2　木质楼地面施工常用机具

项次	名　称	主 要 用 途
1	电动打蜡机	木竹、石材、水磨石等地面表面的打蜡
2	电锯	对木材、纤维板、塑料等材料的切割
3	地板刨平机	木地板表面粗加工
4	地板磨光机	木竹地板表面精磨
5	打钉机	木格栅、木竹地板固定

6.1.3　环氧树脂自流平地面施工的主要机具

环氧树脂自流平地面施工的常用机具见表 6-3。

表 6-3　环氧树脂自流平地面施工常用机具

项次	名　称	主 要 用 途
1	镘刀	地面涂饰抹压
2	抹光机	基层表面处理抛光
3	切缝机	地面伸缩缝施工
4	手提角磨机	基层边角表面处理抛光
5	辊筒	涂饰
6	高压无气喷涂机	表面涂饰喷涂

此外还需要含水率检测仪、回弹仪、温湿度计、摊铺机、铣刨机、抛丸机、普通研磨机、无尘研磨机等，如图 6-4 所示。

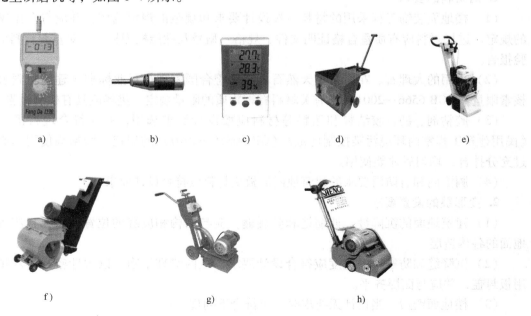

图 6-4　环氧树脂自流平地面施工部分施工机具

a）含水率检测仪　b）回弹仪　c）温湿度计　d）摊铺机　e）铣刨机　f）抛丸机　g）普通研磨机　h）无尘研磨机

6.2 楼地面装饰工程施工的作业条件与基本要求

6.2.1 作业条件

（1）楼地面工程基层（各构造层）和面层的铺设，均应待其下一层检验合格后方可施工上一层。如楼地面各种孔洞、缝隙应事先用细石混凝土灌填密实，细小缝隙用水泥浆灌填，并通过验收。各层铺设前需与相关专业的分部（子分部）工程、分项工程以及设备管道安装工程之间进行交接检验。

（2）楼地面下的沟槽、暗管、地漏等工程完工后，经检验合格并做隐蔽记录后，方可进行楼地面工程的施工。

（3）各类面层的铺设宜在室内其他装饰工程基本完工后进行。如墙柱饰面、顶棚粉刷完毕，门框安好、校正完毕并采取了措施加以防护。木、竹面层以及活动地板、塑料板、地毯面层的铺设，应在水暖管道、电器设备及其他室内固定设施安装完毕且进行了试水、试压检查和电源、通信、电视等管线的必要测试后进行；同时基层应做好防潮、防腐处理，而且在铺设前要使房间干燥，并避免在气候潮湿的情况下施工。

（4）铺设有坡度的地面应采用基层土高差达到设计要求的坡度；铺设有坡度的楼面（或架空地面）应采用在钢筋混凝土板上变更填充层（或找平层）铺设的厚度或以结构起坡达到设计要求的坡度。

6.2.2 基本要求

1. 对材料的要求

（1）楼地面装饰工程采用的材料应按设计要求和规范的规定选用，并应符合国家标准的规定。进场材料应有质量合格证明文件、规格、型号及性能检测报告，对重要材料应有复验报告。

（2）采用的大理石、花岗石等天然石材必须符合国家现行行业标准《建筑材料放射性核素限量》（GB 6566—2001）中有关材料有害物质的限量规定，进场应具有检测报告。

（3）胶粘剂、沥青胶结料和涂料等材料应按设计要求选用，并应符合现行国家标准《民用建筑工程室内环境污染控制规范》（GB 50325—2010）的规定。胶粘剂使用前必须经过充分拌合，均匀后才能使用。

（4）厕浴间和有防滑要求的建筑地面的板块材料应符合设计要求。

2. 变形缝的设置要求

（1）建筑地面的沉降缝、伸缩缝和防震缝，应与结构相应缝的位置一致，且应贯通楼地面的各构造层。

（2）沉降缝和防震缝的宽度应符合设计要求，缝内清理干净，以柔性密封材料填嵌后用板封盖，并应与面层齐平。

（3）楼地面镶边，当设计无要求时，应符合下列规定：

1）采用水磨石整体面层时，应用同类材料以分格条设置镶边。

2）条石面层和砖面层与其他面层邻接处，应用顶铺的同类材料镶边。

3）采用木竹面层和塑料板面层时，应用同类材料镶边。

4）地面面层与管沟、孔洞、检查井等邻接处，均应设置镶边。

5）管沟、变形缝等处的建筑地面面层的镶边构件，应在面层铺设前装设。

（4）厕浴间、厨房和有排水（或其他液体）要求的楼地面面层与相连接各类面层的标高差应符合设计要求。

3. 施工时各层环境温度的控制

（1）采用掺有水泥、石灰的拌合料铺设及用石油沥青胶结料铺贴时，不应低于5℃。

（2）采用有机胶粘剂粘贴时，不宜低于10℃。

（3）采用砂、石材料铺设时，不应低于0℃。

6.3　块材类楼地面施工

块材类楼地面主要是指用陶瓷地砖、陶瓷锦砖、水泥砖、预制水磨石板、大理石板、花岗石板等板材铺设的地面。此类地面属于刚性地面，只能铺在整体性和刚性均好的基层上。其花色种类多样，能满足多种装饰要求，应用广泛。本节重点介绍有代表性的陶瓷地砖、陶瓷锦砖、天然大理石和花岗石板楼地面的施工。

6.3.1　陶瓷地砖楼地面施工

陶瓷地砖是以优质陶土为原料，经半干压成型，再在1100℃左右高温焙烧而成。按生产工艺分有釉面砖和通体砖，按花色有仿古砖、玻化抛光砖、釉面砖、防滑砖及渗花抛光砖等。常用的规格有300mm×300mm、400mm×400mm、500mm×500mm、600mm×600mm、800mm×800mm、1000mm×1000mm等。陶瓷地砖具有耐磨、耐用、易清洗、不渗水、耐酸碱、强度高、装饰效果丰富等优点。

1. 工艺流程

处理、润湿基层→弹线、定位→打灰饼、做冲筋→铺结合层砂浆→挂控制线→铺贴地砖→敲击至平整→处理砖缝→清洁、养护。

2. 施工要点

（1）弹线、定位。在弹好标高 +500mm 水平控制线和各开间中心（十字线）及拼花分隔线后，进行地砖定位。定位常有两种方式，对角定位（砖缝与墙角成45°）和直角定位（砖缝与墙面平行）。施工时注意，应距墙边留出 200 ~ 300mm 作为调整尺度；若房间内外铺贴不同地砖，其交接处应在门扇下中间位置，且门口不宜出现非整砖，非整砖应放在房间墙边不显眼处。

（2）抹结合层。根据标高基准水平线，打灰饼及用压尺做好冲筋；浇水湿润基层，再刷水灰比为 0.5 的素水泥浆；根据冲筋厚度，用1:3 或1:4 的干硬性水泥砂浆（以手握成团不沁水为准）抹铺结合层，并用压尺及木抹子压平打实（抹铺结合层时，基层应保持湿润，已刷素水泥浆不得有风干现象）。结合层抹好后，以人站上面只有轻微脚印而无凹陷为准。对照中心线（十字线）在结合层面上弹陶瓷地砖控制线，靠墙一行陶瓷地砖与墙边距离应保持一致，一般纵横每五块设置一条控制线。

（3）陶瓷地砖铺贴。铺贴前，对地砖的规格、尺寸、色泽、外观质量等应进行预选，并浸水润泡 2～3h 后取出晾干至表面无明水待用；根据控制线先铺贴好左右靠边基准行的地砖，以后根据基准行由内向外挂线逐行铺贴；用约 2～3mm 厚的水泥浆满涂地砖背面，对准挂线及缝隙，将地砖铺贴上，用木锤适度用力敲击至平正，并且一边铺贴一边用水平尺检查校正；砖缝宽度，密缝铺贴时不大于 1mm，虚缝铺贴时一般为 3～10mm，或按设计要求；挤出的水泥浆应及时清理干净，缝隙以凹 1mm 为宜。

（4）勾缝、擦缝。地砖铺贴 24h 后应进行勾缝、擦缝的工作，并应采用同一品种、同强度等级、同颜色的水泥或用专门的嵌缝材料。勾缝用 1:1 水泥砂浆，缝内深度宜为砖厚的 1/3，要求缝内砂浆密实、平整、光滑。随勾随将剩余水泥砂浆清走、擦净。擦缝时，如设计要求缝隙很小时，则要求接缝平直，在铺实修好的面层上用浆壶往缝内浇水泥浆，然后用干水泥撒在缝上，再用棉纱团擦揉，将缝隙擦满。最后将面层上的水泥浆擦干净。

（5）养护。铺完砖 24h 后，洒水养护，养护时间不应少于 7d。

6.3.2　陶瓷锦砖楼地面施工

陶瓷锦砖俗称马赛克，由各种形状（正方形、长方形、六角形、对角形、五角形、斜长条形、半八角形等）的小瓷片拼成各种图案反贴于牛皮纸上，形成约 300mm、480mm 一联的锦砖。陶瓷锦砖具有耐磨、耐用、易清洗、不渗水、耐酸碱、强度高等优点。

1. 工艺流程

处理、润湿基层→弹线、定位→打灰饼、做冲筋→铺结合层砂浆→挂控制线→铺砖→敲击至平整→洒水、揭纸→嵌缝→养护。

2. 施工要点

（1）铺贴。对连通的房间由门口中间拉线，以此为标准从房内向外挂线逐行铺贴。有镶边的房间应先铺镶边部分，有图案的按图案铺贴，整间房宜一次铺完。

铺贴时先在准备铺贴的范围内均匀地撒素水泥，并洒水润湿成黏结层，其厚度为 2mm 左右。用毛刷蘸水将锦砖砖面刷湿，铺贴锦砖，并用平整木板压住，用木锤拍平打实。做到随撒、随刷、随铺贴、随拍平打实。快铺到尽头时要提前尺量预排，避免端头缝隙过大、不齐，如缝隙过大应裁条镶平。

（2）洒水揭纸。铺完一段后，用喷壶洒水至纸面完全浸湿为宜，不可洒水过多，过 20min 左右试揭。揭纸时，手扯纸边与地面平行方向撕揭，揭掉纸后对留有纸毛处用开刀清除。

（3）拨缝与灌缝。揭纸后用开刀将歪斜的缝隙拨正、拨匀，先调竖缝后调横缝，边拨边拍实。用水泥浆或色浆嵌缝、灌浆并擦缝。

（4）清洁养护。及时将锦砖表面水泥砂浆擦净，铺后次日撒锯末养护 4～5d，养护期间禁止上人。

6.3.3　砖面层施工的质量验收

陶瓷地砖与陶瓷锦地面装饰工程的主控项目、一般项目及检验方法见表 6-4、表 6-5，允许偏差见表 6-6。

表 6-4　陶瓷地砖与陶瓷锦砖地面装饰工程主控项目及检验方法

项　次	项　目　内　容	检验方法
1	面层所用板块的品种、质量必须符合设计要求	观察检查和检查材质合格证明文件及检测报告
2	面层与下一层的结合（黏结）应牢固，无空鼓。凡单块砖边有局部空鼓，且每自然间（标准间）不超过总数的5%可不计	用小锤轻击检查

表 6-5　陶瓷地砖与陶瓷锦砖地面装饰工程一般项目及检验方法

项　次	项　目　内　容	检验方法
1	砖面层的表面应洁净、图案清晰、色泽一致、接缝平整深浅一致、周边顺直。板块无裂纹、掉角和缺楞等缺陷	观察检查
2	踢脚线表面应洁净、高度一致、结合牢固、出墙厚度一致	观察、用钢尺检查和用小锤轻击
3	面层邻接处的镶边用料及尺寸应符合设计要求，边角整齐、光滑	观察和用钢尺检查
4	楼梯踏步和台阶板块的缝隙宽度应一致、齿角整齐；楼层梯段相邻踏步高度差不应大于10mm；防滑条顺直	观察和用钢尺检查
5	面层表面的坡度应符合设计要求，不倒泛水、无积水；与地漏、管道结合处应严密牢固，无渗漏	观察、泼水或坡度尺及蓄水检查

表 6-6　陶瓷地砖与陶瓷锦砖地面的允许偏差和检验方法

项　次	项　目	允许偏差/mm	检验方法
1	表面平整度	2.0	用2m靠尺和楔形塞尺检查
2	缝格平直	3.0	拉5m线和用钢尺检查
3	接缝高低差	0.5	用钢尺和楔形塞尺检查
4	踢脚线上口平直	3.0	拉5m线和用钢尺检查
5	板块间隙宽度	2.0	用钢尺检查

6.3.4　天然大理石与花岗石板楼地面施工

　　大理石板、花岗石板从天然岩体中开采出来、经过加工成块材或板材，再经过粗磨、细磨、抛光、打蜡等工序，加工成各种不同质感的高级装饰材料。块材一般10～30mm厚，其成品规格一般为500mm×600mm、600mm×600mm，也可根据设计要求加工，或用毛光板在现场按实际需要的规格尺寸切割。大理石结构致密，强度较高，吸水率低，但硬度较低、不耐磨、抗侵蚀性能较差，不宜用于室外地面；花岗石结构致密，性质坚硬，耐酸、耐腐、耐磨，吸水性小，抗压强度高，耐冻性强（可经受100～200次以上的冻融循环），耐久性好，适用范围广（其中磨光花岗石板材不得用于室外地面）。二者同属中高档地面装饰，但是自重较大，造价较高。

　　1. 天然大理石板与花岗石板楼地面施工

　　（1）工艺流程。基层清理→弹线→试拼、试铺→板块浸水→扫浆→铺水泥砂浆结合层→铺板→灌缝、擦缝→上蜡养护。

（2）施工要点。与陶瓷地砖基本相同，只是涉及楼地面整体图案时，要求试拼、试排。另外，大理石板、花岗石板楼地面在养护前，还需进行打蜡处理。

1）试拼。板材在正式铺设前，应按设计要求的排列顺序，每间按设计要求的图案、颜色、纹理进行试拼，尽可能使楼地面整体图案与色调和谐统一。试拼后按要求进行预排编号，随后按编号堆放整齐。

2）预排。在房间两个垂直方向，根据施工大样图把石板排好，以便检查板块之间的缝隙，核对板块与墙面、柱面的相对位置。

3）铺板。铺贴顺序应从里向外逐行挂线铺贴。缝隙宽度如设计无要求时，花岗石板、大理石板不应大于 1mm。

4）灌缝、擦缝。铺贴完成 24h 后，经检查石板表面无断裂、空鼓后，用稀水泥（颜色与石板配合）刷浆填缝填饱满，并随即用干布擦至无残灰、污迹为止。铺好石板 2d 内禁止踩踏和堆放物品。

5）打蜡。当板块接头有明显高低差时，待砂浆强度达到 70% 以上，分遍浇水磨光，最后用草酸清洗面层，再打蜡。

2. 大理石与花岗石板踢脚板施工

踢脚板是楼地面与墙面相交处的构造处理。设置踢脚板的作用是遮盖楼地面与墙面的接缝，保护墙面根部免受外力冲撞及避免清洗楼地面时被玷污，同时满足室内美观的要求。踢脚板的高度一般为 100~150mm。踢脚板一般在地面铺贴完工后施工。

施工要点：

（1）将基层浇水湿透，根据 +500mm 水平控制线，测出踢脚板上口水平线，弹在墙上，再用线坠吊线。确定踢脚板的出墙厚度，一般为 8~10mm。拉踢脚板上口水平线，在墙两端各安装一块踢脚板，其上口高度在同一水平线内，出墙厚度要一致，然后用 1:2 水泥砂浆逐块依次镶贴踢脚板，随时检查踢脚板的水平度和垂直度。

（2）镶贴前先将石板刷用水湿润，阳角接口板按设计要求处理或割成 45°。

（3）对于大理石（花岗石）踢脚板，在墙面抹灰时，要空出一定高度不抹，一般以楼地面层向上量 150mm 为宜，以便控制踢脚的出墙厚度。

（4）镶贴踢脚板时，板缝宜与地面的大理石（花岗石）板缝构成骑马缝。注意在阳角处需磨角，留出 4mm 不磨，保证阳角有一等边直角的缺口。阴角应使大面踢脚板压小面踢脚板。

（5）用棉丝蘸与踢脚板同颜色的稀水泥浆擦缝，踢脚板的面层打蜡同地面一起进行，方法参照前述方法进行。

3. 大理石与花岗石板楼地面工程的质量验收

大理石和花岗石的主控项目、一般项目及检验方法见表 6-7、表 6-8，允许偏差见表 6-9。

表 6-7　大理石和花岗石板块面层装饰工程主控项目及检验方法

项　次	项 目 内 容	检 验 方 法
1	大理石、花岗石面层所用板块的品种、质量应符合设计要求	观察检查和检查材质合格记录
2	面层与下一层应结合牢固，无空鼓	用小锤轻击检查

表6-8　大理石和花岗石板块面层装饰工程一般项目及检验方法

项　次	项目内容	检验方法
1	大理石、花岗石面层的表面应洁净、平整、无磨痕,且应图案清晰、色泽一致、接缝均匀、周边顺直、镶嵌正确,板块无裂缝、掉角和缺棱等缺陷	观察检查
2	踢脚线表面应洁净、高度一致、结合牢固、出墙厚度一致	观察和用小锤轻击及钢尺检查
3	楼梯踏步和台阶板块的缝隙宽度应一致、齿角整齐,楼层梯段相邻踏步高度差不应大于10mm;防滑条应顺直、牢固	观察和用钢尺检查
4	面层表面的坡度应符合设计要求,不倒泛水、无积水;与地漏、管道结合处应严密牢固,无渗漏	观察、泼水或坡度尺及蓄水检查

表6-9　大理石和花岗石板块面层的允许偏差和检验方法

项　次	项　目	允许偏差/mm	检验方法
1	表面平整度	1.0	用2m靠尺和楔形塞尺检查
2	缝格平直	2.0	拉5m线用钢尺检查
3	接缝高低差	0.5	用钢尺和楔形塞尺检查
4	踢脚线上口平直	1.0	拉5m线用钢尺检查
5	板块间隙宽度	1.0	用钢尺检查

6.4　木质楼地面施工

　　木质楼地面一般是指由木竹板铺钉或硬质木竹块胶合而成的地面。根据材质不同,面层主要分为实木地板、软木地板、实木复合地板及中密度(强化)复合地板、竹地板等。

　　木地板的施工方法可分为空铺式和实铺式。空铺式是指木地板通过地垄墙或砖墩等架空后再安装,一般用于平房、底层房屋或较潮湿地面以及地面敷设管道需要将木地板架空等情况,其优点是使实木地板更富有弹性、脚感舒适、隔声、防潮,缺点是施工较复杂、造价高、占空间高度较大,如图6-5所示。实铺式是直接在基层的找平层上固定木搁栅,然后将木地板铺钉在木搁栅或木搁栅上的毛地板上,如图6-6和图6-7所示。这种做法具有空铺木地板的大部分优点,且施工较简单,实际工程中一般用于两层以上的干燥楼面。另一种实铺式木地板的做法,是在钢筋混凝土楼板上或底层地面的素混凝土垫层上做找平层,再用黏结材料将各种木板直接黏贴在找平层上而成,如图6-8所示。这种做法构造简单、造价低、功效快、占空间高度小,但弹性较差。

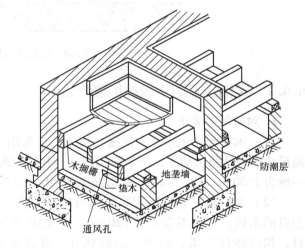

图6-5　空铺式木地面构造

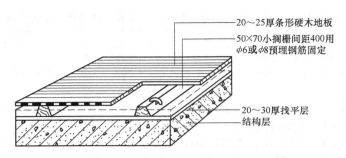

图 6-6　实铺式单层木地面构造

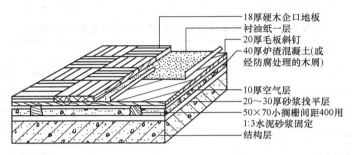

图 6-7　实铺式双层木地面构造

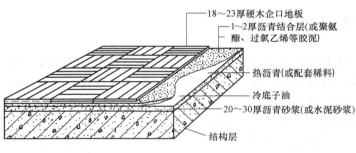

图 6-8　粘贴式木地面构造

6.4.1　实铺式双层木板楼地面施工

1. 对材料的要求

（1）木搁栅、垫木。木搁栅、垫木一般选用红白松，其含水率宜控制在 12% 以内，断面尺寸按设计要求加工，上下面应刨光，并经防腐、防蛀和防火处理。木格栅梯形断面尺寸一般为上 50mm、下 70mm，矩形断面为 70mm×70mm。

（2）企口板。企口板应采用不易腐朽、变形、开裂的木材制成顶面刨平、侧面带有企口的木板，宽度不应大于 120mm，厚度应符合设计要求。木地板不论采用何种树种木材，均应经过干燥、防腐、防蛀处理，其含水率不应大于 12%，并应符合当地平衡含水率。

（3）毛地板。毛地板厚度在 22～25mm，宽度不大于 120mm。材质同企口板，但可用钝棱料。毛地板木材的含水率限制在 8%～13% 以内。

（4）其他材料。如防潮纸、胶粘剂、2～3in 的铁钉、12 号镀锌铁丝、橡胶垫块等必须到位。经检查合格后放置现场以备用。

2. 实铺式双层木板楼地面施工

（1）工艺流程。弹好格栅安装位置线及水平线→装木龙骨、剪刀撑→铺设毛地板→找平、刨平→铺设木地板→找平、刨光、打磨→钉踢脚板→油漆。

（2）施工要点

1）木龙骨安装。按弹线位置，用双股 12 号镀锌铁丝将龙骨绑扎在预埋 Ω 形铁件上，或在基层上用墨线弹出十字交叉点（木搁栅的位置和孔距的交叉点），然后用 φ6 的冲击电钻在交叉点处打孔，在孔内下木楔，用长钉将木搁栅固定在木楔上。木格栅固定时，不得损坏基层及预埋管线。木格栅与墙间应留出不小于 30mm 的缝隙。龙骨铺钉完毕，检查水平度。合格后，钉横向木撑或剪刀撑，中距一般 600mm。

2）钉毛地板。铺设前必须清除毛地板下空间内的刨花等杂物。毛地板铺设时，应与格栅成 30°或 45°斜向钉牢，并使其髓心向上，板间的缝隙不大于 3mm，与墙之间留有 10～12mm 空隙，表面应刨平。每块毛地板与其下的每根格栅上各用两枚钉固定，钉的长度为毛地板厚度的 2.5 倍。为防止潮气侵蚀，可在毛地板上干铺一层沥青油毡，或按设计要求处理。

3）铺面板。企口板直接固定在毛地板上。铺设时应从靠门较近的一侧开始铺钉，每铺设 600～800mm 宽度应弹线找直修整，然后依次向前铺钉。板端接缝应间隔错开，并有规律地在一条直线上，缝隙宽度不应大于 1mm，如用硬木企口板则不得大于 0.5mm。企口板与墙壁之间要留 10～15mm 的缝隙，并用木踢脚线封盖。

4）面层刨光、打磨。企口板面层表面不平处应进行刨光，可采用刨地板机刨光（转速在 5000 转/min 以上），与木纹成 45°斜刨，边角部位用手刨。刨平后用细刨净面，最后用磨地板机装砂布磨光。刨光后方可装订木踢脚线。

5）钉踢脚板。木踢脚线一般宽为 150mm，厚度为 20～25mm，背面开槽（背面应做防潮处理），以防翘曲。木踢脚线应用钉钉牢在墙内防腐木砖上，钉帽砸扁冲入板内。长度方向上木踢脚线应做 45°斜角相接。木踢脚线与木板面层转角处应钉设木压条。

6）油漆。将地板清理干净，然后补凹坑，刮批腻子、着色，最后刷清漆。当木地板为清漆罩面时，需上软蜡（擦软蜡是用铲刀铲软蜡放在白布中包好涂地板，要厚薄均匀。等软蜡干透，用蜡刷子从横到竖顺木纹擦直至光亮为止）。免漆类地板无需刷油漆。

3. 实木地板楼地面工程的质量验收

实木地板面层装饰工程的主控项目、一般项目及检验方法见表 6-10、表 6-11，允许偏差见表 6-12。

表 6-10　实木地板面层装饰工程主控项目及检验方法

项次	项 目 内 容	检 验 方 法
1	实木地板面层所采用的材质和铺设时的木材含水率必须符合设计要求。木搁栅、垫木和毛地板等必须做防腐、防蛀处理	观察检查和检查材质合格证明文件及检测报告
2	木搁栅安装应牢固、平直	观察、脚踩检查
3	面层铺设应牢固；黏结无空鼓	观察、脚踩或用小锤轻击检查

表 6-11　实木地板面层装饰工程一般项目及检验方法

项次	项 目 内 容	检验方法
1	实木地板面层应刨平、磨光，无明显刨痕和毛刺等现象；图案清晰，颜色均匀一致	观察、手摸和脚踩检查
2	面层缝隙应严密；接头位置应错开、表面洁净	观察检查
3	踢脚线表面应光滑，接缝严密，高度一致	观察和尺量检查

表 6-12　实木地板面层的允许偏差和检验方法

项次	项 目	允许偏差/mm		检验方法
		实木地板	硬木地板	
1	板面缝隙宽度	1.0	0.5	用钢尺检查
2	表面平整度	3.0	2.0	用2m靠尺和楔形塞尺检查
3	踢脚线上口平齐	3.0	3.0	拉5m线，不足5m拉通线和用钢尺检查
4	板面拼缝平直	3.0	3.0	
5	相邻板材高差	0.5	0.5	用钢尺和楔形塞尺检查
6	踢脚线与面层的接缝	1.0	1.0	用楔形塞尺检查

6.4.2　复合木地板楼地面施工

1. 复合木地板的组成

复合木地板是以中密度纤维板（原木经粉碎、添加胶粘剂、防腐处理、高温高压制成）或木板条为基材，用耐磨塑料贴面板或珍贵树种 2~4mm 的薄木等作为覆盖材料而制成的一种板材。复合木地板安装方便，板与板之间可通过槽榫进行连接。在地面平整度能够保证的前提下，复合木地板可直接浮铺在地面上，而不需用胶黏结。但是，复合木地板大面积铺设时，会有整体起拱变形的现象。由于其经复合而成，板与板之间的边角容易折断或磨损。复合木地板适用于办公室、会议室、商场、展览厅、民用住宅等的地面装饰。

目前，在市场上销售的复合木地板规格都是统一的，宽度为 120mm、150mm 和 195mm，长度为 1.5m 和 2m，厚度为 6mm、8mm 和 14mm。

复合木地板一般都是由四层材料复合组成，即底层、基材层、装饰层和耐磨层，其中耐磨层的转数决定了复合地板的寿命。

1）底层。由聚酯材料制成，起防潮作用。

2）基材层。一般由密度板制成，视密度板密度的不同，也分低密度板、中密度板和高密度板。

3）装饰层。是将印有特定图案（仿真实纹理为主）的特殊纸放入三聚氢氨溶液中浸泡后，经过化学处理，利用三聚氢氨加热反应后化学性质稳定，不再发生化学反应的特性，使这种纸成为一种美观耐用的装饰层。

4）耐磨层。是在地板表层上均匀压制一层三氧化二铝组成的耐磨剂。三氧化二铝的含量和薄膜的厚度决定了耐磨的转数。每 $1m^2$ 含三氧化二铝为 30g 左右的耐磨层转数约为 4000 转，含量为 38g 的耐磨转数约为 5000 转，含量为 44g 的耐磨转数应在 9000 转左右，含量越高，转数越高，也就越耐磨。

2. 复合木地板楼地面施工

（1）工艺流程。基层处理→弹线、找平→铺垫层→试铺预排→铺地板→铺踢脚板→清洁。

（2）施工要点

1）复合木地板浮铺施工时，施工环境的最佳相对湿度为40%～60%。

2）铺垫层。垫层为聚乙烯泡沫塑料薄膜，铺时横向搭接150mm。垫层可增加地板隔潮作用，改善地板的弹性、稳定性，并减少行走时地板产生的噪声，如图6-9。

3）预排时计算最后一排板的宽度，如小于50mm，应削减第一排板块宽度，以使二者均等。

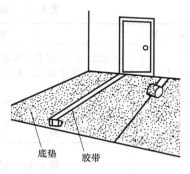

图 6-9　垫层铺设

4）铺地板和踢脚板。如图6-10、图6-11所示。铺贴时，按板块顺序，板缝涂胶拼接。胶应刷在企口舌部，而非企口槽内。在地板块企口用胶逐块铺设过程中，为使槽榫精确吻合并黏结严密，可以采用锤击的方法，但不得直接打击地板，可用木方垫块顶住地板边再用锤轻轻敲击，如图6-12所示。复合木地板与四周墙必须留缝，以备地板伸缩变形，缝宽为8～10mm，用木楔调直。地板面积超过30m² 时，中间还要留缝。

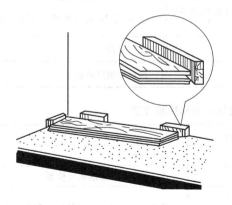

图 6-10　第一块板安装

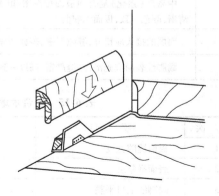

图 6-11　踢脚板安装

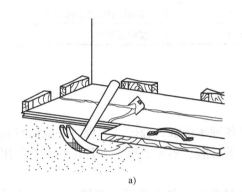

a)

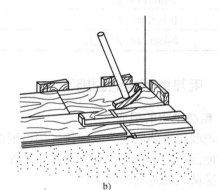

b)

图 6-12　挤紧复合木地板的方法

a）板槽拼缝挤紧　b）靠墙处挤紧

5）地板的施工过程及成品保护，必须按产品使用说明的要求，注意其专用胶的凝结固化时间，铲除溢出板缝外的胶条、拔除墙边木塞以及最后做表面清洁等工作，均应待胶粘剂完全固化后方可进行，此前不得碰动已铺装好的复合木地板。

6）复合木地板铺装48h后方可使用。

3. 复合木地板楼地面工程的质量验收

复合木地板面层装饰工程的主控项目、一般项目及检验方法见表6-13、表6-14，允许偏差见表6-15。

表6-13　复合木地板面层装饰工程主控项目及检验方法

项　次	项 目 内 容	检 验 方 法
1	中密度(强化)复合地板面层所采用的材料,其技术等级及质量要求应符合设计要求。木搁栅、垫木和毛地板等应做防腐、防蛀处理	观察检查和检查材质合格证明文件及检测报告
2	木搁栅安装应牢固、平直	观察、脚踩检查
3	面层铺设应牢固	观察、脚踩检查

表6-14　复合木地板面层装饰工程一般项目及检验方法

项　次	项 目 内 容	检 验 方 法
1	中密度(强化)复合地板面层图案和颜色应符合设计要求,图案清晰,颜色一致,板面无翘曲	观察、用2m靠尺和楔形塞尺检查
2	面层的接头应错开,缝隙严密,表面洁净	观察检查
3	踢脚线表面应光滑,接缝严密,高度一致	观察和钢尺检查

表6-15　复合木地板面层的允许偏差和检验方法

项　次	项　　目	允许偏差/mm	检 验 方 法
1	板面缝隙宽度	0.5	用钢尺检查
2	表面平整度	2.0	用2m靠尺和楔形塞尺检查
3	踢脚线上口平整	3.0	拉5m线,不足5m者拉通线和钢尺检查
4	板面拼缝平直	3.0	
5	相邻板面高差	0.5	用钢尺和楔形塞尺检查
6	踢脚线与面层的接缝	1.0	楔形塞尺检查

6.4.3　电热地板楼地面施工

1. 电热地板的组成

电地暖以发热电缆为发热体，用以铺设在各种木地板、瓷砖、大理石等地面材料下，再配上智能温控器系统，使其形成舒适环保、高效节能、不需要维护、各房间独立使用、寿命特长、隐蔽式的地面供暖系统。

安装于房间内的发热电缆采暖系统由保温隔热层、复合铝箔、焊接钢丝网、发热电缆、细石混凝土找平层、地面装饰层、传感型温控器组成。

2. 电热地板楼地面施工

发热电缆地面供暖分为干铺发热电缆地面供暖和湿铺发热电缆地面供暖。

干铺发热电缆地面供暖：将发热电缆安装在直铝板的凹槽内或木龙骨结构上，直接在上面铺设地面层的发热电缆供暖方式。

湿铺发热电缆地面供暖：将发热电缆铺设在绝热层上，用混凝土做回填层，然后在回填层上再铺设地面层的发热电缆供暖方式。

（1）工艺流程

1）湿铺发热电缆地面供暖：施工准备→铺设防潮层→铺设绝热层→铺设金属网→铺设找平层→总电阻值测试→安装温控器→通电试运行→铺设复合木地板。

2）干铺发热电缆地面供暖：施工准备→铺设木格栅→铺设绝热层→铺设金属网→感温探头安装→铺设实木地板→安装温控器→通电试运行。

（2）施工要点

1）施工安装前应具备的条件

① 设计施工图纸和有关技术文件齐全。

② 有较完善的施工方案、施工组织安排，并已完成技术交底。

③ 施工现场具有供电条件，有储放材料的临时场所。

④ 土建专业已完成墙面内粉刷（不含面层）；外窗、外门已安装完毕；厨房、卫生间应做完闭水试验并经过验收。

⑤ 各种安装材料已经检验合格，所附带的说明书和合格证应齐全。

⑥ 原始地面要平整，无异物，无突起，无凹陷，无积水现象。

⑦ 原始地面要干燥，混凝土的养护期一般不少于21d。

⑧ 原始地面要做找平处理，每两米的误差不大于4mm。

⑨ 墙角、柱角的地面要清理干净，无堆积的垃圾与灰尘。

⑩ 水、强电、弱电工程的管线要先做好预埋工作，不宜高出地面。

⑪ 发热电缆温控器应设置在附近无散热体、周围无遮挡物、不受风直吹、不受阳光直晒、通风干燥、能正确反映室内温度的位置，不宜设在外墙上，设置高度宜距地面1.4m。地温传感器不应被家具等覆盖或遮挡，宜布置在人员经常停留的位置。同时做好暗盒（86型）和发热电缆及温度传感器线管的预埋工作，一般高出地面20~30mm，出墙面50mm。

⑫ 与土壤相邻的地面，必须设绝热层，且绝热层下部必须设置防潮层。直接与室外空气相邻的楼板，必须设绝热层。

2）铺设木格栅。按照木地板铺设要求安装，要求刷两道防火涂料。木格栅高度一般为50mm高（但如选用热稳定性很好的复合地板或实木地板时，该高度可适当降低）。

3）铺设防潮层。首层地面及卫生间等有防潮要求的地面应铺设防潮层。防潮层的一般做法是：采用反射膜沥青防水卷材作为防潮层，有涂铺和热熔满粘法。涂铺是先把基层处理干净，刷冷底子油一遍，均匀涂铺沥青底油。当沥青底油挥发干燥，手摸不粘时，即可铺贴防水卷材。采用热熔满粘法施工，要求长边的搭接缝宽度不得小于80mm，短边不得小于100mm。

4）铺设绝热层。绝热层选择PS发泡板或石棉板满铺地面，沿外墙周边安装边角保温绝热，遇立管处用石棉板塞严。石棉板应切割整齐，接缝缝隙控制在3mm以内。石棉板铺设时要求接缝错开，石棉板之间应用宽胶带黏结平顺，表面平整，无翘曲。

在绝热材料上铺一层反射铝箔，可起到反射热量的作用。

5）铺设金属网。在反射铝箔层上铺一层金属网，其一是防止热电缆被压入绝热材料内；其二是起到增强地面抗压强度的作用；其三是固定热电缆。金属网应按照电热膜平行的方向来铺设，尽量使金属网的边缘置于电热膜之外，用塑料卡钉固定牢固，用铜质导线把所有金属网连接起来并与配电系统的保护地线（PE）可靠连接。

6）安装热电缆。热电缆布置是从电源接线端开始将热电缆发热段均匀铺设在金属网上，并每隔250mm做一次绑扎，热电缆不能交叉重叠。遇到木龙骨时，应在木龙骨内开槽，并垫上反射铝箔片。

热电缆安装后应及时铺设找平层来覆盖、保护热电缆（找平层厚度30～50mm），最后再铺设地砖、木地面等地面装饰材料。

安装热电缆时应该特别注意：

① 热电缆能承受的最大张力不能超过250N。

② 热电缆外层有保护套，在低温下，缆线很难安装，故需要热电缆通电源（热电缆在加热时就会变柔软，然后立即切断电源）。

③ 安装热电缆的推荐温度应不能低于4℃。在找平层没有完全干燥时，电热式地暖系统禁止使用。在找平层施工前、后必须检查热电缆的电阻值及绝缘电阻。

7）铺设找平层。当采用湿铺法施工时，在安装好热电缆做好隐蔽工程验收后，开始铺设找平层。按照30mm厚细石混凝土找平层要求施工。当找平层强度达到70%以上时，才能进行地面面层的施工。

8）总电阻值测试。测试热电缆的总电阻值，与设计中的阻值对比，并作好详细记录。

9）感温探头安装。感温探头安装，如采用地温温控器，应在安装木地板的同时安装地温探头。地温探头应安装固定在木地板下表面，用胶带、卡钉固定。

10）铺设实木地板。按设计要求合理选择耐热木地板，木地板的施工见相关章节。

11）安装温控器。温控器的传感线必须用绝缘材料的管子保护起来。传感器应放置在任一缆线弯曲开口处的中央，位于地表下大约20～30mm，出墙面50mm。经过地热和墙壁间的传感器通道，最小弯曲半径为60mm，管道末端应堵塞密封，防止混凝土的进入。温控器设置高度宜距地面1.4m，宜设置在房间开关旁。

12）通电试运行。发热电缆系统的调试应具备下列条件：

① 现场具备正常的供电条件，电压必须稳定在标准的范围内。

② 混凝土的养护期必须达到21d后方可进行调试。

③ 调试必须在建设单位的配合下方可进行。

④ 发热电缆的标称电阻和绝缘电阻必须检测合格。

⑤ 温控器必须按照说明书安装完毕。

⑥ 现场的漏电保护器、电能表、空气开关、电源线的线径等必须满足发热电缆的安装负荷。

⑦ 必须检查现场门、窗的密封性。

⑧ 发热电缆地面辐射供暖系统的供暖效果，应以在房间中央离地1.5m处的黑球温度计指示的温度，作为评价和检测的依据。

3. 发热电缆系统运行的注意事项

1）发热电缆升温较温和，因此尽量减少因敞开门窗所造成的热量损失，影响采暖效果。

2）当家中无人或在无人停留的房间，可将室内温度设定在低于正常使用温度 3～5℃ 处。若直接关闭系统，重新开启后升温缓慢，且频繁开启和关闭系统不利于节能。

3）在进入采暖季节后，温控器处于常开状态，通过温控器的设置来调节房间的温度，不宜随用随开。

4）不要遮挡温控器，温控器周围不能有热源体，以免造成温度控制误差。

5）温控器是精密电子元件，不要随意晃动温控器，以免造成温控器损坏。

6）不要随意改动房屋的原有墙体结构、门窗形式、地面装修等，如需改动，务必提前通知物业，以便对采暖设计进行相应更改。

4. 发热电缆地面供暖系统的检查、调试及验收

（1）一般规定

1）检查、调试与验收应由施工单位提出书面报告，监理单位组织各相关专业进行检查、验收，并应做好记录。工程质量检验表可参照附录 I 制定。

2）地面辐射供暖系统施工图设计者，应具有相应的设计资质。工程设计文件经批准后方可施工，修改设计应有设计单位出具的设计变更文件。

3）发热电缆地面辐射供暖系统工程的专业施工单位，应具有相应的施工资质，工程质量验收人员应具备相应的专业技术资格。

4）发热电缆辐射供暖系统的检查、调试与验收，应遵循"有关各方协调一致，共同确认"的原则，在各专业、各工序交接时或隐蔽前，应对下列内容进行检查和验收，并做出结论：

① 发热电缆、温控器、隔热材料等的质量。

② 发热电缆安装质量。

③ 隐蔽验收。

④ 原地面施工质量检查验收。

⑤ 隐蔽后发热电缆标称电阻、绝缘电阻检测。

⑥ 回路、系统试运行调试。

（2）施工方案及材料、设备检查

1）施工单位应按施工图和工程技术标准，编制施工组织设计或施工方案，经批准后方可施工。

2）施工组织设计或施工方案应包括下列主要内容：

① 工程概况。

② 主要材料、设备的性能技术指标、规格、型号等及保管存放措施。

③ 施工工艺流程及各专业施工时间计划。

④ 施工、安装质量控制措施及验收标准，包括：主要材料、设备的安装质量，原地面、填充层、地面层施工质量，电阻测试和绝缘测试，隐蔽前综合检查，系统试运行调试，竣工验收等。

⑤ 施工进度计划、劳动力计划。

⑥ 安全、环保、节能技术措施。

3）发热电缆地面辐射供暖系统工程所使用的主要材料、配件、隔热材料必须具有质量合格证明文件，规格、型号及性能技术指标应符合国家现行有关技术标准。进场时应做检查验收，并经监理工程师核查确认。

4）整个发热电缆地面辐射供暖系统安装的各个环节，应对发热电缆进行检验，应测试每一回路的电阻，确保系统无断路、短路现象。检验标准为测试每一回路的标称电阻和绝缘电阻，并应符合产品规定和《建筑电气工程施工质量验收规范》（GB 50303—2002）的相关规定。

（3）施工、安装质量验收

1）地面辐射供暖系统的发热电缆安装完毕后，在浇注填充层前，应按隐蔽工程要求，由施工单位会同监理单位进行中间验收。

2）发热电缆地面辐射供暖系统进行中间验收时，必须对以下项目进行检验，并做出结论：

① 绝热层厚度、铺设及材料的物理性能是否符合要求。

② 发热电缆的铺设间距、弯曲半径、型号等是否符合设计的规定，固定是否可靠。

③ 检查系统的每一个回路的电阻，确定系统有无短路和断路现象。

3）伸缩缝位置和电缆出地面位置的套管应有固定措施。

4）地面下敷设的发热电缆不应裁剪和破损。

（4）调试与试运行

1）地面辐射供暖系统未经调试，严禁运行使用。

2）地面辐射供暖系统的调整与试运行，应在具备正常供电的条件下进行。

3）地面辐射供暖系统的调试工作应由施工单位、建设单位和监理配合下进行。

4）地面辐射供暖系统的供暖效果，应以在房间中央离地1.5m处的黑球温度计指示的温度，作为评价和考核的依据。

5）发热电缆地面辐射供暖系统的调试与初运行，应在施工完毕的第一个采暖季前完成，且应在混凝土填充层养护期满后进行。

6）发热电缆地面辐射供暖系统的通电试运行时，必须在面层完全自然干燥后（填充层施工完成至少21d之后）进行。初次供暖时，室温升温应平缓，每24h升温不应超过3℃；温控器设定温度值不得大于当时室内环境温度值2℃以上；直至室内温度达到设计条件下的设计温度，或者达到18～20℃。

7）温控器的调试应按照不同型号温控器安装调试说明书的内容进行。

（5）竣工验收

1）竣工验收时，应具备下列文件：

① 竣工图和设计变更文件。

② 主要材料及附件的出厂合格证和检验合格证明。

③ 中间验收记录。

④ 电阻和绝缘测试记录。

⑤ 工程质量检验评定记录。

⑥ 调试记录。

2）地面辐射供暖工程应符合以下各项规定，方能通过竣工验收：

① 竣工验收文件齐全。

② 施工质量符合设计要求和本规程的各项规定。

③ 发热电缆无短路、断路现象。

④ 温控器开关调节使用正常。

⑤ 填充层或地面层表面无明显裂缝。

3）中间验收、调试和竣工验收，均应做好记录、签署文件并立卷归档。

6.5 环氧树脂自流平地面施工

随着经济不断发展，人们对环境的要求越来越高。地面装饰的多元化日趋多样化，涂饰地面也得到了快速的发展。环氧树脂自流平地坪具有防尘、防潮、耐磨，便于清洁、施工快捷、维护方便、价格低廉，附着力强、柔韧性好、耐冲击等特点，适用于电子电器、机械、食品、医药、化工、烟草、饲料、纺织、服装、家具、塑料、文体用品等制造工厂作业场所的水泥及水磨石地面或办公室、家庭等地面。如图6-13所示为环氧树脂自流平地面效果。

图6-13 环氧树脂自流平地面

6.5.1 环氧树脂自流平地面施工

1. 工艺流程

清理基面→涂刷底涂（间隔时间30min左右）→配制自流平浆料→浇注→刮涂面层→专用滚筒消泡（在20min内）→自流平面完成→养护。

2. 施工要点

（1）清理基面。施工基层应平整、粗糙，清除浮尘、旧涂层等，达到C25以上强度，并做断水处理，不得有积水，干净、密实。不能是疏松土、松散颗粒、石膏板，涂料、塑料、乙烯树脂、环氧树脂，及有胶粘剂残余物、油污、石蜡、养护剂及油腻等污染物附着。

新浇混凝土不得少于4周，起壳处需修补平整，密实基面需机械方法打磨，并用水洗及吸尘器吸净表面疏松颗粒，待其干燥。有坑洞或凹槽处应在1d前用砂浆或腻子先行刮涂整平，超高或凸出点应予铲除或磨平，以节省用料，并提升施工质量。

基层基面，自流平砂浆浇刚性，因而须留伸缩缝，可降低收缩影响。

对于平整地面，常用下列方法处理：

1）酸洗法（适用于油污较多的地面）。用质量分数为10%～15%的盐酸清洗混凝土表面，待反应完全后（不再产生气泡），再用清水冲洗，并配合毛刷刷洗，此法可清除泥浆层并得到较细的粗糙度。

2）机械方法（适用于大面积场地）。用喷砂或电磨机清除表面突出物、松动颗粒，破坏毛细孔，增加附着面积，以吸尘器吸除砂粒、杂质、灰尘。对于有较多凹陷、坑洞地面，应用环氧树脂砂浆或环氧树脂腻子填平修补后再进行下步操作。

3）经处理后的基层性能应符合表 6-16 中的指标。

表 6-16　合格基层指标

检查项目	湿度	强度	平整度	pH 酸碱度	表面状况
合格指标	≤9%	>21.0MP	≤2mm	<10	无砂无裂，无油无坑

4）基层含水率的测定有以下几种方法：

① 塑料薄膜法（ASTM4263）：把 45cm×45cm 塑料薄膜平放在混凝土表面，用胶带纸密封四边 16h 后，薄膜下出现水珠或混凝土表面变黑，说明混凝土过湿，不宜涂装。

② 无线电频率测试法：通过仪器测定传递、接收透过混凝土的无线电波差异来确定含水量。

③ 氯化钙测定法：测定水分从混凝土中逸出的速度，是一种间接测定混凝土含水率的方法。测定密封容器中氯化钙在 72h 后的增重，其值应不大于 $46.8g/m^2$。

5）水分的排除。混凝土含水率应小于 9%，否则应排除水分后方可进行涂装。排除水分的方法有以下几种：

① 通风。加强空气循环，加速空气流动，带走水分，促进混凝土中水分进一步挥发。

② 加热。提高混凝土及空气的温度，加快混凝土中水分迁移到表层的速率，使其迅速蒸发，宜采用强制空气加热或辐射加热。直接用火源加热时生成的燃烧产物（包括水），会提高空气的雾点温度，导致水在混凝土上凝结，故不宜采用。

③ 降低空气中的露点温度。用脱水减湿剂、除湿器或引进室外空气（引进室外空气露点低于混凝土表面及上方的温度）等方法除去空气中的水汽。

6）不同类型地面的涂装要求见表 6-17 与表 6-18。

表 6-17　不同地坪类型的涂装要求

工序	环氧树脂薄涂地坪	环氧树脂砂浆薄涂地坪	环氧树脂砂浆防滑地坪
底涂	—	—	—
中涂	—	—	—
批补	—	—	—
面涂	—	—	—
厚度（mm）	0.3～0.5	1～3	1～3
施工工期（d）	3～5	4～6	4～6
养护期（d）	7	10	10
应用	要求洁净	要求洁净、平整、耐磨	要求洁净、耐磨、防滑

表 6-18　不同涂层的工艺要求

涂层	材料	参考用量	涂装工艺	涂装间隔	备注
底涂	环氧树脂地流平涂料	10～15（m²/kg）	辊涂或刷涂	5h	添加 40%～60% 的水混匀即可使用
中涂	环氧树脂地流平涂料、石英砂	1～2（m²/kg）	刮涂	6h	与 1.5～2 倍的石英砂混匀，加水调节施工黏度，每层的厚度 <0.5mm
批补	环氧树脂、石英粉	4～6（m²/kg）	刮涂	4h	拌适量石英粉调成环氧树脂腻子
面涂	环氧树脂	3～4（m²/kg）	辊涂或刷涂	6h	充分搅匀，添加水调节施工黏度

（2）涂刷底涂。将底油加水以 1:4 稀释后，均匀涂刷在基面上。1kg 底油涂布面积为 5m²。用漆刷或滚筒将自流平底涂剂涂于处理过的混凝土基面上，涂刷两层，在旧基层上需再增一道底漆。第一层干燥后方可涂第二层（间隔时间 30min 左右）。底涂剂用量约为 0.18kg/m²，每桶可施工约为 110m²。底涂剂干燥后进行自流平施工。

（3）配制自流平浆料。先称量 7kg 的水量置于拌和机内，边搅拌边加入环氧树脂自流平，直到均匀不见颗粒状，且流动性佳的情况，再继续搅拌 3～4min，使浆料均匀，静止 10min 左右方可使用。如一次拌合两包，则先加 14kg 的水，但只能先加一包，搅和至均匀不见颗粒，再加第二包。

（4）浇注、刮涂面层。待底油半干后即可浇注浆料，并以带齿推刀或刮板加助展开，并控制薄层厚度，再以消泡滚筒处理即成高平整地坪。将搅拌均匀自流平砂浆倒于底涂剂涂过的基面上，一次涂抹须达到所需厚度，再用镘刀或专用齿针刮刀摊平，然后用放气滚筒放气，待其自流。表面凝结后，不用再涂抹。用量标准见表 6-19。

表 6-19　面层涂刷用量表

基面平整情况	厚度（mm）	用量（kg/m²）
微差表面整平	≥2	约 3.2
一般表面整平	≥3	约 4.8
标准全空间整平	≥6	约 9.6
严重不平整基体整平	≤10	约 16

如局部过高，料浆不能流到，可用抹子轻轻刮平，流平施工时间最好在 30min 内完成，施工后的机具方即用水冲洗干净。

（5）养护。温度 20℃时，6～8h 可行走，温度低于 5℃，则须 1～2d。固化后，对其表面采用蜡封或刷表面处理剂进行养护，2 周后即可使用。养护期最低不得小于 1 周。

环氧树脂自流地坪常见施工质量通病及预防措施见表 6-20。

表 6-20　环氧树脂自流地坪常见施工质量通病及预防措施

序号	项目	质量通病原因	预防措施
1	起水泡	1）结构体地下层、水箱旁、底楼层或其他地面水气湿度偏高 2）没做断水处理或底漆封闭不良	1）施工前先用水分计协助判断 2）水分及水压太高的地点须先做断水处理 3）选择亲水性的环氧树脂底漆
2	色差	1）环氧树脂涂料主剂沉淀，未充分搅拌均匀 2）倒料在地面上，与前接缝处的接触时间过久 3）涂层厚薄不均 4）施工中途断料 5）采用不同批号面漆	1）施工前主剂应先充分搅拌均匀 2）避免与前接缝处接触间隔太久，尽可能整个操作线一起施工 3）尽量使用固定工具及加强施工人员施工熟练度 4）涂料须一次备足，防止断料 5）尽可能使用同一批号涂料

（续）

序号	项目	质量通病原因	预防措施
3	火山口	1）下层有凹洞 2）下层有油污 3）涂料本身质量通病原因	1）施工前先用环氧批土把凹洞修补填平后再进行施工 2）将下层油污清除干净 3）选用合适的涂料
4	发白	1）冬天油漆反应速度过慢,且硬化剂与空气反应产生白雾状 2）在低温多湿的场合施工 3）施工后遭水侵入	1）选择适当硬化剂 2）避免在低温多湿条件下施工,不得已时应采取加温除湿措施,如空调加温降湿,暖风机加温 3）避免施工后有水侵入
5	齿痕	1）镘刀镘涂后,没有再抹平 2）涂料黏度过高,流平性不佳 3）涂料反应过快	1）正确使用镘刀均匀涂布 2）选用黏度低、流平性好的涂料（尤其在冬天） 3）夏季选择反应不太快的涂料
6	露底	1）涂料涂布厚度不够 2）涂料涂布不均匀 3）涂料本身遮盖力不佳	1）漆膜须达到足够厚度 2）漆膜均匀涂布 3）选用足够遮盖力的涂料
7	气泡及针	1）混合后反应速度过快 2）混合液黏度过高,造成消泡太慢 3）气温太低,消泡困难 4）地坪粗糙多孔	1）选用产生较少机械气泡的搅拌设备,混合均匀后,宜静置消泡 3~5min 2）中涂批补,面漆批补封闭地坪砂孔 3）涂布抹平时,表面不允许有目视之气泡,如尚有气泡,穿着钉鞋进入,用针刺泡或消泡
8	环氧地坪剥离及破坏	1）底漆选择不当 2）底漆过厚 3）涂料层间再涂时间间隔过长 4）重物堕落 5）油污面施工 6）水泥层不坚固 7）施工水泥层有水压上升	1）选择适当底漆系统,并进行小面积试验底漆附着力 2）选择适当环氧系统及工艺施作,以增强耐冲击性 3）油污面积需先清洗,整理干净后,方可施工 4）地下水压过高,应改用水性底漆或先施作断水层,涂布后隔天再进行下一道工序
9	表面不平整	1）施工中杂质混入 2）地面不平整,起伏过大或施作地坪规格太薄 3）材料涂布时,已部分反应,黏度过大,甚至产生硬块 4）施工中断料,来不及衔接	1）环境力求清洁,石英砂应选择颗粒均匀者 2）地面处理平坦,并清洁干净,凹处须修补,附着物须铲除,依实际情况选作适当规格地坪 3）材料前涂布,须在可使用时间衔接完毕。以免超过使用时间,材料黏度过大而无法自然流平,或桶内残存部分涂料产生少许硬块,此时应更换新桶
10	不干或局部不干	1）温度太低或温度太高,未完全反应 2）主剂和硬化剂配比有误,或未加硬化剂 3）硬化剂有误 4）主剂和硬化剂混合时未搅拌均匀	1）避免在低温多湿条件下施工,低温下应选择低温反应的硬化剂 2）主剂和硬化剂必须按比例混合 3）硬化剂不能通用 4）主剂和硬化剂必须充分搅拌均匀后施工

6.5.2 环氧树脂自流平地面装饰工程的质量验收

1. 工程质量检验的数量应符合下列规定

（1）应以自然间或标准间为基本检查单位。当单间面积小于或等于 30m² 时，应抽查 4

处；当单间面积大于 30m² 时，每增加 10m² 应多抽查 1 处，不足 30m² 时，应按 30m² 计；每处测点不得少于 3 个。

（2）应在环氧树脂自流平地面施工结束后再分割单间的工程，应以施工面积为基本检查单位。当面积小于或等于 30m² 时，应抽查 4 处；当面积大于 30m² 时，每增加 10m² 应多抽查 1 处，不足 30m² 时，应按 30m² 计；每处测点不得少于 3 个。

（3）重要部位、难维修部位应按面积抽查超过 50%，每处测点不得少于 5 个；当单间少于 5 间或施工总面积少于 200m² 时，应进行全数检查。

（4）对质量有严重影响的部位，可进行破坏性检查。

2. 环氧树脂自流平地面装饰工程的质量验收

环氧树脂自流平地面装饰工程主控项目、一般项目及其检验方法，见表 6-21、表 6-22。

表 6-21　氧树脂自流平地面装饰工程主控项目及检验方法

项次	项目内容	检验方法
1	环氧树脂自流平地面涂料与涂层的质量应符合设计要求，当设计无要求时，应符合《环氧树脂自流平地面工程技术规范》（GB/T 50589—2010）中表 3.1.1-1～表 3.1.1-3、表 3.1.2 和表 3.1.3 的规定	检查材料检测报告或复验报告
2	底涂层表面应均匀、连续，并应无泛白、漏涂、起壳、脱落等现象	观察检查
3	底涂层与基面的黏结强度不应小于 1.5MPa	用附着力检测仪检查
4	面涂层表面应平整光滑、色泽均匀	观察检查
5	面涂层冲击强度应符合设计要求，表面不得有裂纹、起壳、剥落等现象	用 1kg 的钢球距离自流平地面高度为 0.5m，距离砂浆层高度 1m，自然落体冲击检查

表 6-22　氧树脂自流平地面装饰工程一般项目及检验方法

项次	项目内容	检验方法
1	中涂层表面应密实、平整、均匀，不得有开裂、起壳等现象	观察检查
2	玻璃纤维增强隔离层的厚度应大于 1mm 或毡布复合结构增强材料不应少于两层	观察检查和用尺量检查
3	面涂层的硬度应符合设计要求	用仪器检查和检查检测报告
4	坡度应符合设计要求	做泼水试验时，水应能顺利排除
5	面涂层冲击强度应符合设计要求，表面不得有裂纹、起壳、剥落等现象	用 1kg 的钢球距离自流平地面高度为 0.5m，距离砂浆层高度 1m，自然落体冲击检查

6.6　工程实践案例

某建筑工程建筑面积为 26350m²，装饰工程项目主要包括内外墙、楼地面块料面层及木地板、内墙顶棚乳胶漆、木门、铝合金门窗、顶棚吊顶等。该建筑大厅平面设计为圆弧形，铺贴 800mm×800mm 规格的地砖，门厅、走道和室外地面铺贴花岗石地面。其中地砖在铺贴前进行了周密细致的考虑及现场放样，不但节约了地砖材料用量，降低了工程成本，同时也减少了地砖的切割量，节约了人工成本，达到了设计所要求的效果。工程结束对地砖的损耗率进行了测定，损耗率仅为 8%，比建设单位原来预测的 10% 降低了两个百分点。但是，存在花岗石铺贴色差大、色斑多、地面空鼓和接缝高低差等质量问题。现对整个工程大面积异形平面地砖铺贴施工要点和花岗石板铺贴质量问题进行分析总结。

1. 圆弧形大厅地砖的施工要点

（1）准备工作。地砖铺贴部位四周墙面应弹好标高控制线，楼面基层应清理干净，无砂浆残留层。

（2）排砖。根据设计形式选用的地砖规格结合各房间尺寸排砖。对圆弧形房间，因进户门位于墙开间中间，且门两侧均有墙，则由中间向两边排。对走廊与房间地面设 250mm 宽的分色带，排砖由门口分色带边缘向里排。对无分色带部分，其圆弧形部分房间排砖由半径较小的一侧墙向半径较大的一侧墙进行，保证半径较小一侧门墙的中间门扇部位为整砖。

（3）地砖铺贴。浇水充分湿润基层，并刷一道素水泥浆。根据标高线及地砖厚度，铺抹事先拌合好的 1:5 干硬性水泥砂浆，在楼面铺平拍实。然后将挑好的颜色一致、规格统一、无缺棱掉角的地砖逐一拉线、对线铺贴。地砖背面均匀打满掺量为 5% 的 108 胶素水泥浆，敲平、敲实即可，总厚度为 50mm。

（4）加强检查。随铺随以 2m 铝合金直尺检查平整度、接缝高低差、缝格平直、缝隙宽度、踢脚线上口平直等，质量必须达到规范要求，同时随即擦净地砖表面及缝内的砂浆。地砖铺贴完毕后加以保护和防护，在地砖面层的砂浆结合层未达到规定强度前不得上人或堆放物品，同时做好养护，地砖表面始终保持湿润，养护时间不少于 7d。

2. 花岗石板施工质量分析

（1）色差大、色斑多的质量问题

1）石材自身的原因。花岗石是一种天然石材，一定的色差是正常的。

2）施工的原因。由于施工中随意铺贴，未把色差较大的板材加以区分就相邻铺贴在一起，甚至将色斑点数、色差面积超过标准的板材也铺贴上，这样就形成了深一块、浅一块的色差。

防治措施：

对于石材的色差问题，在规范和质量标准中没有明文规定，实际工程中一般采用样板法。取三块板作为样板，一块为标准色，一块应比标准色深一些，另一块比标准色浅一些，在深浅两块板之间的颜色均可认为合格，超出者为不合格。板材到工地后要根据颜色深浅程度分成若干档次，铺贴时尽量将同档次的石材集中在一个房间，宜将各档次板材分布在不同的房间内，并将有缺陷的板材铺贴在不易见到的部位。切忌将有明显缺陷的板材放在明显位置，或将深色和浅色的板材紧拼在一起或铺贴在醒目之处。总之，在进行石材铺贴之前，必须通过精心设计和排列，将有色差的板材分布在恰当部位以免看出明显的色差。

（2）地面空鼓质量问题

1）地面基层未清扫干净，导致水泥砂浆与地面基层黏结不牢。

2）干硬性砂浆未压实或压实不均匀，特别是每块板材边缘砂浆未受约束，比较松散，不容易与板材黏结牢固。

3）板材铺放不正确。板材没有同时平放在砂浆上，而是局部先接触砂浆，先接触部位的砂浆被挤压在附近，形成厚薄不匀状态，在挤压处产生空鼓。

4）锤击不均匀，在边缘处过多敲击，其黏结层就容易脱开，产生空鼓。

5）养护方法不正确。通过试验发现，洒水养护时，水会沿花岗石板缝流淌到板下，将黏结层中的水泥浆冲刷掉，使水泥浆沉到底层，板与砂浆层的结合力削弱而产生空鼓。

防治措施：

采用双人托放，使板材的平面能同时铺放在砂浆上，均匀着落；用橡皮锤敲击板材时，用方形和长条软木垫在板材上，锤击垫木时，锤击点均匀、分散，力度适当；在铺干硬性砂浆层之前，对地面基层进行处理并刷水泥浆结合层一道，也可以适当使用胶粘剂减少空鼓；加强成品养护和保护。板材铺完检查合格后及时用塑料薄膜或其他材料进行覆盖养护，既防止明水流入板缝底，又防止早期水分蒸发，加快砂浆强度增长。养护期内严禁上人走动。

（3）接缝高低差质量问题

1）天然花岗石是一种脆性材料。板材在加工磨光时，由于在充分吸水及磨头压力作用下板材的平整度符合要求。但当磨头压力消失，板材会发生一些变形，水分蒸发后也会干燥变形，从而使板材平面发生变形翘曲，而且每块板材的翘曲程度不同。一旦把这些板材拼铺在一起，就会产生拼铺高低差及表面不平整。

2）在搬运和堆放过程中，堆放方法和位置不合适。堆放在露天处直接受到太阳的暴晒、风吹和雨淋，也会造成翘曲和变形。翘曲和变形无法短时间释放消除，一旦马上铺贴，就会产生接缝高低差、表面不平整的现象。

3）板材未经验收检查就随便铺贴，甚至将平整度超标的板材也铺上了。

4）板材铺贴不久、水泥砂浆强度还很低时，就出现行人踩踏等现象，使板材产生不均匀沉降，造成接缝高低差和表面不平整。

5）铺贴板材过程中，未按规范规定控制平整度及高低差。

防治措施：

加强石材加工生产管理，确保石材厚度平整均匀，符合规范规定和要求；板材必须按规定堆放于阴凉处，所处环境的温度、湿度不得发生急剧变化，严禁露天堆放在太阳下；板材不能水平叠放，只能在垂直方向一块靠一块，块与块之间要有软垫片，并用强度足够的包装进行保护；为适应石材的温度胀缩和保证其装饰效果，板缝的宽度必须严格控制，并确保板缝平直，灌缝必须严密，特别注意十字缝处的平整；板材铺完检查合格后，及时用塑料薄膜或其他材料进行覆盖养护，既防止明水流入板缝底，又防止早期水分蒸发，加快砂浆强度增长速度，减小早期变形，养护期内严禁上人走动。

实训内容——陶瓷地砖楼地面操作

1. 任务

完成陶瓷地砖楼地面的操作实训。

2. 条件

（1）工位准备。长为2m、宽为1.5m，每块地面面积为3m² 的场地，由指导教师根据实际情况给定。

（2）材料准备。陶瓷地砖、踢脚线、石灰膏、水泥、中粗砂、水等。全部材料应配套齐备并符合规范和施工要求，有材料检测报告和合格证。

（3）主要机具。小铲刀、水平尺、拍板、橡皮锤、切割机、卷尺等。

3. 施工工艺

处理、润湿基层→打灰饼、做冲筋→铺结合层砂浆→挂控制线→铺贴地砖→敲击至平整→处理砖缝→清洁、养护→质量检查→地砖拆除。

4. 组织形式

每两人为一组，一人为大工、一人为小工，工作期间交换角色，每人地砖铺贴地面面积为 1.5m² 。时间安排为 4 课时，也可按定额时间。

5. 考核内容及评分标准

考核内容及评分标准见表 6-23 所示。

表 6-23　考核内容及评分标准

序号	测定项目	分项内容	满分	评分标准	检 测 点					得分
					1	2	3	4	5	
1	表面	平整	10	允许偏差 2mm，每超 1mm 扣 2 分						
2	缝隙宽度	平直、一致	20	大于 2mm，每超 1mm 扣 5 分						
3	嵌缝深浅	一致	10	深浅不一每条扣 2 分，毛糙每处扣 1 分						
4	相邻接缝	高低差	20	大于 0.5mm，每超 1mm 扣 5 分						
5	黏结	牢固	10	起壳每块扣 2 分						
6	工艺	符合操作规范	10	错误无分，部分错酌情扣分						
7	安全文明施工	安全生产	10	有事故本项目无分，事故苗子扣 5 分						

6. 其他

（1）小组成员注意协作互助，在开始操作前以小组为单位合作编制一份针对该任务简单施工方案和验收方案。

（2）安全保护措施。

（3）环境保护措施等。

本章小结：

本章从所用材料及要求、施工机具入手，按施工过程介绍了现浇水磨石楼地面、块材类楼地面、木质楼地面、地毯楼地面以及塑料地板楼地面的施工，并在此基础上分别介绍了这些面层材料楼地面装饰工程的质量验收，使学生学会正确选择材料和组织施工的方法，力求培养学生解决施工现场常见工程质量问题的能力。随着各种新型楼地面装饰材料的不断涌现，楼地面装饰施工要及时发展完善相应的施工工艺。

复习思考题：

1. 简述楼地面装饰工程施工的基本要求与作业条件。
2. 简述陶瓷地砖楼地面施工操作要点。
3. 天然大理石与花岗石板楼地面施工工序有哪些？并叙述其施工要点。
4. 简述块料地面施工常见的质量问题及施工注意事项。
5. 简述实铺式木地板施工工艺过程。
6. 复合木地板楼地面施工要点有哪些？
7. 简述电热地暖地板的施工工艺。
8. 环氧树脂自流平地面基层有何要求？
9. 简述环氧树脂自流平地面的施工工艺。

第7章　涂料饰面工程施工

学习目标：

（1）掌握涂料饰面工程施工对基层表面处理的要求。

（2）掌握内墙、外墙、木质和金属表面涂料工程的施工要领，学会分析施工过程中出现的质量问题。

（3）在掌握施工工艺的基础上，使学生领会工程质量验收标准。

学习重点：

（1）内墙、外墙涂料施工的施工工艺及质量验收。

（2）木质表面、金属表面涂饰工程施工工艺和质量验收。

学习建议：

（1）从所用材料、施工机具入手，结合工程实际学习涂料的施工工艺。

（2）结合实训任务，指导学生在真实情境中完成完整的施工过程并写出操作、安全注意事项和感受。

（3）通过案例教学，提出施工中可能出现的质量问题，开展课堂讨论，并要求在课后查找相关资料，进一步深刻领会成功案例的经验和失败案例的教训。

建筑涂料是指涂敷于建筑物表面、并能与建筑物表面材料很好黏结、形成完整涂膜的材料。它可以保护墙体、美化建筑物，还可以起到隔声、吸声、防水等作用。

建筑涂料按用途分，有外墙涂料、内墙涂料、地面涂料、顶棚涂料等；按成膜物质分，有无机涂料、有机涂料和复合型涂料，其中有机涂料又分为水溶性涂料、乳液型涂料、溶剂型涂料；按涂层质感分，有薄质涂料、厚质涂料、复层涂料等。根据积极开发、生产和推广应用绿色环保型装饰材料的原则，乳胶漆涂料已成为当今世界涂料工业发展的方向，特别是近年来内墙的艺术涂料、硅藻土等和外墙的仿石漆、岩片漆在建筑装饰领域应用得非常广泛。

7.1　涂料饰面工程施工常用的机具

基层处理用的工具，包括小型机具和手工基层处理工具，见表7-1、表7-2。涂饰用工具见表7-3。

表 7-1　常用小型机具

序号	名　称	简　图	主　要　用　途
1	圆盘打磨机	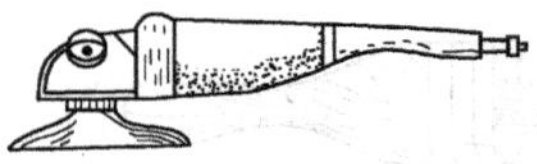	打磨基层
2	旋转钢丝刷		刷扫清除基层面上的污垢、附着物及尘土
3	钢针除锈机	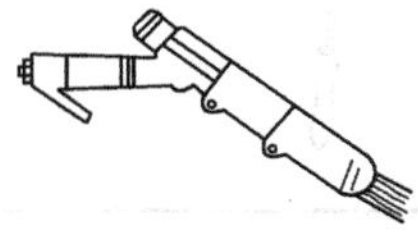	刷扫清除基层面上的锈斑

表 7-2　常用手工基层处理工具

序号	名　称	简　图	主　要　用　途
1	尖头锤	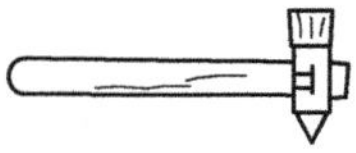	
2	尖头锤	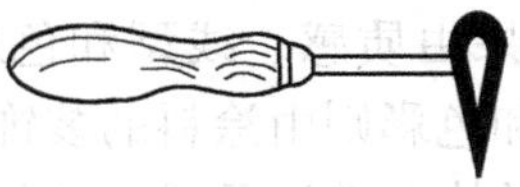	
3	弯头刮刀	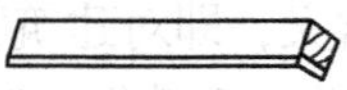	清除基层面上的杂物
4	圆纹锉	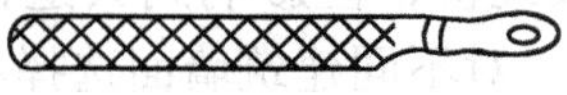	
5	刮铲	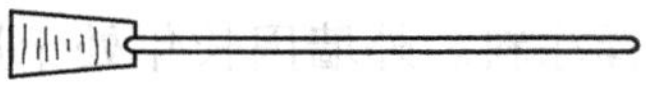	
6	钢丝刷	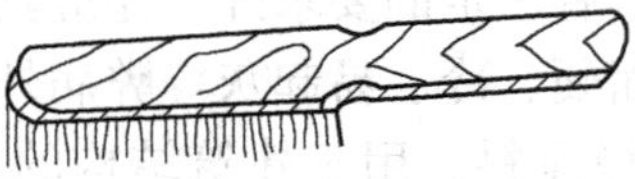	刷扫清除基层面上的锈斑
7	钢丝束	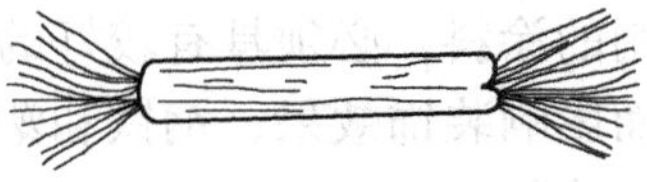	

表 7-3　涂料涂饰用工具

序号	名　　称	简　　图	主 要 用 途
1	油刷		刷涂涂料
2	排笔		刷涂涂料
3	涂料辊		辊涂涂料

7.2　涂料饰面工程施工的基本要求

7.2.1　材料准备及要求

1. 涂料的选择原则

选择涂料要考虑建筑的装饰效果、合理的耐久性和经济性。

（1）建筑装饰效果。建筑装饰效果由质感、线型和色彩三方面决定。其中，线型由建筑结构及饰面设计方案决定，而质感和色彩则由涂料的装饰效果来决定。因此，在选用涂料时，应考虑所选用的涂料与建筑整体的协调性以及对建筑外形设计的补充效果。

（2）耐久性。耐久性包括两个方面的含义，即对建筑物的保护效果和对建筑物的装饰效果。涂膜的变色、玷污、剥落与装饰效果直接有关，而粉化、龟裂、剥落则与保护效果不可分离。

（3）经济性。涂料饰面装饰比较经济，但影响到其造价标准时又不能不考虑其费用。因此，必须综合考虑，衡量其经济性，对不同建筑墙面选择不同的涂料。

2. 涂料的选择方法

（1）根据装饰部位的不同来选择涂料。外墙因长年处于风吹日晒、雨淋之中，所使用的涂料必须具有良好的耐久性、抗玷污性和抗冻融性，才能保证有较好的装饰效果。内墙涂料除了对色彩、平整度、丰满度等具有一定的要求外，还应具有较好的耐干、湿擦洗性能及硬度要求。地面涂料除改变水泥地面硬、冷、易起灰等弊病外，还应具有较好的隔声作用。

（2）根据结构材料的不同来选择涂料。用于建筑结构的材料很多，如混凝土、水泥砂浆、石灰砂浆、砖、木材、钢铁和塑料等。各种涂料所适用的基层材料是不同的，例如，混凝土和水泥砂浆等无机硅酸盐基层用的涂料，必须具有较好的耐碱性，并能防止底材的碱分析出涂膜表面，避免造成盐析现象而影响装饰效果；钢铁和塑料基层应选用溶剂型或其他有机高分子涂料来装饰，而不能用无机涂料。

（3）根据建筑物所处的地理位置来选择涂料。建筑物所处的地理位置不同，其饰面所经受的气候条件也不同，例如，在炎热多雨的南方，所用的涂料不仅要求具有较好的耐水性，而且要求具有较好的防霉性，否则霉菌的繁殖同样会使涂料饰面失去装饰效果；在严寒的北方，则对涂料的耐冻性有较高的要求。

（4）根据建筑物施工季节的不同来选择涂料。建筑物涂料饰面施工季节的不同，其耐久性也不同。雨期施工时，应选择干燥迅速并具有较好初期耐水性的涂料；冬期施工时，应特别注意涂料的最低成膜温度，应选择成膜温度低的涂料。

（5）根据建筑标准和造价的不同来选择涂料。对于高级建筑，可选择高档涂料，施工时可采用三道成活的施工工艺，即底层为封闭层，中间层形成具有较好质感的花纹和凹凸状，面层则使涂膜具有较好的耐水性、耐玷污性和耐久性，从而达到最佳装饰效果。一般的建筑，可采用中档和低档涂料，采用一道或二道成活的施工工艺。

总之，在选用涂料时，应对建筑的装饰效果、耐久性和经济性三方面综合分析考虑，充分发挥不同涂料的不同性能。选用的涂料确定后，一定要对该涂料的施工要求和注意事项进行全面了解，并严格按照操作工序进行施工，以达到预期的效果。

3. 涂料的颜色调配

涂料的颜色调配是一项比较细致而又复杂的工作。涂料的颜色花样非常多，要进行调色，首先需要对涂料颜色性能有一定的了解。

各种颜色都可由红、黄、蓝三种最基本的颜色（原色）拼成。例如，黄与蓝相拼成绿色，黄与红相拼成橙色，红与蓝相拼成紫色，红黄蓝相拼成为黑色。在调色时，两种原色拼成一个复色，而与其对应的另一个色则为其补色，补色加入复色中会使颜色变暗，甚至变成灰色或黑色，因此需要注意调色与其补色的关系。如果把三种原色的配比作更多的变化，就可以调出更多的不同色彩。涂料的颜色调配方法及注意事项如下：

（1）涂料的各种颜色在组合比例中，以量多者为主色，量少者为次色或副色。调配各种颜色时，必须使用同类涂料，应将次色或副色加入主色内，不能相反，同时应徐徐加入并不断搅拌，随时观察颜色的变化。

（2）应由浅入深，尤其是加入着色力强的颜料时，切忌过量。

（3）颜色在湿时较淡，干了以后颜色就会转深。因此，在配色过程中，湿涂料的颜色要比样板上涂料的颜色略淡些，并应事先了解某种原色在复色涂料中的漂浮程度及涂料的变化情况。

7.2.2　基层处理的一般要求

基层处理是涂饰工程中非常重要的一个环节。基层的干燥程度、基底的碱性、油迹以及黏附杂物的清除、孔洞填补等情况处理的好坏，均会对涂饰施工质量带来很大影响。

（1）表面平整度。基层表面应平整，不得有大的孔洞、裂缝等缺陷，否则会影响涂层装饰质量。

（2）基层碱性。新浇混凝土或新抹的水泥砂浆，它的 pH 酸碱度都很高，随着水分的蒸发和碳化，其碱性将逐渐降低，但其降低速度一般很慢。基层中的碱性成分与水分一起蒸发出来会对表面的涂料带来影响，因此碱性基层上的涂料施工，一般 pH 酸碱度宜小于 10。

（3）含水率。涂料涂饰的基层，必须尽可能干燥，这对涂层质量有利，一般含水率小于10%（即基层表面泛白）时，才能进行涂料施工；木基层的含水率不得大于12%。当然，不同涂料对基层含水率的要求也不一样，溶剂型涂料要求含水率低些，应小于8%；水溶性和乳液型涂料则要适当高些，但应小于10%。

（4）基层表面玷污。当基层被玷污后会影响涂料对基层的黏附力。如钢制模板，常用油质材料作为脱膜剂，脱模后的基层表面会黏上油质材料，使乳胶类涂料黏附不好。为此，在涂料施工前需对被玷污的基层表面彻底进行去污处理。

7.2.3　施工环境条件

建筑涂料的施工环境是指施工时周围环境的气象条件，如温度、湿度、风、雨、阳光及卫生情况如污染物等。涂料的干燥、结膜都需要在一定的温度和湿度条件下进行，不同类型的涂料有其最佳的成膜条件。为了保证涂层的质量，应注意施工环境条件。

1. 气温

通常溶剂型涂料宜在5~30℃的气温条件下施工，水溶性和乳液型涂料宜在10~35℃条件下施工，最低温度不得低于5℃。冬期施工时，应采取保温和采暖措施，室温要始终保持均恒，不得骤然变化。

2. 湿度

建筑涂料适宜的施工湿度为60%~70%，在高湿或降雨之前一般不宜施工。通常情况下，湿度低有利于涂料的成膜和加快施工进度，但如果湿度太低，空气太干燥，溶剂性涂料溶剂挥发过快，水溶性和乳液型涂料干燥也快，均会使结膜不够完全，因此不宜施工。

3. 太阳光

阳光照射下基层表面温度太高，脱水或溶剂挥发过快，会使成膜不良，影响涂层质量。

4. 风

大风会加速溶剂或水分的蒸发过程，使成膜不良，又会黏上尘土。当风力级别等于或超过4级时，应停止建筑涂料的施工。

5. 污染物

在施工过程中，如果发现有特殊的气味（SO_2 或 H_2S 等强酸气体）或飞扬的尘土时，应停止施工或采取有效措施。

综上所述，建筑涂料施工以晴天为好，当施工周围环境的温度低于5℃，雨天、浓雾、4级以上大风时应停止施工，以确保建筑涂料的施工质量。

7.3　内墙、顶棚表面涂饰工程施工

内墙、顶棚涂料常采用高档乳胶漆，此种涂料具有表面感观好，低温状态下不凝聚、不结块、不分离，耐碱、耐水性好等特点。

7.3.1　施工准备

1. 作业条件

1）对涂料有影响的其他土建及水电安装工程均已施工完毕，并预先进行了必要的遮挡。

2）室内各项抹灰均已完成，穿墙孔洞已填堵完毕。墙面和顶棚面干燥程度已达到但不大于 8% ~10% 。

3）施工环境温度高于 5℃ 。

4）相邻施工环境下无明火施工。

2. 材料及施工工具的准备

腻子、封底漆、高档乳胶漆等材料的出厂合格证、准用证等必备，基层处理工具如刮刀、清扫器具和涂刷工具如毛刷、涂料滚子、托盘、手提电动搅拌器等齐备。

7.3.2　内墙、顶棚表面涂饰工程施工

内墙面涂饰时，应在顶棚涂饰完毕后进行，由上而下分段涂饰。涂饰分段的宽度要根据刷具的宽度以及涂料稠度决定，快干涂料慢涂宽度 150 ~250mm，慢干涂料快涂宽度为 450mm 左右。不管内墙涂饰还是顶棚涂饰，其工艺流程都是相似的。

1. 工艺流程

基层处理→第一遍满刮腻子、磨光→第二遍满刮腻子→复补腻子、磨光→第一遍乳胶漆、磨光→第二遍乳胶漆。

2. 施工要点

（1）基层处理。混凝土和砂浆抹灰基层表面处理的基本要求是：基层的 pH 酸碱度在 10 以下，含水率在 8% ~10% 之间。基层表面应平整，无油污、灰尘、溅沫及砂浆流痕等杂物，阴、阳角应密实，轮廓分明。基层应坚固，如有空鼓、酥松、起泡、起砂、孔洞、裂缝等缺陷，应进行处理。外墙预留的伸缩缝应进行防水密封处理。

针对使用中的不同问题，混凝土和砂浆抹灰基层表面的处理方法也是不同的。

1）水泥砂浆基层分离的修补。水泥砂浆基层分离时，一般情况下应将其分离部分铲除，重新做基层。当其分离部分不能铲除时，可用电钻钻孔，往缝隙中注入低黏度的环氧树脂，使其固结。

2）小裂缝修补。用防水腻子嵌平，然后用砂纸将其打磨平整。对于混凝土板材出现的较深小裂缝，应用低黏度的环氧树脂或水泥浆进行压力灌浆，使裂缝被浆体充满。

3）大裂缝处理。手持砂轮或錾子将裂缝打磨或凿成 "V" 形缺口，清洗干净，干燥后沿缝隙涂刷一层底层涂料，底层涂料应与密封材料相容并配套；然后，用嵌缝枪或其他工具将密封防水材料嵌填于缝隙内，用竹板等工具将其压平，在密封材料的外表用合成树脂或水泥聚合物腻子抹平；最后打磨平整。

4）孔洞修补。对于直径小于 3mm 的孔洞可用水泥聚合物腻子填平，大于 3mm 的孔洞可用聚合物砂浆填充。待固结硬化后，用砂轮机打磨平整。

5）表面凹凸不平的处理。凸出部分可用錾子凿平或用砂轮机研磨平整，凹入部分用聚合物砂浆填平。待硬化后，整体打磨一次，使之平整。

6）接缝错位处的处理。先用砂轮磨光机打磨或用錾子凿平，再根据具体情况用水泥聚合物腻子或聚合物砂浆进行修补填平。

7）露筋处理。可将露面的钢筋直接涂刷防锈漆，或用磨光机将铁锈全部清除后再进行防锈处理。根据实际情况，可将混凝土少量剔凿。

（2）满刮腻子。表面清扫后，用水和醋酸乙烯乳胶（配合比为 10:1）的稀释溶液将腻

子调制到适合稠度，用它填补好墙面、顶棚面的蜂窝、洞眼、麻面、残缺处，腻子干透后，先用开刀将多余腻子铲平整，然后用粗砂纸打平。

1）第一遍刮腻子及打磨。当室内墙面、顶棚面涂饰面较大的缝隙被填补平整后，使用批嵌工具满刮乳胶腻子一遍。所有微小砂眼及收缩裂缝均需刮满，以密实、平整、线角棱边整齐为好。同时，应顺次沿着墙面、顶棚面横刮，不得漏刮，接头不得留槎，注意不要玷污门窗。腻子干透后，用1号砂纸裹着小平木板，将腻子渣及高低不平处打磨平整，注意用力均匀，保护棱角。打磨后用清扫工具清理干净。

2）第二遍满刮腻子及打磨。第二遍满刮腻子方法同第一遍刮腻子，但要求此遍腻子与前遍腻子刮抹方向互相垂直，即沿着墙面、顶棚面竖刮，将面层进一步满刮及打磨平整直至光滑为止。

3）复补腻子。第二遍腻子干后，全部检查一遍，如发现局部有缺陷应局部复补涂料腻子一遍，并用牛角刮刀刮抹，以免损伤其他部位的漆膜。

4）磨光。复补腻子干透后，用细砂纸将涂料面打磨平滑，注意用力轻而匀，不得磨穿漆膜，打磨后将表面清扫干净。

（3）第一遍乳胶漆、磨光。乳胶漆可喷涂或刷涂于混凝土、水泥砂浆、石棉水泥板和纸面石膏板等基层上。它要求基层具有足够的强度，无粉化、起皮或掉皮现象。

1）喷涂。喷涂是利用压力或压缩空气将涂料涂布于墙面、顶棚面的机械化施工方法。其特点为涂膜外观质量好、工效高、适用于大面积施工，并可通过调整涂料黏度、喷嘴大小及排气量而获得不同质感的装饰效果。

喷涂时，空气压缩机的压力应控制在 0.4 ~ 0.8MPa。手握喷枪要稳，出料口与墙面垂直，喷斗距墙面 500mm 左右。先喷涂门窗口，然后与被涂墙面作平行移动，相邻两行喷涂面重叠宽度宜控制在喷涂宽度的 1/3，防止漏喷和流淌。喷涂施工，尽可能一气呵成，争取到分格缝处再停歇。

顶棚和墙面一般喷两遍成活，两遍时间相隔约 2h。若顶棚与墙面喷涂不同颜色的涂料时，应先喷涂顶棚，后喷涂墙面。喷涂前，用纸或塑料布将门窗扇及其他装饰物盖住，避免污染。

2）刷涂。刷涂可使用排笔，先刷门窗口，然后竖向、横向涂刷两遍，其间隔时间与施工现场的温度、湿度有密切关系，通常不少于 2 ~ 4h。要求接槎严密，颜色均匀一致，不显刷纹。

（4）第二遍涂料。其涂刷顺序和第一遍相同，要求表面更美观细腻，必须使用排笔涂刷。大面积涂刷时应多人配合流水作业，互相衔接。

7.4 外墙表面涂饰工程施工

7.4.1 施工准备

1. 作业条件

（1）基层检查验收。基层应平整、清洁、无浮砂、无起壳。混凝土及抹灰面层的含水率应控制在 10% 以下，pH 酸碱度小于 9。通常新抹的基层在通风状况良好的情况下，夏季应干燥 10d、冬季干燥 20d 以上。未经检验合格的基层不得进行施工。

（2）样板。施工面积较大时，应按设计要求做出样板，并鉴定合格。

（3）现场。脚手架或吊篮已搭设完毕。脚手架与墙面的距离适宜，架板要有足够的长度，不少于三个支点，同时遮挡外窗，避免施工时被涂料玷污。

（4）人员。施工班组应有技术负责人，主要操作人员须经本工艺施工技术培训，合格者方可上岗，辅助工应有专人指导。

2. 材料准备

（1）腻子采用成品耐水腻子或用白水泥、合成树脂乳液等调配。

（2）底涂料采用水性或溶剂型涂料，与面涂料有良好的配套性。

（3）面层涂料采用的乳胶漆应符合《合成树脂乳液外墙涂料》（GB/T 9755—2014）标准的规定。

7.4.2　外墙表面涂饰工程施工

外墙面涂饰时，无论采用什么工艺，一般均应由上而下，分段分片进行涂饰，分段分片的部位应选择在门、窗、拐角、水落管等处，这些部位易于掩盖。

1. 工艺流程

基层处理→涂刷封底漆→局部补腻子→满刮腻子→刷底涂料→涂刷乳胶漆面层涂料→清理保洁→自检、共检→交付成品→退场。

2. 施工要点

（1）基层处理。首先清除基层表面尘土和其他黏附物，较大的凹陷应用聚合物水泥砂浆抹平，较小的孔洞、裂缝用水泥乳胶腻子修补。墙面泛碱起霜时用硫酸锌溶液或稀盐酸溶液刷洗，油污用洗涤剂清洗，最后再用清水洗净。对基层原有涂层应视不同情况区别对待，疏松、起壳、脆裂的旧涂层应将其铲除，黏附牢固的旧涂层用砂纸打毛，不耐水的涂层应全部铲除。

（2）涂刷封底漆。如果墙面较疏松，吸收性强，可以在清理完毕的基层上用辊筒均匀地涂刷一两遍胶水打底（丙烯酸乳液或水溶性建筑胶水加 3~5 倍水稀释即成），不可漏涂，也不能涂刷过多造成流淌或堆积。

（3）局部补腻子。基层打底干燥后，用腻子找补不平之处，干后用磨砂纸打磨平滑。成品腻子使用前应搅匀，腻子偏稠时可酌量加水调节。

（4）满刮腻子。将腻子置于托板上，用抹子或橡皮刮板进行刮涂，先上后下。根据基层情况和装饰要求刮涂两三遍腻子，每遍腻子不可过厚。腻子干后应及时用砂纸打磨，不得磨出波浪形，也不能留下磨痕，打磨完毕后扫去浮灰。

（5）刷底涂料。将底涂料搅拌均匀，如涂料较稠，可按产品说明书的要求进行稀释。用滚筒刷或排笔刷均匀涂刷一遍，注意不要漏刷，也不要刷得过厚。底涂料干后如有必要可局部复补腻子，干后用磨砂纸打磨平滑。

（6）刷面层涂料。将面涂料按产品说明书要求的比例进行稀释并搅拌均匀。墙面需分色时，先用粉线包或墨斗弹出分色线，涂刷时在交色部位留出 10~20mm 的空地。一人先用辊筒刷蘸涂料均匀涂布，另一人随即用排笔刷展平涂痕和溅沫，防止透底和流坠。每个涂刷面均应从边缘开始向另一侧涂刷，并应一次完成，以免出现接痕。第一遍干透后，再涂刷第二遍涂料。一般涂刷 2~3 遍涂料，视不同情况而定。

7.5 木质表面涂饰工程施工

7.5.1 施工准备

1. 作业条件

（1）施工温度始终保持均衡，不得突然有较大的变化，且通风良好，湿作业已完工并具备一定的强度，环境比较干燥。一般木质表面涂饰工程施工时的环境温度不宜低于10℃，相对湿度不宜大于60%。

（2）在室外或室内高于3.6m处作业时，应预先搭设脚手架，并以不妨碍操作为准。

（3）大面积施工前应事先做样板间，经检查鉴定合格后，方可组织班组进行施工。

（4）操作前应认真进行交接检查工作，并对遗留问题进行妥善处理。

（5）木基层表面含水率一般不大于12%。

2. 材料准备

（1）涂料有清油、清漆、酚醛树脂漆、调和漆、漆片、天然树脂等。

（2）填充料有石膏、重晶石粉、滑石粉、黑烟子、大白粉等。

（3）稀释剂有汽油、煤油、松节油、松香水、酒精等。

（4）干燥剂有"液体钴干料"、"铅、锰、钴"催干剂等。

还有增塑剂、稳定剂、防结皮剂等。

7.5.2 木质表面涂饰工程施工

1. 工艺流程

基层处理→润色油粉→满刮油腻子→刷油色→刷第一遍清漆（刷清漆→修补腻子→修色→磨砂纸)→刷第二遍清漆→刷第三遍清漆。

2. 施工要点

（1）基层处理。对木基层表面的基本要求是：平整光滑、节疤少、棱角整齐、木纹颜色一致，无尘土、油污等脏物。木制品表面的缝隙、毛刺、脂囊应进行处理，可以用腻子刮平、打光，较大的脂囊和节疤应剔除后用木纹相同的木料修补。施工前应用砂纸打磨木基层表面。

针对使用中的不同问题，木基层表面的处理方法也是不同的。

1）木基层表面的毛刺可用火燎法和湿润法处理。

2）油脂和胶渍可用温水、肥皂水、碱水等清洗，也可用酒精、汽油或其他溶剂擦拭掉。若用肥皂水、碱水清洗，还应用清水将肥皂水、火碱水洗刷干净。

3）树脂可用溶剂溶解、碱液洗涤或烙铁烫铲等方法清除。常用的溶剂有丙酮、酒精、苯类与四氯化碳溶液等。溶剂去脂效果较好，但价格较贵，且易着火或有毒性（如苯类）。常用的碱液是5%的碳酸钠水溶液或5%的火碱水溶液，如将80%的碱液和20%的丙酮水溶液掺合使用，效果会更好。但用碱液去脂，易使木材颜色变深，所以只适用于深色涂料。烙铁烫铲法是等树脂受热渗出时铲除，反复几次至无树脂渗出时为止。这几种处理方法只能解决渗露于木材表面的部分树脂。为防止内部树脂继续渗出，宜在铲去脂囊的部位，涂一层虫胶漆封闭，在节疤处用虫胶漆点涂两三遍。

4）除高级细木活外，一般木制品表面应用腻子刮平，然后用砂纸磨光，以达到表面平整的要求。磨光应根据木制品精度要求，选择不同型号的砂纸进行磨光。

5）对于浅色、本色的中、高级清漆装饰，应采用漂白的方法将木材的色斑和不均匀的色调消除。漂白一般是在局部深色的木材表面上进行，也可在制品整个表面进行，可用浓度为15%~30%的过氧化氢（俗称"双氧水"）或草酸或次氯酸钠等漂白剂。漂白剂使用时应注意，在储存和使用中，不同的漂白剂不能混合，否则会引起燃烧或爆炸。配制成的漂白溶液不能盛在金属容器内（用玻璃或陶瓷容器），以免与金属容器发生反应而变质。漂白剂对人体皮肤有腐蚀作用，操作时应戴橡胶手套和面具。

6）为了得到木材表面优美的纹理，可以采用颜料着色或化学着色。

7）填管孔，又称"生粉"或"润粉"。对于涂刷清漆的木材表面，在准备阶段应配制专用填孔材料，将木材的管孔全部填塞封闭。填孔材料多自行调配，常用的水性填孔料，主要用水、大白粉或滑石粉掺加少量着色颜料调配而成。

（2）润色油粉。用大白粉24、松香水16、熟桐油2（重量比）等混合搅拌成润色油粉（颜色同样板颜色），盛在小油桶内。用棉丝蘸油粉反复涂抹木料表面，擦过木料鬃眼内，而后用麻布擦净，线角用竹片除去余粉。注意墙面及五金件上不得沾染油粉。待油粉干后，用1号砂纸轻轻顺木纹打磨，先磨线角、裁口，后磨四口平面，直到光滑为止。注意不要将鬃眼内油粉磨掉。磨光后用潮湿的软布将磨下的粉末、灰尘擦净。

（3）满刮油腻子。用石膏粉20、熟桐油7、水50（重量比），并加颜料调成油腻子（颜色浅于样板1~2色）。要注意腻子油性不可过大或过小，如油性过大，涂刷时不易浸入木质内，如油性过小，涂刷时则易钻入木质内，这样刷的油色不易均匀。

用开刀或牛角板将腻子刮入钉孔、裂纹、鬃眼内。刮抹时要横抹竖起，如遇接缝或节疤较大时，应用开刀、牛角板将腻子挤入缝内，然后抹平。腻子一定要刮光，不残留。待腻子干透后，用1号砂纸轻轻顺木纹打磨，先磨线角、裁口，后磨四口平面，注意保护棱角，来回打磨至光滑为止。磨完后用潮湿的软布将磨下的粉末擦净。

（4）刷油色。先将铅油（或调和漆）、汽油、光油、清油等混合在一起过箩（颜色同样板颜色），然后倒在小油桶内，使用时经常搅拌，以免沉淀造成颜色不一致。刷油色时，应从外至内，从左至右，从上至下进行，顺着木纹涂刷。刷门窗框时不得污染墙面，刷到接头处要轻抹，达到颜色一致。刷木窗时，刷好框子上部后再刷亮子；亮子全部刷完后，将梃钩勾住，再刷窗扇。如为双扇窗，应先刷左扇后刷右扇；三扇窗最后刷中间扇；纱窗扇先刷外面后刷里面。刷木门时，先刷亮子后刷门框、门扇背面，刷完后用木楔将门扇固定，最后刷门扇正面。全部刷好后，检查有无漏刷，小五金件上沾染的油色要及时擦净。

因油色干燥较快，所以刷油色时动作应敏捷，要求无缕无节，横平竖直，刷油时刷子要轻飘，避免出刷纹。油色涂刷后，要求木材色泽一致，而又不盖住木纹，所以每一个刷面一定要一次刷好，不留接头，两个刷面交接接口不要互相沾油，沾油后要及时擦掉。

（5）刷第一遍清漆

1）刷清漆。刷法与刷油色相同，但刷第一遍用的清漆应略加一些稀释剂便于快干。因清漆黏性较大，最好使用已用出刷口的旧刷子，刷时要注意不流、不坠，涂刷均匀。待清漆完全干透后，用1号或旧砂纸彻底打磨一遍，将头遍清漆面上的光亮基本打磨掉，再用潮湿的软布将粉尘擦净。

2）修补腻子。一般要求刷油色后不抹腻子，特殊情况下，可以使用油性略大的带色石膏腻子，修补残缺不全之处。操作时必须使用牛角板刮抹，不得损伤漆膜，腻子要收刮干净，光滑无腻子疤。

3）修色。木料表面上的黑斑、节疤、腻子疤和材色不一致处，应用漆片、酒精加色调配（颜色同样板颜色），或用由浅到深的清漆、调和漆和稀释剂调配，进行修色。材色深的应修浅，浅的应加深，将深浅色的木料拼成一色，并绘出木纹。

4）磨砂纸。使用细砂纸轻轻往返打磨，然后用潮湿的软布擦净粉末。

（6）刷第二遍清漆。应使用原桶清漆不加稀释剂（冬季可略加催干剂），刷油操作同前，但刷油动作要敏捷，清漆涂刷应饱满一致，不流不坠，光亮均匀，刷完后再仔细检查一遍，有毛病要及时纠正。刷此遍清漆时，周围环境要整洁，宜暂时禁止通行，最后将木门窗用桄钩勾住或用木楔固定牢固。

（7）刷第三遍清漆。待第二遍清漆干透后，首先要进行磨光，然后用水砂纸磨光。第三遍清漆刷法同第二遍。

7.6 金属表面涂饰工程施工

7.6.1 施工准备

1. 作业条件

（1）施工环境应通风良好，湿作业已完成并具备一定的强度，环境比较干燥。

（2）大面积施工前应事先做样板间，经鉴定合格后，方可组织班组进行大面积施工。

（3）施工前应对钢门窗和金属面层外形进行检查，有变形不合格者，应拆换。

（4）操作前应认真进行交接检查工作，并对遗留问题进行妥善处理。

（5）刷最后一道油漆前，必须将玻璃全部安装好。

2. 材料准备

与7.5节内容相同。

7.6.2 金属表面涂饰工程施工

1. 工艺流程

钢门窗和金属表面施涂混色油漆中级做法的工艺流程如下：

基层处理 → 刮腻子 → 刷第一遍油漆（即刷铅油 → 抹腻子 → 打磨 → 装玻璃）→刷第二遍油漆（刷铅油 → 擦玻璃 → 打磨）→刷最后一遍调和漆。

钢门窗和金属表面施涂混色油漆高级做法的工艺流程如下：

基层处理 → 刮腻子 → 刷第一遍油漆（刷铅油 → 抹腻子 → 打磨 → 装玻璃）→刷第二遍油漆（刷铅油 → 抹腻子 → 擦玻璃 → 打磨）→刷第三遍油漆 → 水砂纸磨光、湿布擦净→刷第四遍油漆。

如果是普通混色油漆涂料工程，其做法与工艺基本相同，不同之处在于，除少刷一遍油漆外，只找补腻子，不满刮腻子。

2. 施工要点

（1）基层处理。金属基层表面处理的基本要求是：表面平整、无尘土、油污、锈斑、鳞片、焊渣、毛刺和旧涂层等。

首先将钢门窗和金属表面上的浮土、灰浆等打扫干净，已刷防锈漆但出现锈斑的钢门窗或金属表面，需用铲刀铲除底层防锈漆后，再用钢丝刷和砂布彻底打磨干净，补刷一道防锈漆，待防锈漆干透后，将钢门窗或金属表面的砂眼、凹坑、缺棱、拼缝等处，用石膏腻子刮抹平整（金属表面腻子的重量配合比为石膏粉 20: 熟桐油 5: 油性腻子或醇酸腻子 10: 底漆 7，水适量）。腻子要调成不软、不硬、不出蜂窝、挑丝不倒为宜。

金属表面除锈，可用手工除锈或用气动、风动工具除锈，也可采用喷砂、酸洗、电化学除锈等方法。铝、镁合金及其他制品的表面涂漆时，可用肥皂水、洗洁剂等除去尘污、油腻，再用清水洗净，也可用稀释的磷酸溶液清洗。此外，焊渣和毛刺可用小砂轮机除去。

（2）刮腻子。用开刀或橡皮刮板在钢门窗或金属表面上满刮一遍石膏腻子（配合比同上），要求刮得薄，收得干净，均匀平整无飞刺。等腻子干透后，用 1 号砂纸打磨，注意保护棱角，要求达到表面光滑、线角平直、整齐一致。

（3）刷第一遍油漆

1）刷铅油（或醇酸无光调和漆）。铅油用色铅油、光油、清油和汽油配制而成，经过搅拌后过箩，冬季宜加适量催干剂。铅油的稠度以达到盖底、不流淌、不显刷痕为宜，铅油的颜色要符合样板的色泽。刷铅油时应先从框上部左边开始涂刷，框边刷油时不得刷到墙上，要注意内外分色，厚薄要均匀一致，刷纹必须通顺，框子上部刷好后再刷亮子，全部亮子刷完后，再刷框子下半部。窗扇和门的涂刷方法前面内容已有详细介绍。

2）抹腻子。待油漆干透后，对于底层腻子收缩或残缺处，再用石膏腻子补抹一次，要求与做法同前。

3）磨砂纸。待腻子干透后，用 1 号砂纸打磨，要求同前。磨好后用潮湿的软布将磨下的粉末擦净。

（4）刷第二遍油漆

1）刷铅油同前。

2）擦玻璃、打磨。使用潮布将玻璃内外擦干净。注意不得损伤油灰表面和八字角。磨砂纸应用 1 号砂纸或旧砂纸轻磨一遍，方法同前，但注意不要把底漆磨穿，要保护棱角。磨好砂纸应打扫干净，用潮布将磨下的粉末擦干净。

（5）刷最后一遍调和漆。刷法同前。在玻璃油灰上刷调和漆，应等油灰达到一定强度后方可进行，刷调和漆动作要敏捷，刷子轻、油要均匀，不损伤油灰表面光滑。刷完调和漆后，要立即仔细检查一遍，如发现有毛病，应及时修整。最后用梃钩或木楔子将门窗扇打开固定好。

3. 应注意的质量问题

（1）漏刷、反锈。漏刷多发生在钢门窗的上、下冒头和靠合页面以及门窗框、压缝条的上、下端。其主要原因是，内门扇安装没与油漆工配合好，往往发生下冒头未刷油漆就安装门扇了，事后油漆工根本无法涂刷（除非把门扇合页卸下来重刷）；再有就是钢纱门和钢纱窗，未预先把分色的铅油刷上就绷纱，加上把关不严等，往往有少刷一遍油漆的现象。其他漏刷问题主要是施工人员操作不认真所致。

反锈一般多发生在钢门窗表面，主要原因：

一是产品在出厂前没认真除锈就涂刷防锈漆；二是运输和保管不好碰破了防锈漆；三是钢门窗或其他金属制品表面在安装之前，未认真进行检查，未补做除锈漆和涂刷防锈漆工作。

（2）缺腻子、缺砂纸。一般多发生在合页槽、上下冒头、榫接头和钉孔、裂缝、节疤以及边棱残缺处等，主要原因是施工人员未认真按照工艺操作规程所致。

（3）流坠、裹楞。主要原因有，一是由于漆料太稀，漆膜太厚或环境温度高、油漆干性慢等原因而造成的流坠；二是由于操作顺序和手法不当，尤其是门窗边分色处，一旦油量大和操作不注意，就容易造成流坠和裹楞。

（4）刷纹明显。主要是油刷子小或刷子未泡开、刷毛硬所致。应用合适的刷子，并把油刷泡软后使用。

（5）皱纹。主要是漆质不好、兑配不均匀、溶剂挥发快或气温高、加催干剂等原因造成。

（6）五金污染。除了操作要仔细和及时将小五金件等污染处清擦干净外，应尽量把门锁、拉手和插销等后装（但可以事先把位置和门锁孔眼钻好）。

（7）倒光。由于钢门窗和金属制品表面吸油快慢不均或表面不平，加上室内潮湿或底漆未干透及稀释剂过量等原因，都可能产生局部漆面失去光泽的倒光现象。

7.7　涂料饰面工程施工的质量验收

涂料饰面工程质量验收时，室外每 $100m^2$ 应至少检查一处，每处不得小于 $10m^2$。室内每个检验批应至少抽查 10%，并不得少于 3 间；不足 3 间时应全数检查。

水溶性涂料、乳液型涂料（即水性涂料）饰面工程的质量验收中主控项目、一般项目及检验方法见表 7-4、表 7-5。

溶剂型涂料饰面工程的质量验收中主控项目、一般项目及检验方法见表 7-9、表 7-10。

表 7-4　水性涂料饰面工程的主控项目及检验方法

项次	项 目 内 容	检 验 方 法
1	水性涂料涂饰工程所用涂料的品种、型号和性能应符合设计要求	检查产品合格证书、进场验收记录和性能检测报告
2	水性涂料涂饰工程的颜色、图案应符合设计要求	观察
3	水性涂料涂饰工程应涂饰均匀、黏结牢固，不得漏涂、透底、起皮和掉粉	观察；手摸检查
4	水性涂料涂饰工程的基层处理应符合相关要求	观察、手摸检查和检查施工记录

表 7-5　水性涂料饰面工程的一般项目及检验方法

项次	项 目 内 容	检 验 方 法
1	薄涂料的涂饰质量和检验方法应符合表 7-6 的规定	
2	厚涂料的涂饰质量和检验方法应符合表 7-7 的规定	
3	复层涂料的涂饰质量和检验方法应符合表 7-8 的规定	
4	涂层与其他装修材料和设备衔接处应吻合，界面应清晰	观察

表 7-6　薄涂料的涂饰质量和检验方法

项次	项　目	普通涂饰	高级涂饰	检验方法
1	颜色	均匀一致	均匀一致	观察
2	泛碱、咬色	允许少量轻微	不允许	观察
3	流坠、疙瘩	允许少量轻微	不允许	观察
4	砂眼、刷纹	允许少量轻微砂眼,刷纹通顺	无砂眼,无刷纹	观察
5	装饰线、分色线直线度允许偏差/mm	2	1	拉5m线,不足5m拉通线,用钢直尺检查

表 7-7　厚涂料的涂饰质量和检验方法

项次	项　目	普通涂饰	高级涂饰	检验方法
1	颜色	均匀一致	均匀一致	观察
2	泛碱、咬色	允许少量轻微	不允许	观察
3	点状分布	—	疏密均匀	观察

表 7-8　复层涂料的涂饰质量和检验方法

项次	项　目	质量要求	检验方法
1	颜色	均匀一致	观察
2	泛碱、咬色	不允许	观察
3	喷点疏密程度	均匀,不允许连片	观察

表 7-9　溶剂型涂料饰面工程的主控项目及检验方法

项次	项目内容	检验方法
1	溶剂型涂料涂饰工程所用涂料的品种、型号和性能应符合设计要求	检查产品合格证书、进场验收记录和性能检测报告
2	溶剂型涂料涂饰工程的颜色、光泽、图案应符合设计要求	观察
3	溶剂型涂料涂饰工程应涂饰均匀、黏结牢固,不得漏涂、透底、起皮和生锈	观察;手摸检查
4	溶剂型涂料涂饰工程的基层处理应符合相关要求	观察、手摸检查和检查施工记录

表 7-10　溶剂型涂料饰面工程的一般项目及检验方法

项次	项目内容	检验方法
1	色漆的涂饰质量和检验方法应符合表7-11的规定	
2	清漆的涂饰质量和检验方法应符合表7-12的规定	
3	涂层与其他装修材料和设备衔接处应吻合,界面应清晰	观察

表 7-11　色漆的涂饰质量和检验方法

项次	项　目	普通涂饰	高级涂饰	检验方法
1	颜色	均匀一致	均匀一致	观察
2	光泽、光滑	光泽基本均匀,光滑无挡手感	光泽均匀一致,光滑	观察;手摸检查
3	刷纹	刷纹通顺	无刷纹	观察
4	裹棱、流坠、皱皮	明显处不允许	不允许	观察
5	装饰线、分色线直线度允许偏差/mm	2	1	拉5m线,不足5m拉通线,用钢直尺检查

表 7-12　清漆的涂饰质量和检验方法

项次	项　目	普通涂饰	高级涂饰	检验方法
1	颜色	基本一致	均匀一致	观察
2	木纹	鬃眼刮平，木纹清楚	鬃眼刮平，木纹清楚	观察
3	光泽、光滑	光泽基本均匀，光滑无挡手感	光泽均匀一致，光滑	观察；手摸检查
4	刷纹	无刷纹	无刷纹	观察
5	裹棱、流坠、皱皮	明显处不允许	不允许	观察

7.8　工程实践案例

某高层住宅，主体结构已中间验收并合格，内墙装修采用乳胶漆的饰面，施工作业条件已经具备。乳胶漆施工结束后，在使用过程中出现涂膜发生龟裂而失去附着力，以致与被涂面或底漆分开而脱落的现象，严重影响到住宅的使用。为此，施工单位对所选用的乳胶漆进行了性能检测，发现乳胶漆本身存在质量问题，主要有以下几点：

（1）成膜质量不好，即乳液未形成连续透明膜而造成龟裂，遇水即会脱落。

（2）涂料组分中颜料的含量过高，而乳液含量过低，这会造成涂膜附着力差。

（3）底材处理不当，黏附油污、水分、铁锈或其他污染物。

（4）底漆和面漆不配套。

鉴于此，施工单位决定提高施工温度，把温度控制在10℃以上；重新选择乳胶漆的成膜助剂，且加大了掺入量，以保证乳液形成连续涂膜；同时选择黏结强度好的腻子进行基层处理，以增强涂料的附着力。通过这些措施来保证工程质量。

这个案例告诉我们，涂料施工过程中，首先要正确选择涂料；其次，要做好材料使用前的复检工作。另外，基层处理和施工环境条件对乳胶漆的施工质量也有较大的影响。

实训内容——乳胶漆内墙面涂刷

1. 任务

完成一面内墙乳胶漆的涂刷。

2. 条件

（1）在实训基地已具备条件的场地上施工（环境要求数间实习训练用房间），可结合抹灰工程的实训内容进行。24砖墙砌筑和一般抹灰已经完成。

（2）内墙涂饰工程所用材料均已到场，由指导教师提供适当数量不同颜色的乳胶漆，并具有产品合格证书和检验报告。

（3）主要施工机具有喷枪、排笔、涂料辊等，若基层粉化掉皮，还需备有基层处理用砂纸、刮铲等工具。

3. 步骤提示

乳胶漆可喷涂或刷涂于混凝土、水泥砂浆、石棉水泥板和纸面石膏板等基层上。它要求基层具有足够的强度，无粉化、起砂或掉皮现象。新墙面可用乳胶加老粉作腻子嵌平，磨光后再涂刷。旧墙面应先除去风化物和旧涂层，用水清洗干净后方能涂刷。

（1）喷涂。喷涂是利用压力或压缩空气将涂料涂布于墙面的机械化施工法。其特点为：涂膜外观质量好、工效高、适用于大面积施工，并可通过调整涂料黏度、喷嘴大小及排气量而获得不同质感的装饰效果。

（2）刷涂。刷涂可使用排笔，先刷门窗口，然后竖向、横向涂刷两遍，其间隔时间约为2h。

4. 分项能力标准及要求

通过本次实训练习，学会根据实际情况进行内墙涂料的颜色搭配设计，掌握乳胶漆的施工方法和步骤，掌握涂料施工常用工具的使用（喷枪的操作使用应在教师的指导下进行，以防出现操作事故），了解施工过程中应注意的事项，达到能够独立进行内墙乳胶漆墙面的施工的水平。

5. 组织形式

分组分工，以3~4人为一组，指定小组长，小组进行编号，完成的任务即内墙涂饰段编号同小组编号。乳胶漆喷涂完毕后，必须将地面、门窗等处的材料印迹揩擦干净，将工具及时清洗干净，做好清理工作。

6. 其他

（1）小组成员注意协作互助，在开始操作前以小组为单位合作编制一份简单的针对该行动的局部施工方案和验收方案。

（2）安全保护措施。

（3）环境保护措施。

本章小结：

本章简要介绍了涂料饰面工程施工对材料的要求、对基层的要求、对环境条件的要求，重点介绍了各种涂饰基层的处理方法和内墙、顶棚、外墙、木质表面以及金属表面的涂饰工程施工工艺，并在此基础上介绍了涂饰工程的质量验收标准，使学生学会正确选择材料和组织施工的方法，力求培养学生解决施工现场常见工程质量问题的能力。

复习思考题：

1. 简述涂料装饰施工对不同基层的处理要求。
2. 涂饰工程在施工中需要怎样的环境条件？
3. 简述内墙乳胶漆施工操作的要点。
4. 简述外墙乳胶漆施工操作的要点。
5. 简述木质表面油漆涂刷工艺的操作要点。
6. 简述金属表面涂饰工程的施工要点。
7. 涂料装饰施工的质量检验标准有哪些？

第 8 章　裱糊与软包工程施工

学习目标：

（1）掌握裱糊工程施工对基层表面处理的要求。

（2）掌握裱糊、软包饰面工程的施工要领及施工过程中出现的质量问题与解决方法。

（3）在掌握施工工艺的基础上，使学生领会工程质量验收标准。

学习重点：

（1）裱糊、软包饰面工程施工的工艺。

（2）裱糊、软包饰面工程的质量验收。

学习建议：

（1）从施工机具、所用材料入手，按施工过程学习裱糊与软包饰面工程的施工工艺。

（2）结合实训任务，指导学生在真实情境中完成整个施工过程并写出操作、安全注意事项和感受。

（3）通过案例教学，提出施工中经常出现的质量问题，开展课堂讨论，并要求在课后查找相关资料，进一步深刻领会成功案例的经验和失败案例的教训。

裱糊饰面工程是指在室内平整光滑的墙面、顶棚面、柱面和室内其他构件表面，用壁纸、墙布等材料裱糊的装饰工程，具有色彩丰富、质感性强，既耐用又易清洗的特点。软包饰面工程是指用人造革、锦缎等软包墙面、柱面和室内其他构件表面的装饰工程，可保持柔软、消声、温暖，适用于防止碰撞的房间和声学要求较高的房间。

8.1　裱糊与软包饰面工程施工常用的机具

裱糊与软包工程施工常用的工具较多，有剪裁工具、刮涂工具、刷具、滚压工具及钢尺、量尺、水平尺等测量工具。表 8-1 为常用手工工具。

表 8-1　常用手工工具

序　号	名　　称	简　图	主　要　用　途
1	裁纸刀		裁切壁纸
2	刮板		刮抹、赶压和理平壁纸

（续）

序 号	名 称	简 图	主 要 用 途
3	批刀		基层处理及赶压壁纸
4	排笔		理平壁纸
5	胶辊		滚压壁纸

8.2 裱糊饰面工程施工

8.2.1 施工准备

1. 作业条件

（1）混凝土和墙面抹灰已完成，且经过干燥，含水率不高于8%，木材制品不得大于12%。

（2）已完成水电及设备、顶棚、墙面上预埋件的留设。

（3）门窗油漆工作已完成。

（4）有水磨石地面的房间，出光、打蜡已完成，并将水磨石面层保护好。

（5）面层清扫干净，如有凸凹不平、缺棱掉角或局部面层损坏者，提前修补好并应干燥，预制混凝土表面提前刮石膏腻子找平。

（6）事先将突出墙面的设备部件等卸下收存好，待壁纸或墙布粘贴完后再重新装好复原。

（7）如基层色差大，设计选用的又是易透底的薄型壁纸，粘贴前应先进行基层处理，使其颜色一致。

（8）对湿度较大的房间和经常潮湿的墙体表面，如需做裱糊时，应采用有防水性能的壁纸和胶粘剂等材料。

（9）如房间较高应提前准备好脚手架，房间不高，应提前钉设木凳。

（10）对施工人员进行技术交底时，应强调技术措施和质量要求。大面积施工前应先做样板间，经鉴定合格后，方可组织班组施工。

（11）在裱糊施工过程中及裱糊饰面干燥之前，应避免气温突然变化或穿堂风吹。施工环境温度一般应大于15℃，空气相对湿度一般应小于85%。

2. 材料准备及要求

（1）壁纸

1）普通壁纸（纸基涂塑壁纸）是以纸为基材，用高分子乳液涂布面层，再进行印花、压纹等工序制成的卷材。

2）发泡壁纸（浮雕壁纸）是以 $100g/m^2$ 的纸作基材，涂塑 $300 \sim 400g/m^2$ 掺有发泡剂的聚氯乙烯（PVC）糊状料，印花后，再经加热发泡而成，其表面呈凸凹花纹。

3）纺织纤维壁纸。这是目前国际上比较流行的新型壁纸，它是由棉、麻、丝等天然纤维或化学纤维制成的各种色泽、花式的粗细纱或织物，用不同的加工工艺，将纱线粘到基层纸上，从而制成的壁纸。

4）特种壁纸是指具有特殊功能的塑料面层壁纸，如防火壁纸、金属面壁纸、耐水壁纸、彩色砂粒壁纸等。

（2）墙布

1）玻璃纤维墙布是以玻璃纤维布为基材，以聚丙烯酸甲、乙酯和增塑剂、着色颜料等为原料进行染色，再印花加工而成的。

2）无纺墙布是采用棉、麻等天然纤维或涤纶等合成纤维，经过无纺成型、上树脂、印制彩色花纹而成。

为保证裱糊质量，各种壁纸、墙布的质量应符合设计要求和相应的国家标准。

（3）胶粘剂。可以用聚醋酸乙烯乳液、羧甲基纤维素、108 胶等自行掺配，也可以购买专用胶粘剂如粉末壁纸胶。现场调制的胶粘剂应当日用完。胶粘剂应满足建筑物的防火要求，避免在高温下因胶粘剂失去黏结力使壁纸脱落而引起火灾。

（4）腻子与底层涂料。嵌缝腻子用作修补、填平基层表面麻点、钉孔等。

为了避免基层吸水过快，将胶水迅速吸掉，使其失去黏结能力，或因干得太快而来不及裱贴操作，裱糊前应在基层面上先刷一遍底层涂料，作为封闭处理，待其干后再开始。

这些材料应根据设计和基层的实际需要提前备齐。

8.2.2　裱糊饰面工程施工

1. 工艺流程

裱糊的基本顺序原则上是先垂直面后水平面，垂直面先上后下，先长墙面后短墙面，水平面是先高后低；先细部后大面；先保证垂直后对花拼缝。具体工艺流程如下：

基层处理→找规矩、弹线→壁纸处理→涂刷胶粘剂→裱糊。

2. 墙面壁纸裱糊施工

（1）基层处理。如混凝土墙面可根据原基层质量的好坏，在清扫干净的墙面上满刮 $1 \sim 2$ 道石膏腻子，干后用砂纸磨平、磨光；若为抹灰墙面，可满刮大白腻子 $1 \sim 2$ 道找平、磨光，但不可磨破灰皮；若为纸面石膏板墙，则用嵌缝腻子将缝堵实、堵严，粘贴玻璃网格布或丝绸条、绢条等，然后局部刮腻子补平。

（2）吊垂直、套方、找规矩、弹线。首先将房间四角的阴阳角通过吊垂直、套方、找规矩，确定从哪个阴角开始按照壁纸的尺寸进行分块弹线。一般做法是从进门左阴角处开始铺贴第一张。有挂镜线的按挂镜线，没有挂镜线的按设计要求弹线控制。

（3）计算用料、裁纸。裁纸时以上口为准，下口可比规定尺寸略长 $10 \sim 20mm$，按此尺寸计算用料、裁纸。一般应在案子上裁割，将裁好的纸用湿温毛巾擦后，折好待用。

（4）刷胶、糊纸

1）应分别在壁纸背面及墙上刷胶，其刷胶宽度应相吻合，墙上刷胶一次不应过宽，一般比预贴的壁纸宽 20～30mm。

2）裱糊时按已画好的垂直线吊直，从墙的阴角处开始铺贴第一张，从上往下用手铺平，刮板刮实，并用小辊子将上、下阴角处压实。第一张粘好留 10～20mm，然后粘铺第二张，压平、压实，与第一张搭槎 10～20mm，要自上而下对缝，拼花要端正，用刮板将搭槎处刮平。

3）用钢直尺和壁纸裁割刀在搭接处的中间将双层壁纸切透，再分别撕掉切断的两幅壁纸边条，用刮板和毛巾从上而下均匀地赶出气泡和多余的胶液使之贴实，挤出的胶液用湿温毛巾擦净。

4）用同法将连接顶棚和踢脚的壁纸边切割整齐，并带胶压实。墙面上遇有电门、插销盒时，应在其位置上破纸作为标记。

5）裱糊时，阳角不允许甩槎接缝，应包角压实，壁纸裹过阳角不小于 20mm。阴角处必须裁纸搭缝，不允许整张纸铺贴，避免产生空鼓与皱折。一般先裱糊压在里面的壁纸，再粘贴面层壁纸，搭接面根据阴角垂直度而定，宽度不小于 3mm。

（5）花纸拼接

1）纸的拼缝处花形要对接拼好。

2）铺贴前注意花形和纸的颜色应力求一致。

3）墙面与顶棚壁纸的搭接应根据设计要求而定，一般有挂镜线的房间应以挂镜线为界，无挂镜线的房间则以弹线为准。

4）花形拼接如出现困难时，错槎应尽量甩到不显眼的阴角处，大面不应出现错槎和花形混乱的现象，如图 8-1 所示。

（6）壁纸修整。裱糊壁纸后应认真检查，对墙纸的翘边、翘角、气泡、皱褶及胶痕未擦净等，应及时处理和修整。

墙布的裱糊工艺和壁纸相似，本节不再赘述。

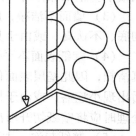

图 8-1 阴角处裱糊

3. 顶棚壁纸裱糊施工

（1）基层处理。首先将混凝土顶棚的灰渣、浆点、污物等清理干净，并用笤帚将粉尘扫净，满刮腻子一道。腻子的体积配合比为，聚醋酸乙烯乳液：石膏或滑石粉：2% 羧甲基纤维素溶液 ＝ 1：5：3.5。腻子干后用砂纸打磨。满刮第二遍腻子，待腻子干后再用砂纸磨平、磨光。

（2）吊直、套方、找规矩、弹线。首先应将顶棚的对称中心线通过吊直、套方、找规矩的办法弹出中心线，以便从中间向两边对称控制。墙面和顶棚交接处的处理原则，是凡有挂镜线的按挂镜线弹线，没有挂镜线则按设计要求弹线。

（3）计算用料、裁纸。根据设计要求决定壁纸的粘贴方向，然后计算用料、裁纸。应按所量尺寸每边留出 20～30mm 的余量。如采用塑料壁纸，应在水槽内先浸泡 2～3min，取出后抖去余水，将纸面用净毛巾沾干。

（4）刷胶、糊纸。在壁纸的背面和顶棚的粘贴部位刷胶，注意按壁纸宽度刷胶，不宜过宽，铺贴时宜沿房间的长边方向从中间向两边铺粘。第一张一定要按已弹好的线找直粘牢，应注意壁纸的两边各甩出 10～20mm 不压死，以满足与第二张铺粘时的拼花对缝的要求。然后依上法铺粘第二张，两张纸搭接 10～20mm，用钢直尺比齐，两人将尺按紧，一人用劈纸刀裁切，随即将接槎处两张纸条撕去，用钢板刮刀将缝隙压实刮牢（对于发泡和复合壁纸，严禁使用钢板刮刀，可用毛巾、海绵或毛刷赶平）。随后将顶棚两端阴角处用钢直尺比齐、拉直，用刮板及辊子压实，最后用湿温毛巾将接缝处辊压出的胶痕擦净，依次进行。

（5）修整。壁纸粘贴完后，应检查是否有空鼓不实之处，接槎是否平顺，有无翘曲现象，胶痕是否擦净，有无小包，表面是否平整等，直至符合要求为止。

4. 成品保护

（1）裱糊完成的房间应及时清理干净，不准作为料房或休息室，避免污染和损坏壁纸。

（2）在整个裱糊的施工过程中，严禁非操作人员随意触摸壁纸。

（3）电气和其他设备等在进行安装时，应注意保护，防止污染和损坏壁纸。

（4）铺贴壁纸时，必须严格按照规程施工。施工操作时要做到干净利落，边缝要切割整齐，胶痕必须及时清擦干净。

（5）严禁在已裱糊好壁纸的顶棚、墙面上剔眼打洞。若纯属设计变更，也应采取相应的措施，施工时要小心保护，施工后要及时认真修复，以保证壁纸的完整。

5. 应注意的问题

（1）边缘翘起。边缘翘起主要是因为接缝处胶刷得少，或局部没刷胶，或边缝没压实，干后出现翘边、翘缝等现象。发现后应及时刷胶、辊压、修补好。

（2）上、下端缺纸。主要是因为裁纸时尺寸未量好，或切割时未压住钢直尺而走刀将纸裁小。施工操作时一定要认真细心。

（3）墙面不洁净，斜视有胶痕。主要是因为未及时用温湿毛巾将胶痕擦净，或擦拭不彻底、不认真，或由于其他工序造成面纸污染等。

（4）壁纸表面不平，斜视有疙瘩。主要是因为基层墙面清理不彻底，或虽清理但未认真清扫，因此基层表面仍有积尘、腻子包、水泥斑痕、小砂粒、胶浆疙瘩等，导致粘贴壁纸后出现小疙瘩；或由于抹灰砂浆中含有未熟化的生石灰颗粒，石灰熟化后将壁纸拱起小包。处理时应将壁纸切开取出污物，再重新刷胶粘贴好。

（5）壁纸起泡。主要是因为基层含水率大，抹灰层未干就铺贴壁纸。由于抹灰层被封闭，多余水分散发不出来，汽化后将壁纸拱起成泡。处理时可用注射器将泡刺破并注入胶液，用辊子压实，如图 8-2 所示。

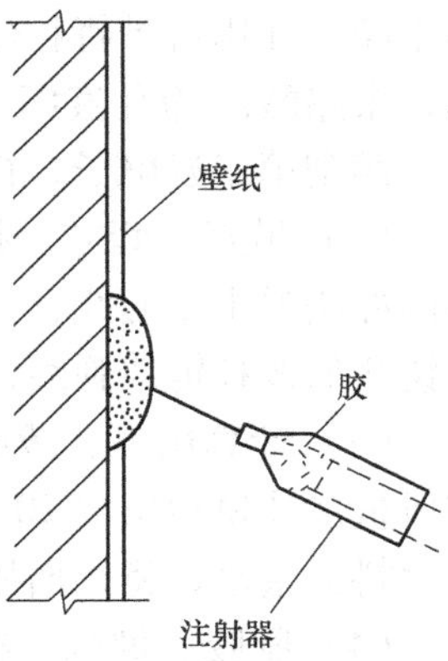

（6）阴阳角壁纸空鼓、阴角处有断裂。阳角处的粘贴大都采用整张纸，它要照顾到两个面、一个角，都要尺寸到位、表面平整、粘贴牢固，这是有一定的难度的，阴角比阳角稍微好处理一些。粘贴质量的好坏都与基层抹灰质量有直接关系，只要胶不漏刷，赶压到位，都是可以防止空鼓的。防止阴角断裂的关键是阴角壁纸接槎时必须超过阴角 10~20mm，这样就不会由于时间长、壁纸收缩而造成阴角处壁纸断裂。

（7）面层颜色不一，花形深浅不一。主要是因为壁纸质量差，施工时没有认真挑选。

图 8-2 气泡处理

（8）对湿度较大的房间和经常潮湿的墙体应采用防水性的壁纸及胶粘剂，有酸性腐蚀的房间应采用防酸壁纸及胶粘剂。

（9）对于玻璃纤维布及无纺贴墙布，遇水后无伸缩变形，所以裱糊前不需要浸水湿润，只要用湿温毛巾涂擦后即可。对于复合纸基壁纸，严禁闷水处理，为达到软化目的，可在壁纸背面均匀涂刷胶粘剂，静置 5 ~ 8min 即可。而对于金属壁纸，裱糊前需做短时润纸处理，浸水 2min 左右，取出后再静置 5 ~ 8min，便可进行裱糊操作。

8.2.3 裱糊饰面工程的质量验收

裱糊饰面工程每个检验批应至少抽查10%，并不得少于3间，不足3间时应全数检查，其主控项目、一般项目及检验方法见表8-2、表8-3。

表8-2 裱糊饰面工程主控项目及检验方法

项次	项 目 内 容	检 验 方 法
1	壁纸、墙布的种类、规格、图案、颜色和燃烧性能等级必须符合设计要求及国家现行标准的有关规定	观察；检查产品合格证书、进场验收记录和性能检测报告
2	裱糊工程基层处理质量应符合相关规定	观察；手摸检查和检查施工记录
3	裱糊后各幅拼接应横平竖直，拼接处花纹、图案应吻合，不离缝，不搭接，不显拼缝	观察；拼缝检查距离墙面1.5m处正视
4	壁纸、墙布应粘贴牢固，不得有漏贴、补贴、脱层、空鼓和翘边	观察；手摸检查

表8-3 裱糊饰面工程一般项目及检验方法

项次	项 目 内 容	检 验 方 法
1	裱糊后的壁纸、墙布表面应平整，色泽应一致，不得有波纹起伏、气泡、裂缝、皱褶及斑污，斜视时应无胶痕	观察；手摸检查
2	复合压花壁纸的压痕及发泡壁纸的发泡层应无损坏	观察
3	壁纸、墙布与各种装饰线、设备线盒应交接严密	观察
4	壁纸、墙布边缘应平直整齐，不得有纸毛、飞刺	观察
5	壁纸、墙布阴角处搭接应平顺、光滑，阳角处应无接缝	观察

8.3 软包饰面工程施工

8.3.1 施工准备

1. 作业条件

（1）混凝土和墙面抹灰完成，20mm 厚的1:3 水泥砂浆找平层已抹完并刷冷底子油。

（2）水电及设备、顶棚、墙面上的预埋件已埋设完成。

（3）室内的吊顶分项工程、地面分项工程基本完成，并符合设计要求。

（4）对施工人员进行技术交底时，应强调技术措施和质量要求。

（5）基层处理后需进行严格检查，要求基层平整、牢固，其垂直度、平整度均应符合验收规范。

2. 材料准备及要求

（1）软包墙面木框、龙骨、底板、面板等木材的树种、规格、等级、含水率和防腐处理必须符合设计要求。龙骨一般用白松烘干料，含水率不大于12%，厚度应根据设计要求，不得有腐朽、节疤、劈裂、扭曲等瑕疵，并预先经防腐处理。龙骨、衬板、边框应安装牢固，无翘曲，拼缝应平直。

（2）软包面料、内衬材料及边框的材质、颜色、图案、燃烧性能等级应符合设计要求及国家现行标准的有关规定，具有防火检测报告。普通布料需进行两次防火处理，并检测合格。

（3）外饰面用的压条分格框料和木贴脸等面料，一般采用工厂经烘干加工的半成品料，含水率不大于12%。选用优质五夹板，如基层情况特殊或有特殊要求者，亦可选用九夹板。

（4）胶粘剂一般采用立时得粘贴，不同部位采用不同胶粘剂。

8.3.2 软包饰面工程施工

1. 工艺流程

基层或底板处理→吊直、套方、找规矩、弹线→计算用料、截面料→固定面料→安装贴脸或装饰边线、刷镶边油漆→修整软包墙面。

2. 施工要点

（1）基层或底板处理。人造革软包要求基层牢固，构造合理。如果是将它直接装设于建筑墙面和柱体表面，为防止墙面、柱面的潮气使其基底翘曲变形而影响装饰质量，要求基层做抹灰和防潮处理。通常的做法是：采用20mm厚1:3的水泥砂浆抹灰，然后刷涂冷底子油一道并做一毡二油防潮层。当在建筑墙面、柱面上采用墙筋木龙骨做皮革或人造革装饰时，墙筋木龙骨一般为（20～50）mm×（40～50）mm截面的木方条，钉于墙面、柱面的预埋木砖或预埋的木楔上。木砖或木楔的间距与墙筋的排布尺寸一致，间距一般为400～600mm，按设计要求进行分格或按平面造型形式进行划分。固定好墙筋之后，即铺钉五层胶合板作为基面板。基面板拼缝用油腻子嵌平密实，满刮腻子1～2遍，待腻子干燥后，用砂纸磨平。

（2）吊直、套方、找规矩、弹线。根据设计图纸要求，把需要软包墙面或柱面的装饰尺寸、造型等通过吊直、套方、找规矩、弹线等工序，把实际尺寸与造型落实到墙面或柱面上。

（3）计算用料、套裁填充料和面料。裁卷材（人造革、织锦缎）面料时，一定要大于墙面分格尺寸。

（4）固定面料。如采取直接铺贴法施工时，应待墙面细木装修基本完成、边框油漆达到交活条件时，方可粘贴面料。如将人造革软包材料覆于基面板之上，则可以先把矿棉、泡沫塑料、玻璃棉等填充材料规则地铺装于基面板上，采用暗钉方式进行固定，然后将人造革面层材料包覆其上，采用电化铝帽头钉按分格或其他形式的划分尺寸进行四角钉固，也可同时采用不锈钢、铜或木压条，既方便施工，又使立面造型丰富。

皮革或人造革饰面的铺钉

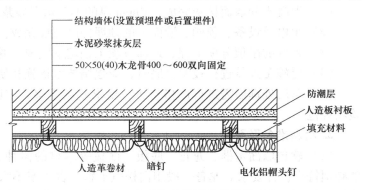

结构墙体(设置预埋件或后置埋件)

水泥砂浆抹灰层

50×50(40)木龙骨400～600双向固定

防潮层

人造板衬板

填充材料

人造革卷材　暗钉　电化铝帽头钉

图8-3　软包饰面的成卷铺装

方法主要有成卷铺装和分块固定两种形式。此外还有压条法、平铺泡钉压角法等，由设计而定。

1）成卷铺装法。由于人造革材料可成卷供应，当进行较大面积施工时，可进行成卷铺装。但需注意，人造革卷材的幅面宽度应大于横向木筋中距 50～80mm，并保证基面五夹板的接缝必须置于墙筋上，如图 8-3 所示。

2）分块固定法。这种做法是先将皮革或人造革与五夹板按设计要求的分格，划块进行预裁，然后一并固定于木筋上。安装时，以五夹板压住皮革或人造革面层，压边 20～30mm，用圆钉钉于木筋上，然后将皮革或人造革与木夹板之间填入衬垫材料进而包覆固定。这道工序有三点需要注意，首先是必须保证五夹板的接缝位于墙筋中线，其次是五夹板的另一端不压皮革或人造革而是直接钉于木筋上，第三是裁割皮革或人造革时必须大于装饰分格

划块尺寸，并足以在下一个墙筋上剩余 20～30mm 的料头。这样，第二块五夹板就可包覆第二片人造革面并压于其上进而固定，依次类推完成整个软包饰面工程，如图 8-4 所示。

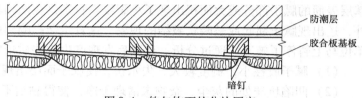

防潮层
胶合板基板
暗钉

图 8-4　软包饰面的分块固定

这种做法，多用于酒吧吧台、服务台等部位的装饰。

（5）安装贴脸或装饰边线。根据设计选定和加工好的贴脸或装饰边线，按设计要求把油漆刷好，便可进行安装工作。首先经过试拼，达到设计要求的效果后，便可与基层固定，最后涂刷镶边油漆成活。

（6）修整软包墙面。除尘清理，处理胶痕。

8.3.3　软包饰面工程的质量验收

软包饰面工程每个检验批应至少抽查 20%，并不得少于 6 间，不足 6 间时应全数检查，其主控项目、一般项目及检验方法见表 8-4、表 8-5，允许偏差见表 8-6。

表 8-4　软包饰面工程主控项目及检验方法

项次	项 目 内 容	检 验 方 法
1	软包面料、内衬材料及边框的材质、颜色、图案、燃烧性能等级和木材的含水率应符合设计要求及国家现行标准的有关规定	观察；检查产品合格证书、进场验收记录和性能检测报告
2	软包工程的安装位置及构造做法应符合设计要求	观察；尺量检查；检查施工记录
3	软包工程的龙骨、衬板、边框应安装牢固，无翘曲，拼缝应平直	观察；手扳检查
4	单块软包面料不应有接缝，四周应绷压严密	观察；手摸检查

表 8-5　软包饰面工程一般项目及检验方法

项次	项 目 内 容	检 验 方 法
1	软包工程表面应平整、洁净、无凸凹不平及皱纹；图案应清晰、无色差，整体应协调美观	观察
2	软包边框应平整、顺直、接缝吻合。其表面涂饰质量应符合涂饰工程的有关规定	观察；手摸检查
3	清漆涂饰木制边框的颜色、木纹应协调一致	观察

表8-6 软包饰面工程的允许偏差和检验方法

项 次	项 目	质 量 标 准	检 验 方 法
1	垂直度/mm	3	用1m垂直检测尺检查
2	边框宽度、高度/mm	0；−2	用钢直尺检查
3	对角线长度差/mm	3	用钢直尺检查
4	裁口、线条接缝高低差/mm	1	用钢直尺和塞尺检查

8.4 工程实践案例

某壁纸裱糊工程在做基层处理时，批刮腻子出现了裂纹和翻皮现象，主要表现为批刮在基层表面的腻子部分或大面积出现了小裂纹，特别是在凹陷坑洼处裂纹严重，甚至脱落；此外，还出现腻子翘起或呈鳞状皱结的现象。这肯定会影响到面层裱糊的施工质量，为此施工单位马上暂停了施工。通过分析、试验后发现产生这些质量问题的原因如下：

（1）腻子胶性小，稠度较大，失水快，使腻子面层出现裂缝。

（2）凹陷坑洼处的灰尘、杂物未清理干净，使得黏结不牢。

（3）凹陷孔洞较大时，刮抹的腻子有半眼等缺陷。

（4）基层表面有灰尘、隔离剂及油污等。

（5）基层表面太光滑。

（6）基层过于干燥，腻子刮得过厚。

（7）在表面温度较高的情况下刮抹腻子。

针对这些问题和现场施工条件，施工单位采取了以下防治措施：

（1）对孔洞凹陷处特别注意清除灰尘、浮土等工作，并涂刷一遍胶粘剂。在孔洞较大的位置处，使用的腻子胶性略大些，并分层进行，反复刮抹平整、坚实。

（2）对裂纹大且已脱离基层的腻子，铲除干净，处理后重新刮一遍腻子。将孔洞处的半眼、蒙头腻子挖出，处理后再分层刮抹平整。

（3）调制腻子时加适量胶液，使稠度合适。

（4）清除基层表面灰尘、隔离剂、油污等，并涂刷一层胶粘剂，再刮腻子。

（5）严格控制每遍腻子厚度，不在潮湿和高温的基层上刮腻子。

通过以上防治措施，施工单位既按期完成了施工任务，又较好地保证了施工质量，受到了建设单位的好评。

实训内容——粘贴壁纸的操作练习

1. 任务

用自配的胶粘剂在抹灰面上裱糊塑料（无泡）壁纸。

2. 条件

（1）在实训基地已具备条件的场地上施工，可结合抹灰工程的实训内容进行。24砖墙砌筑和一般抹灰已经完成。

（2）裱糊工程所用的材料应组织进场，并按实训现场平面布置所指示的堆放位置分类堆放，以备使用。所有材料要符合规范和施工要求，并有产品合格证书。

（3）主要施工机具有壁纸、胶粘剂、活动裁纸刀、刮板、胶辊、铝合金直尺、裁纸案台、钢卷尺、水平尺、普通剪刀、粉线包、软布、毛巾、排笔及板刷等，由指导教师提供。

3. 步骤提示

（1）按基层处理要求将墙面清理干净，大的缺陷处用水泥石膏嵌补，在墙面上满批含有 108 胶的腻子，干后磨平。

（2）用稀释的 108 胶刷一遍经过处理的墙面。如果墙面是水泥砂浆面层（或较大的修补面），为确保防水密封的效果，可以用 801 胶来替代 108 胶。

（3）在合适的位置弹出一条垂直线，并同时弹出墙面上下两端的水平界线。

（4）根据塑料壁纸的厚薄，用 108 胶粘剂、化学糨糊和白胶自行配制胶粘剂。

（5）按照墙面实际张贴高度，适当考虑余量，裁划壁纸，浸水湿润。

（6）用滚筒或刷子在墙面上涂刷胶粘剂，按照操作要领，以合理的顺序粘贴壁纸。

（7）注意随时将壁纸上的污迹揩擦干净，在每粘贴 3~4 幅壁纸后修整清理并用线锤在接缝处检查垂直度。

4. 分项能力标准及要求

分项能力标准及要求见表 8-7。

表 8-7　分项能力标准及要求

序号	考核项目	考核要求	满分	评分标准	得分
1	基层处理	墙面污物清除，松动处理，大缺陷修补，突出物铲除	15	有一处未做扣 2 分	
		窗台口、门樘、踢脚、地坪等处打扫干净	5	有一处不清扫扣 1 分	
2	嵌批	拌腻子要软硬适当	3	过硬或过软扣 2 分，拌有硬块扣 1 分	
		嵌洞缝结实，高低处嵌平	3	嵌不密实扣 1 分，漏嵌扣 1 分	
		批嵌顺直，无野腻子	3	有野腻子一处扣 2 分，严重的扣 3 分	
		复嵌要平整顺直，无凹陷	3	有一处不顺直扣 1 分	
		操作方法及工艺顺序正确	3	基本正确得 2 分	
3	打磨砂纸	选砂纸正确，姿势适当，全磨时不能磨穿，清扫干净	8	每一项错误或不做扣 2 分	
4	刷胶	先竖后横再竖，不挂、不皱、不漏刷	4	按顺序操作得 2 分，有不挂、起皱、漏刷一项扣 1 分	
5	吊垂线	量准壁纸宽度，吊垂线	8	误差 2mm 以内得 7 分，3mm 以内得 5 分，3mm 以外全扣	
6	涂胶粘剂	姿势正确，刷均匀，不遗漏	5	有一项错误扣 1 分，遗漏较多扣 3 分	
7	粘贴	先上后下，对准垂线，平整伏贴，每幅横平竖直，揩清胶迹，防止倒花、离缝、褶皱、毛边、气泡等	30	基本正确得 20 分，每一处错误扣 2 分	
8	划裁	划裁正确	10	基本正确得 7 分，有抽丝扣 2 分，有一处缺陷扣 1 分	

5. 组织形式

分组分工，4~6 人一组，指定小组长，小组进行编号，完成的任务即裱糊段编号同小组编号。壁纸粘贴完毕后，必须将地面、踢脚板、门窗等处的胶迹揩擦干净，将多余的大块壁纸卷好，以备今后修补使用。将工具清洗干净，做好清理工作。

6. 其他

（1）小组成员注意协作互助，在开始操作前以小组为单位合作编制一份简单的针对该行动的局部施工方案和验收方案。

（2）安全保护措施。

（3）环境保护措施等。

本章小结：

本章简要介绍了裱糊和软包饰面工程所用的材料，重点介绍了其施工工艺，并在此基础上分别介绍了裱糊饰面和软包饰面工程的质量验收，使学生学会为达到施工质量要求正确选择材料和组织施工的方法，力求培养学生解决现场施工常见工程质量问题的能力。

复习思考题：

1. 常用裱糊类施工机具有哪些？
2. 简述壁纸裱糊墙面装饰的施工工艺。
3. 简述软包饰面装饰的施工工艺。
4. 裱糊类施工过程容易出现的质量问题是什么？

第9章 门窗工程施工

学习目标：

（1）通过不同类型门窗安装工序的重点介绍，使学生能够对其完整的施工过程有一个全面的认识。

（2）通过对门窗安装工艺的深刻理解，使学生学会正确选择材料和施工工艺，并能合理地组织施工，以达到保证工程质量的目的；培养学生解决施工现场常见工程质量问题的能力。

（3）在掌握施工工艺的基础上，使学生领会工程质量验收标准。

学习重点：

（1）装饰木门窗的制作与安装工艺及质量验收。

（2）铝合金门窗的制作与安装及质量验收。

（3）塑钢门窗的制作与安装及质量验收。

（4）全玻璃装饰门的安装及质量验收。

（5）自动门、卷帘门、防火门的安装。

（6）节能门窗的具体要求。

学习建议：

（1）从门窗的组成、所用材料及施工机具入手，按制作→安装→质量验收这一过程来学习每一类型门窗安装工程的施工工艺。

（2）结合实训任务，指导学生在真实情境中完成完整的施工过程并写出操作、安全注意事项和感受。

（3）通过案例教学，提出施工中可能出现的质量问题，开展课堂讨论，并要求在课后查找相关资料，进一步深刻领会成功案例的经验和失败案例的教训。

门窗是建筑物的重要组成部分，它们不仅是建筑物的主要维护构件，也是建筑物立面的组成要素。门窗在建筑物中各自起着不同的作用，除了满足人们的正常使用要求外，同时还具有一定的装饰性，因此，门窗工程也是建筑装饰工程中的一个重要组成部分。

作为门窗的材料种类很多，门窗的造型也很多，这些都决定了门窗在装饰工程中档次、风格和效果的不同。由于我国各地经济发展水平、气候条件、风俗习惯等差别很大，造成了建筑门窗工程发展的多元化、多层次化。

门窗按材质可分为木门窗、塑钢门窗、铝合金门窗、钢门窗、钢木门窗、无框玻璃门窗、特殊材质门窗等；按功能可分为普通门窗、保温门窗、隔声门窗、防灰门窗、防爆门窗等；门按开启方式可分为平开门、推拉门、旋转门、折叠门、卷帘门、弹簧门、自动门等；

窗按开启方式可分为平开窗、推拉窗、悬窗、固定窗等。

本文主要介绍几种不同材质门窗的制作与安装工艺。

9.1 门窗工程施工常用的机具

9.1.1 常用手工工具

其中测量门窗安装垂直度的托线板和切割木料的木锯等手工工具在前述内容中已有介绍,这里不再赘述,常用手工工具见表9-1。

表9-1 常用手工工具

序号	名 称	简 图	主 要 用 途
1	卷尺		上面有清晰的刻度,是量长度用的。做木工活时随身携带
2	水平尺		测量门窗安装的水平度
3	斧		砍削木料
4	凿		与锤子配合凿榫眼时使用
5	锤		主要是羊角锤,钉木钉或与凿子配合使用,有时用于拔木料中的钉子

9.1.2 常用机械

常用机械见表9-2。

表9-2 常用机械

序号	名 称	简 图	主 要 用 途
1	电动螺钉旋具		铝合金门窗、塑钢门窗的拼装

（续）

序号	名　称	简　图	主要用途
2	电动冲击钻		在混凝土、砖墙等基体上钻孔、扩孔
3	台式电锯		大块木料切割
4	手提电动圆锯		材料切割

除了上述机械及手工工具外，还有墨斗、直角尺、手推刨、手电刨、扁铲、螺钉旋具、木工笔等工具。

9.2　装饰木门窗的制作与安装

在装饰工程中，木门窗的制作安装占了很大比例，特别是在室内装饰造型中，木门窗应用得更为广泛，是创造装饰气氛与效果的一个很重要的手段。木门窗具有质量轻、强度高、使用寿命长、保温隔热性能好、易加工等优点，而且传统木门窗还具有装饰典雅、温馨、亲切的感觉。但是木门窗也有缺点，如易燃、易腐朽和虫蛀、湿胀干缩较严重、易变形开裂等，以上缺点通过适当的处理能得到避免和改善。

木门由门框和门扇两部分组成。当门的高度超过 2.1m 时，门的上部需增加亮子。各种类型木门的门框构造基本一样，但门扇的式样和构造做法不尽相同。门框由冒头与边梃组成，通常在冒头上打眼，在边梃端头开榫，有亮子的门框，应在门扇上方加设中贯档。门框边梃与中贯档的连接是在边梃上打眼，在中贯档的两端开榫，其构造如图 9-1 所示。门扇分为实门和木玻璃门，实门按其骨架与面板拼装方式又分为镶板门和贴板门。镶板门的面板一般采用实木板、多层木夹板或木屑板等。贴板门的面板一般采用胶合板和纤维板等。木门扇的构造如图 9-2 所示。

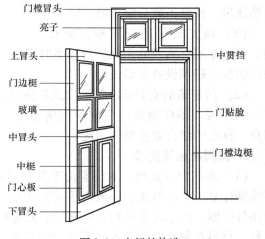

门樘冒头
亮子
上冒头
中贯挡
门边梃
玻璃
门贴脸
中冒头
中梃
门心板
门樘边框
下冒头

图 9-1　木门的构造

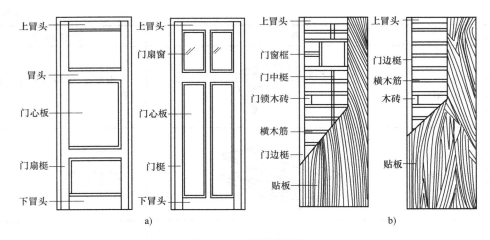

图 9-2　木门扇的构造

a）镶板门扇的构造　b）贴板门扇的构造

木窗主要由窗框和窗扇组成。窗框与门框的连接方式相似，窗扇的连接构造与木门略同，榫眼开在窗扇边梃上，在上、下冒头和中间窗棂的两端做榫头。木窗的构造如图 9-3 所示。

9.2.1　施工准备

1. 作业条件

（1）门窗框和扇进场后，应及时组织油工将框靠墙靠地的一面涂刷防腐涂料，其他各面均应刷清油一道，然后分类水平堆放；底层应搁置在垫木上，垫木离地面高度不小于 200mm。每层间也要垫木板，使其能自然通风。注意不能日晒雨淋。

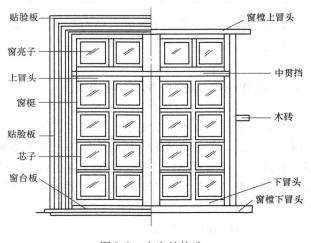

图 9-3　木窗的构造

（2）预先安装的门窗框，应在楼、地面基层标高或墙砌到窗台标高时安装。后装的门窗框，应在主体结构验收合格、门窗洞口防腐木砖埋设齐备后进行。

（3）门窗扇的安装应在饰面完成后进行。

（4）安装前应检查门窗框和门扇型号、尺寸是否符合要求，有无翘扭、弯曲、劈裂、窜角、榫槽间结合处松散等情况。

2. 材料准备及要求

（1）木门窗的选材。木门窗由于其材质的缺陷较多，五金配件品种多，所以在选材时要特别注意，精心挑选。一般应采用窑干法干燥木材，且木材的含水率不应大于 12%。若受条件限制，除东北落叶松、马尾松、云南松、桦木等易变形的树种外，可采用气干法干燥木材，材料在制作时的含水率不应大于当地的平衡含水率，并应刷涂一遍底漆（干性油），防止受潮变形。这类门窗与基层接触部位及预埋木砖，都应进行防腐处理，并应设置防潮层。当采用杨木、桦木、马尾松、木麻黄等易腐朽和易虫蛀的木材时，整个构件均应进行防腐、防蛀处理。

在装修要求较高的建筑中，对于木门窗的选材应严格要求，不但要符合上述标准，还应按设计要求选取一些质地细致、纹理美观的硬木，如水曲柳、柞木、柚木、榉木、橡木、黄菠萝、楸木等，以增强木门窗的装饰效果和使用质量。

（2）木门窗的五金配件。木门窗常用的五金配件有合页、插销、把手、门锁、铁三角、窗开等。这些五金配件在使用过程中容易损坏，所以在选择时要保证质量，既要注重装饰效果，还要考虑经济性问题。

（3）胶粘剂。潮湿地区，高级木门窗应采用耐水的酚醛树脂胶，普通木门窗采用半耐水的脲醛树脂胶。

9.2.2 装饰木门窗的制作

1. 工艺流程

配料→裁料→刨料→划线→凿眼→倒棱→裁口→开榫→断肩→组装→加楔→净面→油漆→安装玻璃。

2. 施工要点

（1）配料与裁料。配料前先熟悉图纸，了解门窗构造、尺寸、制作数量和质量要求。计算出各部分的尺寸和数量，列出配料单，按配料单进行配料。配料时，对木方材料要进行选择，不使用有腐朽、裂纹、节疤大的木料，不干燥的木料也不能使用，同时要先配长料后配短料，先配框料后配扇料，使木料得到充分合理的使用。

制作门窗时，往往需要大量刨削，拼装时会有损耗，配料必须加大尺寸，即各种部件的毛料尺寸要比其净料尺寸大一些。门窗料如果两面刨光，其毛料的断面尺寸要比净料加大4～5mm，如果是单面刨光，要加大2～3mm。

因门窗框的冒头有走头（加长端），门框的上冒头和窗框的上、下冒头两端各需加长120mm，以便砌入墙内锚固。无走头时，冒头两端各加长20mm。需埋入地坪下固定门框时，门框梃通常应加长60mm。在楼层上的门框梃只加长20～30mm，一般窗框的梃、门窗冒头、窗棂可加长10～15mm，门窗扇的梃加长30～50mm。

在选配的木料上按毛料尺寸划出截断、锯开线，考虑到损耗，一般留出2～3mm。锯切时，要注意锯线直、端面平，并注意不要锯锚线，以免造成浪费。

（2）刨料。刨料前，宜选择纹理清晰、无结疤和毛病较少的材面作为正面。对于框料，任选一个窄面为正面；对于扇料，任选一个宽面为正面。

刨料时，应当顺着木纹刨削，以免戗槎。刨削中常用尺子量测部件的尺寸是否满足设计要求，不要刨过量，以免影响门窗的质量。有弯曲的木料，可以先刨凹面，把两头刨得基本平整，再用大刨子刨，即可刨平。如果先刨凸面，凹面朝下，用力刨削时，凸面会向下弯，不刨时，木料的弹性又恢复原状，很难刨平。有扭曲的料，应先刨木料的高处，直到刨平为止。

正面刨平直以后，要打上记号，再刨垂直的一面，两个面的夹角必须成90°，一面刨料，一面用角尺测量。然后，以这两个面为准，用勒子在料上画出所需的厚度线和宽度线。整根料刨好后，这两根线也不能刨掉。检查木料是否刨平的方法是：取两根木料叠在一起，用手随便按动上面一根木料的一个角，这根木料丝毫不动，即证明这根料刨平了。

门、窗的框料，靠墙的一面可以不刨光，但要刨出两道灰线。扇料必须四面刨光，划线时才能准确。料刨好后，应按框、扇分别码放，上下对齐。放料的场地要求平整、坚实。

（3）划线。划线前，先要弄清楚榫、眼的尺寸和形式。眼的位置应在木料的中间，宽度不超过木料宽度的1/3，由凿子的宽度确定。榫头的厚度根据眼的宽度确定，半榫长度为木料宽度的1/2。

对于成批的木料，应将两根刨好的木料大面相对放在一起，划上榫、眼的位置。要记住，使用角尺、划线竹笔、勒子时，都应靠在打号的大面和小面上。划线经检查无误后，以这两根木料为样板再成批划线。

（4）凿眼。凿眼时，要选择与眼宽度相等的凿子。先凿透眼，后凿半眼，凿透眼时先凿背面，凿到约1/2眼深（最多不能超过2/3眼深）后，把木料翻过来凿正面，直到把眼凿透。这样凿眼，可避免将木料凿劈裂。另外，眼的正面边线要凿去半条线，留下半条线，榫头开榫时也留半条线，榫、眼合起来一条线，这样的榫、眼结合才紧密。眼的背面按线凿，不留线，使眼比面略宽，这样的眼装榫头时，可避免挤裂眼口周围。

（5）倒棱与裁口。倒棱与裁口在门框梃上做出，倒棱起装饰作用，裁口对门扇在关闭时起限位作用。倒棱要平直，宽度要均匀；裁口要求方正平直，不能有戗槎起毛、凹凸不平的现象。也有不在门框梃木方上做裁口的，而是用一条小木条粘钉在门框梃木方上。

（6）开榫与断肩。开榫也叫倒卯，就是按榫的纵向线锯开，锯到榫的根部时，要把锯立起来锯几下，但不要过线。开榫时要留半条线，其半榫长为木料宽度的1/2，应比半眼深少1～2mm，以备榫头因受潮而伸长。开榫要用锯小料的细齿锯。断肩就是把榫两边的护膀断掉。断肩时也要留线。快锯掉时要慢点，防止伤了榫根。断肩要用小锯。

透榫锯好后插进眼时，以不松不紧为宜。锯好的半榫应比眼稍大。组装时在四面磨角倒棱，抹上胶后用锤敲进去，这样的榫使用长久，不易松动。如果半榫锯薄了，放进眼里松动，可在半榫上加两个破头楔，抹上胶打入眼内，使破头楔把半榫挤紧，借以补救。

（7）组装与净面。组装门窗框、扇，应选出各部件的正面，以使组装后正面在同一面，不要把组装后已刨平面上的线用砂纸打掉。门窗框组装前，先在两根框梃上量出门窗的高，用记号笔划一道线（这就是室内地坪线），作为立框的标记。

门窗框的组装是把一根边梃平放，将中贯挡、上冒头（窗框还有下冒头）的榫插进梃的眼里，再装上另一边的梃，用锤轻轻敲打拼合，敲打时要垫木块，防止打坏榫头或留下敲打的痕迹。待整个门窗框拼好规方以后，再将所有的榫头敲实，锯断露出的榫头。

门窗扇的组装方法与门窗框基本相同，但门扇中有门板，需先把门芯按尺寸裁好，一般门芯板应比在门扇边上量得的尺寸小3～5mm。门芯板的四边去棱、刨光，然后，先把一根门梃平放，将冒头挨个装入，门芯板嵌入冒头门梃的凹槽内，再将另一根门梃的眼对准榫装入，并用锤敲紧木块。

门窗框、门扇组装好后，为使其成为一个结实的整体，必须在眼中加木楔，将其揳在眼中挤紧。木楔长度与榫头一样长，宽度比眼窄 2～3mm，楔子头用扁铲顺木纹铲尖。在加楔过程中，对扇要随时用角尺或尺杆卡窜角找方正，并校正框、扇的不平处。

组装好的门框、扇用细刨或砂纸修平、修光。双扇门窗要配对好，对缝的裁口刨好。安装前，门窗框靠墙的一面，均要刷一道沥青，以增强防腐能力。

为了防止校正好的门框再变形，应在门框下端钉上拉杆，拉杆下皮应处于设计地坪线在边梃上的标记上方。大一些的门窗框，在中贯挡与边梃间钉八字撑杆。

9.2.3 装饰木门窗的安装

1. 工艺流程

安装门窗框→安装门窗扇。

2. 施工要点

（1）门窗框的安装。安装门窗框有两种方法。

一种是先立口，就是在砌墙前把门窗框按图纸位置立直找正后固定好。这种方法必须在墙体施工前把门窗框做好运至现场，安装时需要很多临时支撑固定门窗框，在墙体施工时只要发生因碰撞而松动，就要随时对门窗框的位置和歪斜度等进行校正。该安装方法对墙体施工既造成一定的影响，又存在出现错误难以改正的问题，所以现在很少采用这种安装方法。

另一种是后塞口，在墙体施工时，门窗洞口预先按图纸上的位置和尺寸留出，洞口比门口每边大 15～20mm。砌墙时，洞口两侧按规定砌入木砖，每边 2～3 块，间距不应大于 1.2m。安装门窗框时，先把门窗框塞进洞口，用木楔临时固定，用线坠和水平尺校正。校正后，用钉子把门窗框钉牢在木砖上，每个木砖上最少应钉两颗钉子，钉帽打扁冲入梃内。

（2）门窗扇的安装。安装门窗扇前，要检查门窗框上、中、下三部分风缝是否一样宽，如果相差超过 2mm，就必须修整。另外还要核对门窗扇的开启方向，并做标记。然后，量出门窗框口的净尺寸，考虑风缝的大小，确定扇的宽度和高度，并进行修刨。修刨时，高度方向上主要修刨冒头边，宽度方向上的修刨，应将门扇立于门窗框中，检查扇与门窗框配合的松紧度。由于木材有干缩湿胀的性质，而且门窗框和扇都需要有油漆和打底层的厚度，所以安装时要留缝。一般门扇对口处竖缝留 1.5～2.5mm，窗扇竖缝留 2mm；并按此尺寸进行修刨。

门窗扇安装时，合页安装位置距上、下边的距离宜为门窗扇高度的 1/10。用扁铲剔出合页槽，合页槽应外边浅、里边深，其深度应当是把合页合上后与框扇平正为准。将合页放入剔好的合页槽进行固定，上下合页先各拧一颗木螺钉把扇挂上，检查缝隙是否符合要求，扇与框是否齐平，扇能否关住。检查合格后，再把木螺钉全部上齐。

9.2.4 装饰木门窗制作与安装工程的质量验收

装饰木门窗每个检验批应至少抽查 5%，并不得少于 3 樘，不足 3 樘时应全数检查。高层建筑的外窗，每个检验批应至少抽查 10%，并不得少于 6 樘，不足 6 樘时应全数检查。装饰木门窗制作与安装工程主控项目、一般项目及检验方法见表 9-3、表 9-4，制作与安装允许偏差见表 9-5 和表 9-6。

表9-3 装饰木门窗制作与安装工程主控项目及检验方法

项次	项目内容	检验方法
1	木门窗的木材品种、材质等级、规格、尺寸、框扇的线形及人造木板的甲醛含量应符合设计要求;设计未规定材质等级时,所用木材质量应符合国家相应规范的规定	观察;检查材料进场验收记录和复检报告
2	木门窗应采用烘干的木材,含水率应符合国家相应规范的规定	观察;检查材料进场验收记录
3	木门窗的防火、防腐、防虫蛀处理应符合设计要求	观察;检查材料进场验收记录
4	木门窗的结合处和安装配件处不得有木节或已填补的木节。木门窗如有允许限值以内的死节及直径较大的虫眼时,应用同一材质的木塞加胶填补。对于清漆制品,木塞的木纹和色泽应与制品一致	观察
5	门窗框和厚度大于50mm的门窗扇应用双榫连接。榫槽应采用胶料严密嵌合,并应用胶楔夹紧	观察;手扳检查
6	胶合板门、纤维板门和模压门不得脱胶。胶合板不得刨透表面单板,不得有戗槎。制作胶合板门、纤维板门时,边框和横楞应在同一平面上,面层、边框及横楞应加压胶结。横楞和上下冒头应各钻两个以上的透气孔,透气孔应通畅	观察
7	木门窗的品种、类型、规格、开启方向、安装位置及连接方式应符合设计要求	观察;尺量检查;检查成品门的产品合格证书
8	木门窗框的安装必须牢固。预埋木砖的防腐处理,木门窗框固定点的数量、位置及固定方法应符合设计要求	观察;手扳检查;检查隐蔽工程验收记录和施工记录
9	木门窗扇必须安装牢固,并应开关灵活,关闭严密,无倒翘	观察;开启和关闭检查;手扳检查
10	木门窗配件的型号、规格、数量应符合设计要求,安装应牢固,位置应正确,功能应满足使用要求	观察;开启和关闭检查;手扳检查

表9-4 装饰木门窗制作与安装工程一般项目及检验方法

项次	项目内容	检验方法
1	木门窗表面应洁净,不得有刨痕、锤印	观察
2	木门窗的割角、拼缝应严密平整。门窗框、扇裁口应顺直,刨面应平整	观察
3	木门窗上的槽、孔应边缘整齐,无毛刺	观察
4	木门窗与墙体间的缝隙的填嵌材料应符合设计要求,填嵌应饱满。寒冷地区外门窗(或门窗框)与砌体间的空隙应填充保温材料	轻敲门窗框检查;检查隐蔽工程验收记录和施工记录
5	木门窗批水、盖口条、压缝条、密封条的安装应顺直,与门窗结合应牢固、严密	观察;手扳检查

表9-5 木门窗制作的允许偏差和检验方法

项次	项目	构件名称	允许偏差/mm 普通	允许偏差/mm 高级	检验方法
1	翘曲	框	3	2	将框、扇平放在检查平台上,用塞尺检查
		扇	2	2	

（续）

项次	项　目	构件名称	允许偏差/mm 普通	允许偏差/mm 高级	检验方法
2	对角线长度	框、扇	3	2	用钢尺检查，框量裁口里角，扇量外角
3	表面平整度	扇	2	2	用1m靠尺和塞尺检查
4	高度、宽度	框	0；−2	0；−1	用钢尺检查，框量裁口里角，扇量外角
4	高度、宽度	扇	+2；0	+1；0	用钢尺检查，框量裁口里角，扇量外角
5	裁口、线条结合处高低差	框、扇	1	0.5	用钢尺和塞尺检查
6	相邻棂子两端间距	扇	2	1	用钢直尺检查

表9-6　木门窗安装的留缝限值、允许偏差和检验方法

项次	项　目		留缝限值/mm 普通	留缝限值/mm 高级	允许偏差/mm 普通	允许偏差/mm 高级	检验方法
1	门窗槽口对角线长度差		—	—	3	2	用钢尺检查
2	门窗框的正侧面垂直度		—	—	2	1	用1m垂直检测尺检查
3	框与扇、扇与扇接缝高低差		—	—	2	1	用钢直尺和塞尺检查
4	门窗扇对口缝		1～2.5	1.5～2	—	—	用塞尺检查
5	工业厂房双扇大门对口缝		2～5	—	—	—	用塞尺检查
6	门窗扇与上框间留缝		1～2	1～1.5	—	—	用塞尺检查
7	门窗扇与侧框间留缝		1～2.5	1～1.5	—	—	用塞尺检查
8	窗扇与下框间留缝		2～3	2～2.5	—	—	用塞尺检查
9	门扇与下框间留缝		3～5	3～4	—	—	用塞尺检查
10	双层门窗内外框间距		—	—	4	3	用钢尺检查
11	无下框时门扇与地面间留缝	外门	4～7	5～6	—	—	用塞尺检查
11	无下框时门扇与地面间留缝	内门	5～8	6～7	—	—	用塞尺检查
11	无下框时门扇与地面间留缝	卫生间	8～12	8～10	—	—	用塞尺检查
11	无下框时门扇与地面间留缝	厂房大门	10～20	—	—	—	用塞尺检查

9.3　铝合金门窗的制作与安装

铝合金材料是由纯铝加入锰、镁等金属元素合成，具有质轻、高强、耐蚀、耐磨、韧性强等特点。经氧化着色表面处理后，可得到银白色、金色、青铜色和古铜色等几种颜色。铝合金门窗是将经过表面处理的型材，通过下料、打孔、铣槽、攻丝、制作等加工工艺而制成的门窗框料构件，然后再与连接件、密封件、开闭五金件一起组合装配而成。它与普通木门窗、钢门窗相比，具有质轻高强、密闭性能好、使用中变形小、耐久性好、施工速度快、使用维修方便、立面美观、能成批定型生产等优点。但是，在建筑装饰工程中，特别是对于高

层建筑、高档次的装饰工程，如果从装饰效果、年久维修等方面考虑，铝合金门窗的使用价值是较高的，而在北方冬季寒冷地区，应考虑其导热系数大的缺点。

9.3.1 施工准备

1. 作业条件

（1）主体结构经有关质量部门验收合格，工种之间已办好交接手续。

（2）检查门窗洞口尺寸及标高是否符合设计要求；有预埋件的还应检查预埋件的数量、位置及埋设方法。

（3）检查铝合金门窗的外观质量，如有劈裂、窜角、翘曲不平、表面损伤、变形及松动、偏差超过标准、外观色差较大的，应与有关人员协商解决，经认真处理，验收合格后才能安装。

（4）按图纸要求弹好门窗中线，并弹好室内 +500mm 的水平基准线。

2. 材料准备及要求

（1）型材。型材表面质量应满足下列要求：

1）型材表面应清洁，无裂纹、起皮和腐蚀存在，装饰面不允许有气泡。

2）普通精度型材装饰面上碰伤、擦伤和划伤，其深度不得超过 0.2mm；由模具造成的纵向挤压痕深度不得超过 0.1mm。对于高精度型材的表面缺陷深度，装饰面应不大于 0.1mm，非装饰面应不大于 0.25mm。

3）型材经表面处理后，其氧化膜厚度应不小于 10μm，并着银白色、金黄色、青铜色、古铜色和黄黑色等颜色，色泽应均匀一致；其面层不允许有腐蚀斑点和氧化膜脱落等缺陷。

铝合金型材常用截面尺寸见表9-7。

表9-7　铝合金型材常用截面尺寸　　　　　　　（单位：mm）

代号	型材截面系列	代号	型材截面系列
38	38 系列（框料截面宽度38）	70	70 系列（框料截面宽度70）
42	40 系列（框料截面宽度40）	80	80 系列（框料截面宽度80）
50	50 系列（框料截面宽度50）	90	90 系列（框料截面宽度90）
60	60 系列（框料截面宽度60）	100	100 系列（框料截面宽度100）

（2）密封材料。密封材料种类很多，如聚氯酯密封膏，是高档密封膏的一种，适用于 ±25% 接缝变形部位的密封，价格较便宜，只有硅酮密封膏的一半；硅酮密封膏也是高档密封膏的一种，性能全面，变形能力达50%，高强度、耐高温；水膨胀密封膏遇水后膨胀能将缝隙填满。另外还有密封带、密封垫、底衬泡沫条和防污纸质胶带等。

（3）五金配件。双头通用门锁配有暗藏式弹子锁，可以内外启闭，适用于铝合金平开门；扳动插锁用于铝合金弹簧门（双扇）及平开门（双扇）；推拉式门锁作为推拉式门窗的拉手和锁闭器用；铝窗执手适用于平开式、上悬式铝窗的启闭；地弹簧装置于门窗下部的一种缓速自动闭门器；半月形执手适用于推拉窗的扣紧，有左、右两种形式等。

总之，铝合金门窗选材时，规格、型号应符合设计或用户的要求，五金配件配套齐全，并有产品出厂合格证。辅材，如防腐材料、保温材料、水泥、砂、镀锌连接件、膨胀螺栓、防水密封膏、嵌缝材料、橡胶垫块、防锈漆、电焊条等应按要求选定。

9.3.2 铝合金门窗的制作

1. 工艺流程

选料→下料→钻孔→门窗框组装→门窗扇组装。

2. 施工要点

（1）铝合金门的制作

1）下料。在砖墙中的铝合金门框多选用 70mm×44mm 或 100mm×44mm 的扁方铝管材。裁料时门框高度和宽度略小于门洞口尺寸，其误差应控制在 2mm 范围内。

2）门框组装。铝合金门常用于铝合金隔断和砖墙中。如在铝合金隔墙中，则在制作隔墙骨架时留出门框的位置即可，而在砖墙中的铝合金门则需专门制作门框。

门框横竖框料用铝角码连接固定。连接前，先将两个竖门框料靠在一起，并在与横框料连接之处划线，然后用一小截同样的框料扁方管做模，将做模的扁方管放在划线处，把铝角码放入模内靠紧，用手电钻把铝角码和竖框料一并钻孔，再用自攻螺钉将铝角码紧固在竖框上。将横向框料的端头插入固定在竖向框料上的铝角码，用直角尺检查横竖框料对接的直角度，合格后在横向框料的端头钻孔。钻孔时，将横向框料与插入其内的铝角码一并钻通，用自攻螺钉拧紧，将横竖框料连接在一起。

3）门扇组装。门扇由两边框、上横和玻璃压条所组成。门扇的宽度比门框宽度小 3～6mm，高度通常比门框上横料至地弹簧平面的距离小 10～15mm。

门扇框的连接也是用铝角码固定，具体做法与门框连接相同。当门扇框较宽时（超过900mm），在门扇框下横料中穿入一条两头都有螺纹的钢条进行加固。安装钢条前先在门扇边框料下端内钻孔，再将钢条穿入紧固。注意加固钢条应在地弹簧连杆与下横安装完毕后再装，不得妨碍地弹簧连杆与地弹簧座的对接。图 9-4 为铝合金门的装配图。

（2）铝合金窗的制作。铝合金推拉窗有带上窗和不带上窗之分，图 9-5 为铝合金双扇推拉窗构造。

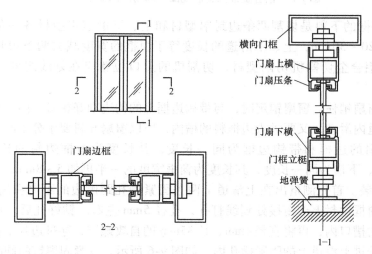

图 9-4　铝合金门装配图（46 系列）

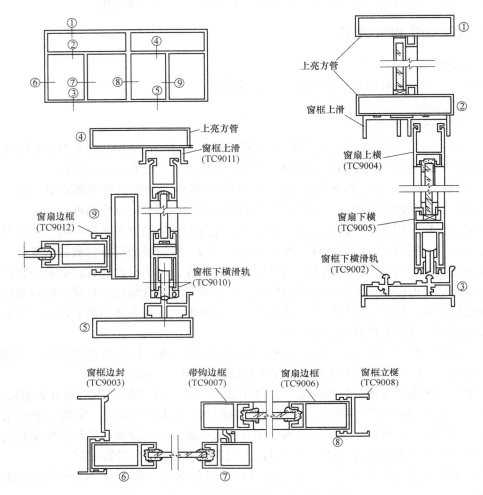

图9-5　铝合金推拉窗装配图（90系列TC型）

1）下料。窗框的下料是切割两条边封铝型材和上、下滑道铝型材各一条。框料尺寸比窗洞口尺寸小20～30mm，上、下滑道的长度等于窗框的宽度减去两条边封铝型材的厚度。下料时，用铝合金切割机切割型材，切割机的刀口位置应在划线之外，并留出划线痕迹。

通过挂钩把窗扇销住。窗扇销定时，与带钩边框上的钩边刚好相碰。因为窗扇在装配后既要在上、下滑道内滑动，又要进入边框料的槽内，所以窗扇开料要十分小心，使窗扇与窗框配合恰当。窗扇的边框和带钩边框为同一长度，其长度为窗框边封的长度再减45～50mm。窗扇的上、下横为同一长度，其长度为窗框宽度的一半再加5～8mm。

2）窗框的组装。首先测量出在上滑道上两条固紧槽孔距侧边的距离和高低位置尺寸，按这两个尺寸在窗框边封上部衔接处划线打孔，孔径5mm左右。钻好孔后，用专用的碰口胶垫，放在边封的槽口内，再将直径4mm、长35mm的自攻螺钉，穿过边封上打出的孔和碰口胶垫上的孔，拧进上滑道上的固紧槽孔内，如图9-6所示。在紧固螺钉的同时，要注意上滑道与边封对齐，各槽对正，然后再拧紧螺钉，最后在边封内装毛条。按同样的方法连接固定下滑道，注意固定时不得将下滑道的位置装反，下滑道的滑轨面一定要与上滑道相对应才能使窗扇在上、下滑道上滑动，如图9-7所示。窗框的四个角连接好后，用直角尺测量校正窗框的直角度，最后拧紧各角上的连接自攻螺钉。

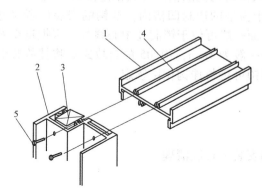

图9-6　窗框上滑道的连接组装

1—上滑道　2—边封　3—碰口胶垫
4—上滑道上的固紧槽　5—自攻螺钉

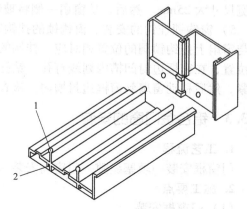

图9-7　窗框下滑道的连接组装

1—下滑道的滑轨
2—下滑道下的固紧槽孔

3）窗扇的组装。连接拼装前，先在窗扇的边框和带钩边框上、下两端进行切口处理，上端切开51mm长，下端切开76.5mm长，以便上、下横插入切口内进行固定。边框与上、下横连接固定好后，在下横的底槽中安装滑轮，每条下横的两端各装一只滑轮。在窗扇的边框与下横衔接端划线打三个孔，上、下两个是连接固定孔，中间一个是留出进行调节滑轮框上调整螺钉的工艺孔。这三个孔的位置，要根据固定在下横内的滑轮框上孔位置来划线，然后打孔，并要求固定后边框下端要与下横底边平齐，如图9-8所示。

安装上横角码和窗扇钩锁。截取两个铝角码，将角码放入上横的两头，使其一个面与上横端头面平齐，将角码与上横一起钻通并钻两个孔，用自攻螺钉将角码固定在上横内。再在角码的另一面（与上横端头平齐的那个面）的中间打一个孔。根据此孔的尺寸和位置，在扇的边框及带钩框上打孔以便用螺钉固定边框与上横，如图9-9所示。

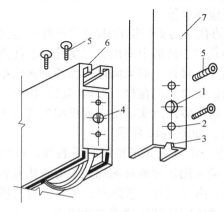

图9-8　窗扇下横安装

1—调节滑轮　2—固定孔　3—半圆槽　4—调节螺钉
5—滑轮固定螺钉　6—下横　7—边框

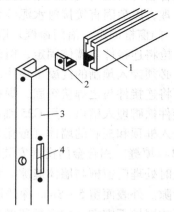

图9-9　窗扇上横安装

1—上横　2—角码
3—窗扇边框　4—窗锁洞

4）上密封毛条及安装窗扇玻璃。窗扇上的密封毛条有两种，一种是长毛条，一种是短毛条。长毛条装于上横顶边的槽内以及下横底边的槽内，短毛条装于带钩边框的钩部槽内和窗框边封的凹槽两侧。在安装窗扇玻璃时，要检查玻璃尺寸。通常玻璃长宽方向比窗扇内侧长宽尺寸大25mm。然后，从窗扇一侧将玻璃装入窗扇内侧的槽内并紧固连接好边框。

5）窗钩锁挂钩的安装。窗钩锁的挂钩安装于窗框的边封凹槽内，挂钩的安装位置尺寸要与窗扇上挂钩锁洞的位置相对应。挂钩的钩平面一般可位于锁洞孔中心线处。根据这个对应位置，在窗框边封凹槽内划线打孔。钻孔直径一般为4mm，用M5的自攻螺钉将挂钩临时固紧，然后移动窗扇到窗框边封槽内，检查窗扇锁可否与挂钩相接锁定。

9.3.3　铝合金门窗的安装

1. 工艺流程

门窗框安装→填塞缝隙→门窗扇安装→玻璃安装→打胶清理。

2. 施工要点

（1）门窗框安装

1）门窗洞口尺寸复核。门窗框上连接件间距一般应小于600mm，设在转角处的连接件位置应距转角边缘150mm。连接件多为1.5mm厚的镀锌板，长度根据现场需要进行加工。门窗洞口墙体厚度方向的预埋件中心线若无设计规定，距内墙面38~60系列为100mm，90~100系列为150mm。有窗台时，安装位置要以同一房间内的窗台板外露尺寸一致为准。窗台板伸入铝合金窗下5mm为宜。按设计尺寸在门窗洞口墙体上划出水平标高线和门窗位置中心线，同一房间内的窗水平高度应一致，误差不应超过5mm。

2）门窗框就位。门窗框就位在洞口安装线上，调整使门窗框四周间隙均匀，同时注意框中心线与洞口中心线吻合，并调整门窗框的垂直度、水平度及对角线在允许偏差范围内。用木楔将框四角处固定，但须防止门窗框被挤压变形。组合门窗框应先进行预拼装，然后先安装通长拼接料，后安装分段拼接料，最后安装基本门窗框。拼接处应用密封胶条密封及拼接条搭接，以防拼接处裂缝渗水。组合门窗框拼接料如需加强时，其加固型材应经防锈处理，用镀锌螺钉连接。

铝合金门窗框的两侧应涂刷防腐涂料，也可粘贴塑料薄膜进行保护，所用铁件也应进行防腐处理，以免因直接接触水泥砂浆产生电化学反应而腐蚀。

3）门窗框固定。沿门窗框外墙用电锤打ϕ10的孔，用膨胀螺栓固定门窗框的连接件或用射钉枪将连接件与墙体固定，但射钉枪不能在多孔空心砖墙中使用。在多孔空心砖进行固定时，必须砌入预制的混凝土垫块，并在垫块上固定连接件。如果墙体有预埋钢板或结构钢筋，可将连接件与之焊接牢固，焊接时必须注意保护铝合金门窗框。如墙体已预留槽口，可将连接件铁脚埋入槽口，用C25细石混凝土或1:2水泥砂浆灌实。组合窗框间的拼接上、下端各嵌入框顶和框底的墙体（或梁）内25mm左右，如图9-10所示。

（2）填缝。铝合金门窗框安装固定好后，应进一步复查其平整度和垂直度，确认无误后，及时处理门窗框与墙体缝隙。无设计要求时，应采用矿棉或玻璃棉毡条等软质材料分层填塞缝隙。外表面留5~8mm深的槽口填嵌嵌缝膏。由于只有一道防水，如果密封膏质量没有保证或嵌填不密实，或无预留槽口，保护门窗框的临时性塑料薄膜未清除干净，雨水很有可能从缝隙侵入。

铝合金门窗框如果沾上水泥浆或其他污染物，应立即用软布清洗干净，不准用金属工具铲刮，以防损坏门窗表面。待灌缝砂浆干固后，应在框接缝处填嵌硅胶密封。

（3）安装门窗扇和玻璃。一般应在内外墙粉刷、贴面等装饰工作完成并验收合格后，再进行门窗扇和玻璃的安装工作。门窗扇的安装要求周边密封、开启灵活。

推拉门窗在门窗框安装固定后，将配好玻璃的门窗扇整体装入框内滑槽，调整好框与扇的缝隙即可。平开门窗在框与扇格架上组装上墙，安装固定好后再安玻璃，即先调整好框与扇的缝隙，再将玻璃安入扇并调整好位置，最后镶嵌密封条和密封胶。

（4）打胶清理。大片玻璃与框扇接缝处，要用玻璃胶筒打入玻璃胶，整个门安装好后，以干净抹布擦洗表面，清理干净后交付使用。

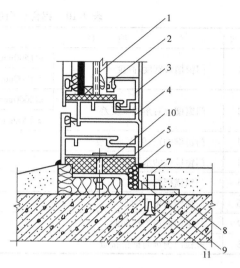

图 9-10　铝合金门窗安装节点
1—玻璃　2—橡胶压条　3—压条
4—内扇　5—外框　6—密封膏
7—砂浆　8—地脚　9—软填料
10—塑料垫　11—膨胀螺栓

9.3.4　铝合金门窗安装工程的质量验收

铝合金门窗每个检验批检查数量与木门窗相同，其主控项目、一般项目及检验方法见表9-8、表9-9，允许偏差见表9-10。

表 9-8　铝合金门窗安装工程主控项目及检验方法

项次	项目内容	检验方法
1	铝合金门窗的品种、类型、规格、尺寸、性能、开启方向、安装位置、连接方式及型材壁厚应符合设计要求。铝合金门窗的防腐处理及填嵌、密封处理应符合设计要求	观察；尺量检查；检查产品合格证书、性能检测报告、进场验收记录和复检报告；检查隐蔽工程验收记录
2	门窗框和副框的安装必须牢固。预埋件的数量、位置、埋设方式、与框连接方法须符合设计要求	手扳检查；检查隐蔽工程验收记录
3	门窗扇必须安装牢固，并应开关灵活、关闭严密、无倒翘。推拉门窗扇必须有防脱落措施	观察；开启和关闭检查；手扳检查
4	门窗配件的型号、规格、数量应符合设计要求，安装应牢固，位置应正确，功能应满足使用要求	观察；开启和关闭检查；手扳检查

表 9-9　铝合金门窗安装工程一般项目及检验方法

项次	项目内容	检验方法
1	铝合金门窗表面应洁净、平整、光滑、色泽一致，无锈蚀。大面应无划痕、碰伤。漆膜或保护层应连续	观察
2	铝合金门窗推拉窗扇开关力应不大于100N	用弹簧秤检查
3	门窗框与墙体之间的缝隙应填嵌饱满，并采用密封胶密封。密封胶表面应光滑、顺直、无裂纹	观察；轻敲门窗框检查；检查隐蔽工程验收记录
4	门窗扇的橡胶密封条或毛毡密封条应安装完好，不得脱槽	观察；开启和关闭检查
5	有排水孔的铝合金门窗，排水孔应畅通，位置和数量应符合设计要求	观察

表 9-10　铝合金门窗安装的允许偏差和检验方法

项次	项　目		允许偏差／mm	检验方法
1	门窗槽口宽度、高度	≤1500mm	1.5	用钢尺检查
		>1500mm	2	
2	门窗槽口对角线长度差	≤2000mm	3	用钢尺检查
		>2000mm	4	
3	门窗框的正、侧面垂直度		2.5	用垂直检测尺检查
4	门窗横框的水平度		2	用1m水平尺和塞尺检查
5	门窗横框标高		5	用钢尺检查
6	门窗竖向偏离中心		5	用钢尺检查
7	双层门窗内外框间距		4	用钢尺检查
8	推拉门窗扇与框搭接量		1.5	用钢尺检查

9.4　塑料门窗的安装

　　塑料门窗是以聚氯乙烯树脂、改性聚氯乙烯树脂或其他树脂为主要材料，以轻质碳酸钙为填料，添加适量助剂和改性剂，经挤压成型的各种截面的空腹门窗异型材，再选用不同截面异型材组装而成。因塑料的刚度差，一般均在型材的空腔内嵌装轻钢型材或铝合金型材，以增强塑料门窗的刚度，提高其牢固性和抗风能力。因此塑料门窗又称为"塑钢门窗"。

　　塑料门窗具有较好的装饰性，同时在气密性和隔热性能上更为理想，其密封性能为木窗的 3 倍，为铝窗的 1.5 倍，热损耗为金属门窗的 1/1000，隔声效果比铝合金窗低 30dB 以上，而且不用油漆，具有良好的耐腐蚀性、耐潮湿性。因此，塑料门窗在建筑上被广泛应用。

9.4.1　施工准备

1. 作业条件

　　（1）主体结构已施工完毕，并经有关部门检验合格。或墙面已粉刷完毕，工程之间已办好交接手续。

　　（2）按图纸要求复核门窗洞口的宽度、高度和四角的方正度，如与要求不符时，应先修整洞口，使其符合要求。门窗框与洞口间伸缩缝隙每边为 10～15mm，间隙不应过小，否则将会使门窗变形，影响使用。

　　（3）检查预埋件的位置和数量是否正确。

　　（4）按图示尺寸已弹好门窗位置线，并根据 +500mm 水平线确定门窗的安装标高。

　　（5）门窗的安装应由熟练工人进行或请工程技术人员指导安装。每樘门窗不得少于 2人安装，组合门窗应由 3 人以上进行安装。

2. 材料准备及要求

　　（1）塑料型材。塑料门窗必须根据设计要求的规格、颜色、质感、造型等进行选择，并且制作门窗的异型材应是经过检验的合格品，型材可视面的颜色应均匀，表面应光滑、平整，无明显凹凸，无杂质。型材端部应清洁、无毛刺。型材允许有由工艺引起的不明显收缩痕。主型材的壁厚，可视面不小于 2.5mm，不可视面不小于 2.0mm，其他性能指标应符合国标《门、窗用未增塑聚氯乙烯（PVC-U）型材》（GB/T 8814—2004）的规定。

（2）增强型钢。为了保证塑料门窗的各项性能，门窗的结构应具有可靠的刚度和强度，门窗框、扇型材内腔必须嵌衬型钢（钢衬）进行加强，钢衬型钢厚度不得小于 1.5mm，且表面应进行防锈处理。钢衬装配时，每根构件固定螺钉数量不得少于 3 个，其间距不得大于 500mm。不加长钢衬处，安装五金配件的部位应设短衬。门窗所用的钢衬型钢，应符合《碳素结构钢和低合金结构热轧厚钢板和钢带》（GB/T 3274—2007）和《通用冷弯开口型钢尺寸、外形、重量及允许偏差》（GB 6723—2008）的规定。

（3）其他材料。对于有防潮、防腐蚀要求的塑料门窗，应采用镀锌、喷塑、工程塑料等材料制作的五金配件。五金配件应固定在插入的增强钢衬上，无增强钢衬的部位，则螺钉至少要穿过塑料型材的两层壁厚。门窗用弹性密封条，应符合《塑料门窗用密封条》（GB 12002—1989）的规定。

9.4.2　塑料门窗的制作

塑料门窗的制作组装一般由生产厂家装配成成品后再运往工地进行安装，很少在施工工地现场组装。但是由于我国的塑料门窗组装厂还不多，而且组装后的门窗经长途运输损耗太大，因此，很多塑料门窗装饰工程仍然存在着由施工企业自行组装的情况，这对于确保制作质量有一定的难度。

1. 工艺流程

型材切割→铣排水槽→安装衬筋→安装密封条→型材焊接→焊角清理→五金配件的安装。

2. 施工要点

（1）型材切割。按预先计算好的下料尺寸，用切割机截成带有角度的料段。这道工序是在一台双角切割机上进行，将型材加工成双 45°角、双尖角或双直角的料段。

（2）铣排水槽。窗框的排水槽是 $\phi 5mm \times 20mm$ 的槽孔。在多腔室的型材中，排水槽不应设在加筋的空腔内，以免腐蚀衬筋。单腔型材不宜设排水孔。进水口和出水口的位置应错开，间距一般为 120mm 左右。

（3）安装衬筋。衬筋材料有轻钢型材和铝合金型材，除增加型材的刚度外，还可增加螺钉的拔出强度。塑料门窗五金件（铰链、执手）的连接，一般用自攻螺钉。由于聚氯乙烯型材多为薄壁，为使螺钉有较高的铆固力，型材往往设计成多腔室，螺钉穿过两层塑料壁即可将五金件牢固地连接在窗框上；在单腔室的型材上连接五金件需要衬筋，否则螺钉会松动或脱落。

（4）安装密封条。塑料门窗根据使用要求可加单层密封、双层密封和三层密封，目前常用双层密封。密封条材料一般有橡胶、塑料或橡塑混合体三种。密封条的装配很容易，可用一小压轮直接将其嵌入槽中。

（5）型材焊接。对塑料门窗，焊接方法很多，目前多采用热板焊接，可使型材获得较高的焊接强度。其焊接温度在 240~260℃，熔融时间和焊接时间均为 30s。

（6）焊角清理。型材焊接后，在焊接处会留有凸起的焊渣，这些焊渣不仅会影响门窗的外观，还会影响其使用功能。清理设备可用自动清角机和手动或气动工具。

9.4.3 塑料门窗的安装

1. 工艺流程

连接件固定→门窗框安装固定→门窗扇安装。

2. 施工要点

（1）安装固定连接件。按照施工详图的要求安装门窗框和墙体的连接件，连接件采用厚度不小于1.5mm、宽度不小于15mm的镀锌钢板。连接件的位置应距窗角、中竖框、中横框至少150~200mm，连接件之间的距离不得大于600mm。

（2）门窗框安装。将已装好固定铁件的门窗框送入洞口，把固定铁件的部位调整于预埋木砖或预埋件位置。在门窗框的上下框、中横框及四角的对称位置用木楔塞住。调整木楔，使窗框上标出的水平和垂直中心线和墙体上标出的洞口水平与垂直中心线对准，然后确定窗框在洞口墙体厚度方向的位置，再将木楔塞紧，进行临时固定，如图9-11所示。

窗框与墙体固定时，应先固定上框，后固定边框。固定方法根据洞口墙体材料及设计要求而定。对于砖砌墙体洞口，如没有预埋木砖或预埋件，可在墙体上连接件的位置做一个记号，在记号处用冲击钻打一个直径为6~8mm、深约35mm的孔，清除渣土后，将 $\phi6mm \times 30mm$ 塑料胀管塞入墙洞，然后用自攻螺钉或塑料膨胀螺栓将铁件固定在墙上，禁止固定在砖缝处。对于混凝土墙洞口，如没有预埋木砖或预埋件，可用塑料膨

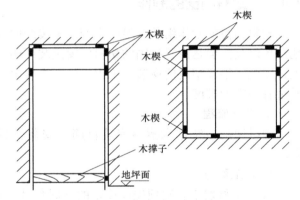

图9-11 塑料门窗安装示意图

胀螺栓或射钉将连接铁件直接固定在墙上。对于空心砖、加气类砌块墙体，应预埋木砖、预埋件或预留槽口，严禁直接固定。墙内若已预埋木砖，可用木螺钉将铁件固定于木砖上。若有预埋件则可采用焊接固定，焊接时要用挡板或石棉布保护窗框，以免局部温度过高产生变形。

窗下框与墙体固定时，应将固定铁件长柄端弯折埋入预留孔内，然后浇筑C20细石混凝土。塑料门窗安装与墙体连接节点如图9-12所示。

门窗框与墙体洞口间的伸缩缝采用防寒毡条或闭孔泡沫塑料等弹性材料填塞，填充厚度不应超出门窗框料，严禁用麻刀灰或砂浆直接填实。对门窗框校正后，内外墙面与门窗框的间隙应采用水泥砂浆填充抹平，72h内防止碰撞振动。待水泥砂浆硬化后，其外侧应采用嵌缝膏进行密封处理。

（3）门窗扇安装。在内外墙粉刷贴面工作结束后再进行门窗扇的安装工作。在安装五金件时，必须先在框架上钻孔，然后用自攻螺钉拧入。严禁直接锤击钉入。平开门窗扇装配后应关闭严密、开关灵活、间隙均匀；推拉门窗也应关闭严密，间隙均匀、开关轻便。

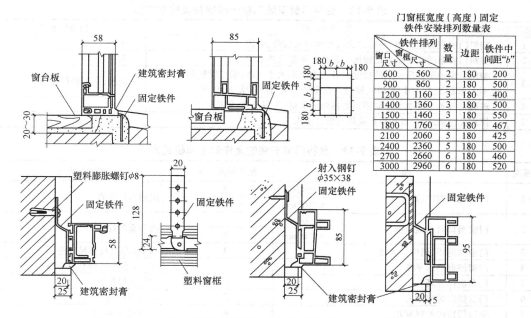

门窗框宽度（高度）固定
铁件安装排列数量表

窗口尺寸	窗框尺寸	数量	边距	铁件中间距"b"
600	560	2	180	200
900	860	2	180	500
1200	1160	3	180	400
1400	1360	3	180	500
1500	1460	3	180	550
1800	1760	4	180	467
2100	2060	5	180	425
2400	2360	5	180	500
2700	2660	6	180	460
3000	2960	6	180	520

图 9-12　塑料门窗与墙体连接节点

9.4.4　塑料门窗安装工程的质量验收

塑料门窗每个检验批检查数量与木门窗相同，其主控项目、一般项目及检验方法见表 9-11、表 9-12，允许偏差见表 9-13。

表 9-11　塑料门窗安装工程主控项目及检验方法

项次	项目内容	检验方法
1	塑料门窗的品种、类型、规格、尺寸、开启方向、安装位置、连接方式及填嵌密封处理应符合设计要求，内衬增强型钢的壁厚及设置应符合国家现行产品标准的质量要求	观察；尺量检查；检查产品合格证书、性能检测报告、进场验收记录和复验报告；检查隐蔽工程验收记录
2	塑料门窗框、副框和扇的安装必须牢固。固定片或膨胀螺栓的数量与位置应正确，连接方式应符合设计要求。固定点应距窗角、中横框、中竖框150～200mm，固定点间距应不大于600mm	观察；手扳检查；检查隐蔽工程验收记录
3	塑料门窗拼樘料内衬增强型钢的规格、壁厚必须符合设计要求，型钢应与型材内腔紧密吻合，其两端必须与洞口固定牢固。窗框必须与拼樘料连接紧密，固定点间距应不大于600mm	观察；手扳检查；尺量检查；检查进场验收记录
4	塑料门窗扇应开关灵活、关闭严密，无倒翘。推拉门窗扇必须有防脱落措施	观察；开启和关闭检查；手扳检查
5	塑料门窗配件的型号、规格、数量应符合设计要求，安装应牢固，位置应正确，功能应满足使用要求	观察；手扳检查；尺量检查
6	塑料门窗框与墙体间缝隙应采用闭孔弹性材料填嵌饱满，表面应采用密封胶密封。密封胶应黏结牢固，表面应光滑、顺直、无裂纹	观察；检查隐蔽工程验收记录

表 9-12　塑料门窗安装工程一般项目及检验方法

项次	项 目 内 容	检验方法
1	塑料门窗表面应洁净、平整、光滑,大面应无划痕、碰伤	观察
2	塑料门窗扇的密封条不得脱槽。旋转窗间隙应基本均匀	观察
3	塑料门窗中平开门窗扇的铰链的开关力应不大于80N;滑撑铰链的开关力应不大于80N,并不小于30N;推拉门窗扇的开关力应不大于100N	观察;用弹簧秤检查
4	玻璃密封条与玻璃及玻璃槽口的接缝应平整,不得卷边、脱槽	观察
5	排水孔应畅通,位置和数量应符合设计要求	观察

表 9-13　塑料门窗安装的允许偏差和检验方法

项次	项　　目		允许偏差 /mm	检验方法
1	门窗槽口宽度、高度	≤1500mm	2	用钢直尺检查
		>1500mm	3	
2	门窗槽口对角线长度差	≤2000mm	3	用钢直尺检查
		>2000mm	5	
3	门框的正、侧面垂直度		3	用1m垂直检测尺检查
4	门窗横框的水平度		3	用1m水平尺和塞尺检查
5	门窗横框标高		5	用钢直尺检查
6	门窗竖向偏离中心		5	用钢直尺检查
7	双层门窗内外框间距		4	用钢直尺检查
8	同樘平开门窗相邻扇高度差		2	用钢直尺检查
9	平开门窗铰链部位配合间隙		+2;−1	用塞尺检查
10	推拉门窗扇与框搭接量		+1.5;−2.5	用钢直尺检查
11	推拉门窗扇与竖框平行度		2	用1m水平尺和塞尺检查

9.5　节能门窗

　　目前,我国对节能环保的重视程度达到了一定高度,各个领域都倡导节能环保,门窗作为建筑内外能量交换的主要通道,其保温隔热的能力对节能减排的影响是很大的。

　　与室外空气接触的各种门窗,包括金属门窗、塑料门窗、木质门窗、各种复合门窗、特种门窗,以及门窗玻璃安装等,其保温隔热能力和施工质量应按建筑节能验收规范进行质量验收。

　　影响门窗节能效果的因素,主要有以下几个方面。

　　1. 门窗的开启方式

　　严寒、寒冷地区主要考虑建筑的冬季防寒保温,建筑门窗的开启方式对建筑的采暖能耗影响很大。在正常工艺制作条件下,由于平开窗开启扇位置采用了胶条密封,推拉窗采用毛条密封;平开窗开启缝长度比推拉窗小;平开窗开启扇在关闭状态密封胶条的压紧力比推拉窗密封毛条压紧力大,所以平开窗比推拉窗节能性能要好。所以在严寒、寒冷地区的建筑外窗不应采用推拉窗。当必须采用时,其气密性和保温性能指标应在原要求基础上提高一级。

　　2. 门窗的设计形式

　　凸窗虽然美观,但是由于其设计的原因,在凸出位置不容易形成空气对流,尤其在严寒、寒冷地区,冬季气温较低,极易形成结露,导致墙体、门窗长毛,所以不宜采用凸窗。夏热冬冷地区当采用凸窗时,其气密性和保温性能应符合设计和产品标准的要求。凸窗凸出墙面部分应采取节能保温措施。

3. 门窗的生产质量

为了保证进入工程用的门窗质量达到标准，保证门窗的性能，需要在建筑外窗进入施工现场时进行复验。由于在严寒、寒冷地区对门窗保温节能性能要求更高，门窗容易结露，所以需要对门窗的气密性、传热系数和露点进行复验。对于夏热冬冷地区应对气密性、传热系数进行复验。而夏热冬暖地区由于夏天阳光强烈，太阳辐射对建筑能耗的影响很大，考虑到门窗的夏季隔热，所以在应对气密性、传热系数进行复检的基础上增加对玻璃透过率、可见光透射比的复验。

4. 门窗框体的材料性能

门窗框体材料应使用材料导热系数小的材料，如塑料和木质材料等。当使用金属类导热系数大的材料时，应有断热桥的构造措施，以此降低其导热系数。

玻璃门窗的节能很大程度上取决于门窗所用玻璃的形式（如单玻、双玻、三玻等）、种类（普通平板玻璃、浮法玻璃）及加工工艺（如单道密封、双道密封等），建筑门窗采用的玻璃品种、传热系数、可见光透射比和遮阳系数也应符合设计要求。镀（贴）膜玻璃的安装方向应正确。

5. 门窗安装施工质量

外门窗框与副框之间以及门窗框或副框与洞口之间间隙的密封也是影响建筑节能的一个重要因素，控制不好，容易导致透水、形成热桥，所以应该对缝隙的填充进行要求。为了更好地控制施工质量，保证建筑节能，在外门窗工程施工中，应对门窗框与墙体缝隙的保温填充进行隐蔽工程验收。

门窗扇和玻璃的密封条的安装及性能对门窗节能有很大影响，使用中经常出现由于断裂、收缩、低温变硬等缺陷造成门窗渗水。所以密封条质量应该符合《塑料门窗用密封条》（GB 12002—1989）标准的要求。

节能门窗的安装工艺可参照前几节内容。

9.6 特种门安装

9.6.1 全玻璃装饰门安装

全玻璃门按开启功能分为手动门和自动门两种，按开启方式分为平开门和推拉门两种。全玻璃门由固定玻璃和活动门扇两部分组成，其形式如图 9-13 所示。固定玻璃与活动玻璃门扇连接有两种方法，一种是直接用玻璃门夹具进行连接，另一种是通过横框或小门框连接。

1. 工艺流程

（1）固定部分安装。定位放线→安装门框顶部限位槽→安装竖向边框及中横框、小门框→装木底托→玻璃安装→注胶封口。

（2）活动玻璃门扇安装。划线、安装地弹簧和门顶枢轴→确定门扇高度→固定上、下横挡→门扇定位安装→安装五金件。

2. 施工要点

（1）定位放线。根据图纸设计要求，弹出全玻璃门的安装位置中心线以及固定玻璃部分、

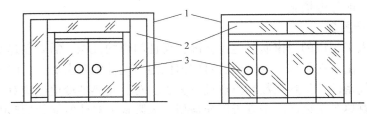

图 9-13　全玻璃门的形式

1—金属包框　2—固定部分　3—活动开启扇

活动门扇的位置线。准确测出室内、外地面标高和门框顶部及中横框的标高，做好标记。

（2）安装门框顶部限位槽。限位槽的宽度应大于玻璃厚度 2~4mm，槽深为 10~20mm。顶部玻璃限位槽安装如图 9-14 所示。安装时先由全玻璃门的安装位置线引出门框的两条边线，沿边线各装一根定位方木条。校正水平度，合格后用钢钉或螺钉将方木固定在门框顶部过梁上。然后通过胶合板垫板，调整槽口深度，用 1.5mm 厚的钢板或铝合金限位槽衬里与定位方木条通过自攻螺钉固定。最后在其表面粘上压制成型的不锈钢面板。

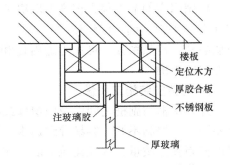

图 9-14　顶部玻璃限位槽安装

（3）安装竖向边框及中横框、小门框。按弹好的中心线和门框边线，钉竖框方木。竖框方木上部抵至顶部限位槽方木，下埋入地面 30~40mm，并在墙体预埋木砖钉接牢固。骨架安装完工后，钉胶合板包框，表面再粘贴不锈钢饰面板。应注意竖框与顶部横门框的饰面板按 45°角斜接对缝。

当有中横框或小门框时，先按设计要求弹出其位置线，再将骨架安装牢固，并用胶合板包衬，表面粘贴不锈钢饰面板。包饰面不锈钢板时，要把接缝位置留在安装玻璃的两侧中间位置，接缝位置要保证准确并垂直。

（4）装木底托。按放线位置，先将方木条固定在地面上，方木条两端抵住门洞口竖向边框，用钢钉或膨胀螺栓将方木条直接钉在地上。如地面已预埋防腐木砖，就用圆钉或木螺钉将其固定在木砖上。

（5）玻璃安装。安装时使用玻璃吸盘进行玻璃的搬运和移位。先将裁割好的玻璃上部插入门框顶部的限位槽，然后把玻璃板的下部放在底托上。玻璃下部对准中心线，侧边对准竖向边框的中心线。有小门框时，玻璃侧边就对准小门框的竖框不锈钢饰面板接缝处。不锈钢饰面板接缝如图 9-15 所示。

在底托方木上顶两根方木条，把厚玻璃夹在中间，方木条距玻璃面留 3~4mm 缝隙，缝宽及槽深应与门框顶部一致。然后在方木条上涂胶，将做好的不锈钢饰面板粘贴在木条上。木底托如图 9-16 所示。

（6）注玻璃胶封口。在门框顶部限位槽和底部木底托的两侧以及厚玻璃与竖框接缝处，注入玻璃胶封口。注胶时，应从一端向另一端连续均匀地注胶，随时擦去多余的胶迹。当固定玻璃部位面积过大，玻璃需要拼接时，两玻璃板之间要留 2~3mm 的接缝宽度。玻璃板固定后，将玻璃胶注入接缝内，并用塑料刮刀将胶刮平，使缝隙均匀洁净。

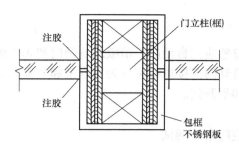

图 9-15　不锈钢饰面板接缝示意

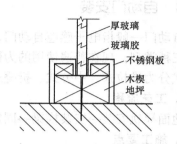

图 9-16　木底托构造

（7）安装地弹簧和门顶枢轴。先安装门顶枢轴，轴心通常固定在距门边框 70～73mm 处，然后从轴心向下吊线坠，定出地弹簧的转轴位置，之后在地面上开槽安装地弹簧。安装时必须反复校正，确保地弹簧转轴与门顶枢轴的轴心处于同一条垂直线上。复核无误后，用水泥砂浆灌缝，表面抹平。

（8）固定上、下横挡。门扇高度确定后，即可固定上、下横挡，在玻璃与金属横挡内的两侧空隙处，由两边同时插入小木条，轻敲稳实，然后在小木条、门扇玻璃及横挡之间形成的缝隙中注入玻璃胶。

（9）门扇定位安装。把上、下金属门夹分别装在玻璃门扇上、下两端，然后将玻璃门扇竖起，把门扇下门夹的转动销连接件对准地弹簧的转动轴，并转动门扇将孔位套在销轴上；然后把门扇转动 90°，使其与门框成直角，再把门扇上门夹的转动连接件的孔对准门框枢轴的轴销，调节枢轴的调节螺钉，将枢轴的轴销插入孔内 15mm 左右。门扇定位安装如图 9-17 所示。

（10）安装拉手。全玻璃门扇上固定拉手的孔洞，一般在裁割玻璃时加工完成。拉手连接部分插入孔洞中不能过紧，应略松动。如过松，可在插入螺杆上缠软质胶带。安装前在孔洞的孔隙内涂少许玻璃胶，拉手根部与玻璃板紧密结合后再拧紧固定螺钉，以保证拉手无松动。门拉手安装如图 9-18 所示。

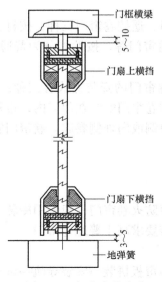

图 9-17　门扇定位安装

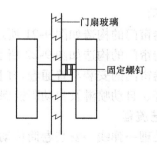

图 9-18　门拉手安装

9.6.2 自动门安装

自动门一般指电子感应自动门，可分为微波感应式自动门、踏板式自动门和光电感应自动门三种类型，现在普遍使用的为微波感应式自动门。按扇型可分为四扇型和六扇型。按开启方式分为推拉式、中分式、折叠式、滑动式和平开式。

1. 工艺流程

地面导轨安装→安装横梁→固定机箱→安装门扇→调试。

2. 施工要点

（1）地面导轨安装。先撬出地面上导轨位置预埋的方木条，再埋设下轨道，下轨道长度应为开启门宽的两倍。轨道必须水平，并与地面的面层标高保持一致。埋设的动力线不得影响门扇的开启。自动门下轨道埋设如图9-19所示。

（2）安装横梁。自动门上部机箱层横梁是安装中的重要环节，横梁一般采用18号槽钢。安装时应先按设计要求就位、校平、吊直，与下轨道对应好位置关系，然后与墙体上预埋钢板焊接牢固。安装横梁下的上导轨时，应考虑门上盖的装拆方便，一般可采用活动条密封。由于机箱内装有机械及电控装置，因此要求横梁的支撑结构要有一定的强度和稳定性。

（3）固定机箱。将厂家生产的机箱牢固地固定在横梁上。

（4）安装门扇。安装门扇，使门扇滑动平稳、顺畅。

（5）调试。自动门安装后，接通电源，对探测传感系统和机电装置进行反复调试，使其达到最佳工作状态，感应灵敏度、探测距离、开闭速度等都达到技术指标的要求，以满足使用的需要。一旦调试正常后，不得任意改变各种旋钮位置，以免出现故障。

9.6.3 卷帘门安装

卷帘门又称卷闸门，是近年来广泛应用于商业建筑的一种门。卷帘门具有造型新颖、结构紧凑、操作简便、防风、防火等特点，可以争取到一般门窗所不能达到的较大净高和净宽的完整开放空间，而且不占用门下的空间，隐蔽性好。

卷帘门按传动方式可分为电动卷帘门、手动卷帘门、遥控卷帘门三种，按材质分为铝合金卷帘门、镀锌薄钢板卷帘门、不锈钢卷帘门、钢管卷帘门等，按性能分为普通型卷帘门、防火型卷帘门和抗风型卷帘门等。

卷帘门主要是由卷帘片、导轨及传动装置组成。卷帘门的安装方式有三种：洞外安装，即卷帘门安装在门洞外，帘片向外卷起；洞内安装，即卷帘门安装在门洞内，帘片向内侧卷起；洞中安装，即卷帘门安装在门洞中间，帘片可向内侧或向外侧卷起。卷帘门安装形式如图9-20所示。

电动卷帘门的构造如图9-21所示。

防火卷帘门的构造如图9-22所示。

防火卷帘门的安装与普通卷帘门安装方式相同，但防火卷帘门一般采用冷轧钢，必须配备自动报警、自动喷淋及自动断链保护等装置，其安装要求高于普通卷帘门。

1. 工艺流程

洞口处理→弹线→安装卷筒传动装置→空载试车→帘板拼装→安装导轨→试车→安装卷筒防护罩→清理。

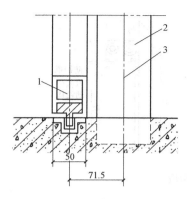

图 9-19 自动门下轨道埋设示意

1—自动门扇下帽 2—门柱

3—门柱中心线

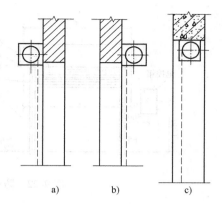

图 9-20 卷帘门安装形式

a）外装式 b）内装式 c）中装式

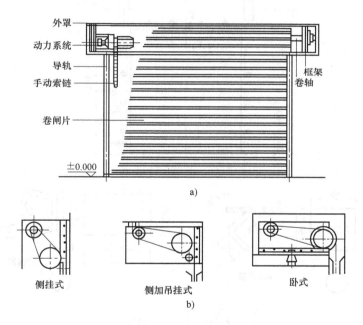

图 9-21 电动卷帘门的构造

a）电动卷帘门立面 b）电机传动装置安装方式

2. 施工要点

（1）洞口处理。复核洞口尺寸与产品尺寸是否相符，检查导轨、支架的预埋件位置、数量是否正确，预埋件与导轨、轴承架焊接是否牢固（当墙体洞口为混凝土时）。卷帘门预埋件及其埋设位置如图 9-23 所示。如果墙体洞口为砖砌体时，可钻孔埋设胀锚螺栓，与导轨、轴承架连接。

（2）弹线。根据设计要求，测量出洞口标高，弹出两侧导轨垂直线及卷筒中心线。按放线位置安装导轨，应先找直、吊正轨道，轨道槽口尺寸应准确，上下保持一致，对应槽口应在同一平面内，然后将连接件与洞口处的预埋件焊接牢固。

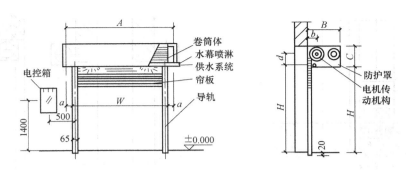

图 9-22 防火卷帘门的构造

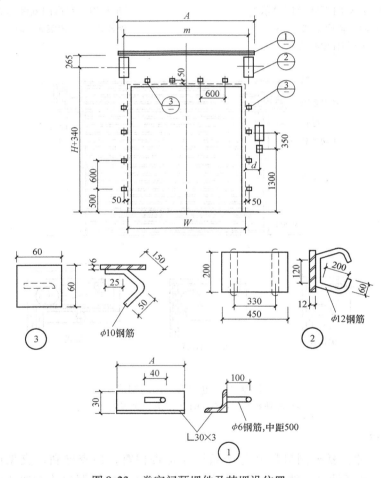

图 9-23 卷帘门预埋件及其埋设位置

注：本图中剖面图①为导轨预埋件，②为支架预埋件，③为防护罩预埋件

（3）安装卷筒传动装置。安装时应检查卷轴是否水平，两端与导轨间距是否一致，经校正调整合格后，将垫板焊在预埋铁板上，用螺栓固定卷筒的左右支架，安装卷筒，卷筒安装后应转动灵活。减速器、传动系统和电气控制系统等按说明书要求安装。安装完要通电检验电机、减速器工作情况是否正常，卷筒转动方向是否正确。

（4）帘板拼装。将帘板拼装起来，然后安装在卷筒上，帘板叶片插入轨道不得少于30mm，门帘板有正反面，安装时要注意，不能装反。

（5）安装导轨。按图纸规定位置，将两侧及上方导轨焊牢于墙体预埋件上，并焊成一体，各导轨应在同一垂直平面上。

（6）试车。先手动试运行，再用电动机启闭数次，调整至无卡住、无阻滞及无异常噪声等为止，启闭的速度要符合要求。

（7）安装卷筒防护罩。卷筒上的防护罩尺寸应与门的宽度和门帘卷起后的直径相适应，保证卷筒将门帘板卷满后与防护罩有一定的间隙，不能发生碰撞。检查无误后将防护罩与预埋件焊牢。

9.6.4 防火门安装

防火门是为适应建筑防火要求发展起来的一种特种门，主要用于高层建筑的防火分区、楼梯间和电梯间等有防火要求的部位。

新规范《防火门》（GB 12955—2008）将防火门的耐火性能，由原来按甲、乙和丙分类，改为按"A类（隔热）防火门""B类（部分隔热）防火门"和"C类（非隔热）防火门"分类。

A类（隔热）防火门：在规定时间内，能同时满足耐火完整性和隔热性要求的防火门。

B类（部分隔热）防火门：在规定大于等于0.50h内，满足耐火完整性和隔热性要求，在大于0.50h后所规定的时间内，能满足耐火完整性要求的防火门。

C类（非隔热）防火门：在规定时间内，能满足耐火完整性要求的防火门。

表 9-14　防火门按耐火性能分类

名称	耐 火 性 能		代　　号
A类（隔热）防火门	耐火隔热性≥0.60h 耐火完整性≥0.60h		A0.60（丙级）
	耐火隔热性≥0.90h 耐火完整性≥0.90h		A0.90（乙级）
	耐火隔热性≥1.20h 耐火完整性≥1.20h		A1.20（甲级）
	耐火隔热性≥2.00h 耐火完整性≥2.00h		A2.00
	耐火隔热性≥3.00h 耐火完整性≥3.00h		A3.00
B类（部分隔热）防火门	耐火隔热性≥0.50h	耐火完整性≥1.00h	B1.00
		耐火完整性≥1.50h	B1.50
		耐火完整性≥2.00h	B2.00
		耐火完整性≥3.00h	B3.00
C类（非隔热）防火门	耐火完整性≥1.00h		C1.00
	耐火完整性≥1.50h		C1.50
	耐火完整性≥2.00h		C2.00
	耐火完整性≥3.00h		C3.00

防火门按材质分为钢质防火门、木质防火门、钢木质防火门和其他材质防火门。钢质防火门用钢质材料制作门框、门扇骨架和门扇面板，门扇内若填充材料，则填充对人体无毒、无害的防火隔热材料，并配以防火五金配件所组成的具有一定耐火性能的门。木质防火门用难燃木材或难燃木材制品作门框、门扇骨架、门扇面板，门扇内若填充材料，则填充对人体无毒、无害的防火隔热材料，并配以防火五金配件所组成的具有一定耐火性能的门。钢木质防火门用钢质和难燃木质材料或难燃木材制品制作门框、门扇骨架、门扇面板，门扇内若填充材料，则填充对人体无毒、无害的防火隔热材料，并配以防火五金配件所组成的具有一定耐火性能的门。其他材质防火门采用除钢质、难燃木材或难燃木材制品之外的无机不燃材料或部分采用钢质、难燃木材、难燃木材制品制作门框、门扇骨架、门扇面板，门扇内若填充材料，则填充对人体无毒、无害的防火隔热材料，并配以防火五金配件所组成的具有一定耐火性能的门。

下面以钢质防火门为例介绍防火门的安装施工要点。

1. 施工准备

（1）门框进入施工现场必须检查验收。门框和门扇安装前应先检查型号、尺寸是否符合要求，有无窜角、翘扭、弯曲，如有以上情况应先进行修理。

（2）门框的安装应符合图纸要求的型号及尺寸，并注意门扇的开启方向，以确定门框安装的裁口方向，安装高度应按室内 +500mm 的平线控制。

（3）门窗框安装应在抹灰前进行，门扇和窗扇的安装宜在抹灰后进行。如必须先安装时，应注意对成品的保护，防止碰撞和污染。

2. 操作工艺

（1）钢质防火门安装前，必须进行检查，如因运输储存不慎导致门框、门扇翘曲、变形，应修复后才可进行安装。

（2）钢质防火门立樘时，须用水平尺校平或用挂线法校正其前后左右的垂直度，做到横平、竖直、高低一样。

（3）门框必须与建筑物成一整体，采用铁件与墙体连接。

（4）安装时门框埋入面层标高以下 +20mm，不得小于 +15mm。

（5）防火门的开启方向必须为疏散方向。

（6）安装后，门框与墙体之间必须浇灌水泥砂浆，并养护 24h 以上方可正常使用。

（7）防火玻璃的安装：防火玻璃安装时，四边留缝一定要均匀，定位后将四边缝隙用防火棉填实、填平，然后封好封边条。

3. 质量控制

（1）有贴脸的门在立口时应注意墙面抹灰层厚度，门框安装完后应与抹灰面平齐。

（2）墙体砌筑时应上下左右拉线找规矩，保证墙体位置和洞口尺寸留设准确，留的余量大小均匀。安装门框后四周的缝隙不应过大或过小，一般情况下安装门框上皮应低于门窗过梁 10～15mm。

（3）墙体砌筑时应按要求预留的预埋件，数量不得缺少，预埋件砌筑保证牢固；砌半砖墙或轻质墙应设置带预埋件的混凝土块，不得直接使用砌筑在墙体内的预埋件；现浇混凝土墙或预制隔墙板，应在制作时直接浇筑在混凝土内，使预埋件牢固地固定在预制混凝土墙和隔墙板内。预埋件的设置一定要满足数量和间距的要求，以防止门框安装不牢。

9.7 工程实践案例

某工程为 13 层建筑，框架—剪力墙结构，空心砌块砌筑围护墙。窗口两侧墙内未预埋木砖或铁件，采用实心红砖组砌。选用铝合金推拉窗，型材壁厚 1.0mm，窗高为 1800mm，立框与墙体设 3 个固定点，采用射钉固定。固定后使用水泥砂浆嵌填框与墙间缝隙。后期使用过程中部分窗出现以下问题：窗体出现变形和晃动、窗扇推拉不灵活、推拉窗扇脱轨。

分析：

（1）铝合金型材壁厚过薄。标准规定门窗结构的铝合金型材厚度不小于 1.4mm，而实际使用的型材厚度仅有 1.0mm。

（2）固定方法有问题。首先在砖墙、空心砌块墙上用射钉的方法锚固，造成射钉周围的墙体碎裂，锚固力大大降低，门窗框容易出现松动。其次，固定点间距也不正确，1800mm 高的窗设 3 个固定点，按转角处固定点距框角 150mm 计算，中间固定点间距为 750mm，大于规定的最大 600mm 间距，这也是造成窗体不牢固的原因之一。

（3）窗扇推拉不灵活，出现这种现象的原因有以下几种：

1）由于制作粗糙，扇与框配合尺寸欠缺，窗扇尺寸偏大。

2）由于型材壁薄，且在嵌填框与墙间的缝隙时使用水泥砂浆，铝合金窗框与水泥砂浆的膨胀系数不同，当温度升高，铝合金膨胀，门窗框就容易变形，导致窗扇推拉受阻。

3）窗扇下的滑轮质量不好，耐久性差，或所选滑轮与窗扇构造不配套。

（4）铝合金推拉窗的滑轨高度为 6~8mm，而在滑轨上行走的滑轮内槽深度只有 3mm。滑轮为塑料制品，当滑轮质量差、槽口浅时，猛推、猛拉就容易出现滑轮脱落。铝合金推拉窗扇上的两个滑轮没有安装在同一直线上，如果其中有一个滑轮偏斜，滑轮就易脱轨。推拉窗所用的铝合金型材尺寸小，壁厚薄，经过一段使用后，使紧固在窗扇上的滑轮螺栓松动，滑轮上浮，整个窗扇下坠脱轨滑落。

预防措施及处理方法：

（1）在材料选择上不能因片面降低成本而采用厚度不足的型材，应根据使用功能、地区气候等特点选择相应的型材规格。对所使用的铝型材应事先进行型材壁厚、氧化膜厚度和硬度检验，合格后方可以在工程上使用。处理时，对于高层建筑，因其涉及安全问题必须拆除后重新更换；对于一般民用建筑，可根据具体情况进行加固处理，并按要求设置固定点，采用正确的固定方法。

（2）提高操作人员的技术水平。根据框、扇料尺寸，精确进行窗扇的下料和制作，使框、扇尺寸配合良好。在窗框四周与洞口墙体的缝隙间采用矿棉条、玻璃棉粘条或发泡胶等弹性材料填塞连接，以防窗框受挤压变形。选用符合设计规定厚度的铝型材，防止因型材壁厚过薄而产生变形。选用质量好且与窗扇配套的滑轮。若是由于窗扇尺寸偏大或铝合金窗框有较大变形造成推拉不灵活，可将窗扇卸下，重新修整到合适的尺寸。若因滑轮质量低劣，且与窗扇不配套时，可将窗扇卸下后，换上配套的优质滑轮。

（3）制作铝合金窗扇时，应根据窗框高度尺寸确定窗扇的高度，既要保证窗扇能顺利装入窗框内，又要确保窗扇在窗框上滑槽内有足够的嵌入深度。推拉窗扇下的两个滑轮，安装时应在同一直线上。若经常发生推拉窗脱轨，则可将窗扇卸下，对滑轮进行校正或更换。若推拉窗扇插入窗框上滑槽深度太浅，说明窗扇高度尺寸不足，可将窗扇卸下后重新修整到合适的高度。

实训内容——木门安装

1. 任务

完成一樘木门安装，可以结合其他实训内容。

2. 条件

（1）指导教师给定条件，选择实训场所。根据实际情况，按照规范要求设计一樘木门，并绘制木门平、立面图及门框与墙体的连接构造图。具体尺寸要完整、标注清楚。

（2）木门制作材料及安装洞口应按要求准备齐全。需门框一樘，门扇一扇，亮子扇一扇（三项尺寸按洞口尺寸制作）。普通合页两副，翻窗合页一副，门锁一把，翻窗插锁一把，圆钉若干，玻璃两块。

（3）主要机具有操作凳、刨子、木锯（手电锯）、凿、斧、锤、钻、螺丝刀、线坠等。

3. 实训步骤

门框方正度、平整度、几何形状与尺寸的检查→根据门扇的设置位置和开启方向嵌入门框，要求框桋下部的锯路线与地坪标高一致→校正门框垂直度、方正度和平整度→在洞口内固定门框→安装合页→安装门扇和亮子扇→安装门锁及玻璃。

4. 组织形式

以小组为单位，每组3~4人，指定小组长，小组进行编号，完成的任务即一樘木门编号同小组编号。

5. 其他

（1）小组成员要协作互助，在开始操作前以小组为单位合作编制一份简单的针对该行动的局部施工方案和验收方案。

（2）安全保护措施。

（3）环境保护措施等。

本章小结：

本章从门窗的构造组成、所用材料和要求及施工机具入手，按施工过程介绍了装饰木门窗、铝合金门窗、塑料门窗、全玻璃门窗等的施工，并在此基础上分别介绍了各种门窗工程的质量验收，使学生学会正确选择材料和组织施工的方法，力求培养学生解决现场施工常见工程质量问题的能力。

复习思考题：

1. 简述木门窗的安装施工工艺。

2. 铝合金门窗有哪些特点？

3. 简述铝合金门窗的安装方法。

4. 塑料门窗的主要类型及应用？塑料门窗有哪些特点？

5. 简述塑料门窗的安装施工方法。

6. 简述全玻璃门的安装方法。

7. 木门窗安装工程质量要求及检验方法是什么？

8. 简述节能门窗的具体要求。

9. 简述防火门的安装工艺及要求。

第 10 章　细部工程施工

学习目标：

（1）通过室内门窗套、木制窗帘盒、护栏和扶手、橱柜和吊柜等细部工程的介绍，使学生能够对其制作与安装过程有一个全面的认识。

（2）通过对制作与安装过程的深刻理解，使学生学会正确选择材料和组织施工的方法，培养学生解决施工现场常见工程质量问题的能力。

（3）在掌握制作与安装工艺的基础上，使学生领会工程质量验收标准。

学习重点：

（1）各细部工程制作与安装的工艺。

（2）各细部工程的质量验收。

学习建议：

（1）通过案例教学，提出施工中可能出现的质量问题，开展课堂讨论，并要求在课后查找相关资料，进一步深刻领会成功案例的经验和失败案例的教训。

（2）以小组为单位去装饰材料市场做调研，了解细木工板、硬木饰面胶合板、橱柜和吊柜、门窗套等的材料性能、价格等。

细部工程指室内的门窗套、木制窗帘盒和窗台板、护栏和扶手、橱柜和吊柜、室内线饰、花饰等。在现代建筑室内装饰工程中，其制作与安装质量对整个工程的装饰效果有很大的影响，正所谓"细节决定成败"。为此，施工时应优选材料、精心制作、仔细安装，使工程质量达到国家标准的规定。

10.1　木门窗套制作与安装

木门窗套能够保护门窗洞口不被破坏，能将门窗框与墙面之间的缝隙掩盖，具有重要的装饰作用。

10.1.1　施工准备

1. 作业条件

（1）查预留门窗洞口的尺寸、门窗洞口的垂直度和水平度是否符合设计要求。

（2）前道工序质量是否满足安装要求。

（3）检查木门窗套处的结构面或基层面是否牢固可靠，预埋防腐木砖或铁件是否齐全、位置是否正确，中距一般为 500mm。如不符合要求必须及时修理或校正。

（4）木门窗套的骨架安装，应在安装好门窗框、窗台板以后进行，钉装面板应在室内抹灰及地面做完后进行。

（5）木门窗套龙骨应在安装前将铺面板的一面刨平，其余三面刷防腐剂。

2. 材料准备及要求

木门窗套制品的材质种类、规格、形状应符合设计要求，制作所使用的木材应采用干燥的木材，其含水率不应大于 12%。腐蚀、虫蛀的木材不能使用。胶合板应选择不潮湿并无脱胶、开裂、空鼓的板材。

按设计构造及材质性能选用安装固定材料，其底层可选用圆钉，面层使用螺钉、膨胀螺栓、胶粘剂、气钉等。

10.1.2 木门窗套制作与安装

1. 工艺流程

弹线→检查预埋件及洞口→铺、涂防潮层→龙骨配制与安装→钉装面板。

2. 施工要点

（1）找位与划线。木门窗套安装前，应根据设计要求，先找好标高、平面位置、竖向尺寸，进行弹线，并保证整体横平竖直以及所有门、窗洞口尺寸和高度的一致性。

（2）核查预埋件及洞口。弹线后检查预埋件是否符合设计及安装要求，主要检查排列间距、尺寸、位置是否满足钉装龙骨的要求；量测门窗及其他洞口位置、尺寸是否方正垂直，与设计要求是否相符。

（3）铺、涂防潮层。设计有防潮要求的木门窗套，在钉装龙骨时应压铺防潮卷材，或在钉装龙骨前涂刷防潮层。

（4）龙骨配制与安装。根据洞口实际尺寸，按设计规定确定龙骨断面规格，可将一侧木门窗套龙骨分三片预制，洞顶一片、两侧各一片。每片一般为两根立杆，当筒子板宽度大于 500mm 时，中间应适当增加立杆；横向龙骨间距不大于 400mm，面板宽度为 500mm 时，横向龙骨间距不大于 300mm。龙骨必须与预埋件钉装牢固，表面应刨平，安装后必须平、正、直。防腐剂配制与涂刷方法应符合有关规范的规定。

（5）钉装面板

1）选板。全部进场的面板，使用前应按同房间、临近部位的用量进行挑选，使安装后，面板从观感上木纹和颜色近似一致。

2）裁板。按龙骨间距在板上划线裁板，原木材板面应刨净；胶合板、贴面板的板面严禁刨光，小面皆须刮直。面板长向对接配制时，必须考虑接头位于横龙骨处。厚木材的面板背面应做卸力槽，以免板面弯曲。一般卸力槽间距为 100mm，槽宽 10mm，槽深 5～8mm。

3）安装。面板安装前，对龙骨位置、平直度、钉设牢固情况、防潮构造要求等再次进行检查，面板尺寸、接缝、接头处构造完全合适，木纹方向、颜色的观感尚可，才可以正式安装。安装时，面板接头处应涂胶与龙骨钉牢，钉固面板的钉子规格应适宜，钉长约为面板厚度的 2～2.5mm 倍，钉距一般为 100mm，钉帽应砸扁，并用尖冲子将钉帽顺木纹方向冲入面板表面下 1～2mm。

3. 应注意的问题

（1）面层木纹错乱，色差过大。主要是因为轻视选料，影响了观感。应注意加工品的验收，分类挑选，匹配使用。

（2）棱角不直，接缝接头不平。主要是由于压条、贴脸料规格不一，面板安装边口不齐，龙骨面不平。

（3）木门窗套上、下不方正。主要是因为安装龙骨框架未调正、吊直、找顺。

（4）木门窗套上、下或左、右不对称。主要是因为门窗框安装偏差所致，造成上、下或左、右宽窄不一致；安装找线时未及时纠正。

如果是门窗套成品，运至现场后经检查验收，可直接将其紧密钉固在门窗框上，钉帽应砸扁冲入，钉的间距根据门窗套的树种、材质和断面尺寸而定，一般为400mm。

10.1.3 木门窗套制作与安装工程的质量验收

木门窗套制作与安装工程项目室内每个检验批应至少抽查 3 间（处），不足 3 间（处）应全数检查，其主控项目、一般项目及检验方法见表 10-1、表 10-2，允许偏差见表 10-3。

表 10-1 木门窗套制作与安装工程主控项目及检验方法

项次	项 目 内 容	检 验 方 法
1	木门窗套制作与安装所使用材料的材质、规格、花纹和颜色、木材的燃烧性能等级和含水率、花岗石的放射性及人造木板的甲醛含量应符合设计要求及国家现行标准的有关规定	观察；检查产品合格证书、进场验收记录、性能检测报告和复验报告
2	木门窗套的造型、尺寸和固定方法应符合设计要求，安装应牢固	尺量检查；手扳检查

表 10-2 木门窗套制作与安装工程一般项目及检验方法

项次	项 目 内 容	检 验 方 法
1	木门窗套表面应平整、洁净、线条顺直、接缝严密、色泽一致，不得有裂缝、翘曲及损坏	观察

表 10-3 木门窗套安装的允许偏差和检验方法

项次	项 目	允许偏差/mm	检 验 方 法
1	正、侧面垂直度	3	用1m垂直检测尺检查
2	门窗套上口水平度	1	用1m水平检测尺和塞尺检查
3	门窗套上口直线度	3	拉5m线，不足5m拉通线，用钢直尺检查

10.2 木窗帘盒制作与安装

木窗帘盒有明盒和暗盒两种，明窗帘盒整个都暴露于外部，一般是先加工成半成品，再在施工现场进行安装；暗窗帘盒的仰视部分露明，适用于有吊顶装饰的房间。按启闭方式，木窗帘盒有手动和电动之分。按构造分类，木窗帘盒有单轨木窗帘盒、双轨木窗帘盒和三轨木窗帘盒，前两种应用得较多，其构造如图 10-1 和图 10-2 所示。

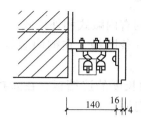

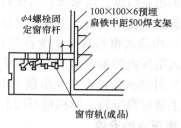

图 10-1　单轨木窗帘盒　　　　　　　　图 10-2　双轨木窗帘盒

10.2.1　施工准备

1. 作业条件

室内墙面、地面、门窗装饰完毕。无吊顶采用明窗帘盒的房间，应安装好窗框；有吊顶采用暗窗帘盒的房间，吊顶施工应与窗帘盒同时进行。木窗帘盒的规格为高 100mm 左右，宽度依照使用窗帘杆的数量确定，单杆宽度为 120mm，双杆宽度为 150mm 以上，长度根据设计要求，最短应超过窗口宽度 300mm，窗口两侧各超出 150mm，最长可与墙体通长。

2. 材料准备及要求

制作木窗帘盒的木板应选用干燥的中软木材，注意花纹清晰美丽。含水率要求在 12% 以下，以防止翘裂变形。若饰面用清漆涂刷，应做与窗框套同材质的饰面板粘贴，粘贴面为窗帘盒的外侧面及底面。

根据设计选用五金配件、窗帘轨、窗帘杆等。金属窗帘杆，一般需设计指定图号、规格和构造形式。木制窗帘杆，一般在窗帘盒横头板上打眼，一端打成上、下眼，另一端只打一浅眼。

10.2.2　木窗帘盒制作与安装

1. 工艺流程

这里仅列举明木窗帘盒的制作与安装。

木窗帘盒的制作→定位与弹线→打孔→固定窗帘盒。

2. 施工要点

（1）木窗帘盒的制作。木窗帘盒可根据设计要求加工成各种式样。在具体制作时，应认真选料、配料，先加工成半成品，再细致加工成型。加工时，一般将木料粗略进行刨光，再用线刨子顺木纹起线，线条光滑顺直、深浅一致，线型力求清秀。然后根据设计图纸进行组装，组装时应先抹胶再用钉子钉固，并及时将溢出的胶擦拭干净，不得露钉帽。

（2）定位与弹线。确定窗帘盒的安装高度及具体安装连接孔位。在同一墙面上有几个窗帘盒，应拉通线，使其高度一致。窗帘盒的安装长度一般比窗口两侧各长 150~180mm；高度上，窗帘盒的下口稍高出窗口上皮或与窗口上皮平，按标高画出固定窗帘盒的铁角位置。

（3）打孔。用冲击钻在墙上固定铁角的位置处打孔，可用膨胀螺栓或木楔螺钉或射钉等方式来固定。

（4）固定窗帘盒。将窗帘盒中线对准窗口中线，使其两端高度一致，靠墙部位要与墙贴严，不得有缝隙，用木螺钉将铁角件与窗帘盒的木结构固定。

暗装窗帘盒的安装，主要与吊顶部分结合在一起，常见的有内藏式和外接式。

（1）内藏式窗帘盒。主要在吊顶处的窗顶部位，做出一条凹槽，在槽内装好窗帘轨。作为埋入吊顶内的窗帘盒，与吊顶施工时一起做好。

（2）外接式窗帘盒。在吊顶平面上，做出一条贯通墙面长度的遮挡板，在遮挡板内吊顶平面上装好窗帘轨。遮挡板可用射钉或膨胀螺栓或木楔螺钉固定。

3. 窗帘轨的安装

窗帘轨道有单轨、双轨和三轨之分。当窗宽大于1200mm时，窗帘轨应断开，断开处煨弯错开，煨弯曲线应平缓，搭接长度不小于200mm。单体窗帘盒一般先安装轨道，暗窗帘盒在安装轨道时，轨道应保持在一条直线上。轨道形式有工字型、槽型和圆杆型等，具体可按产品说明书进行组装调试。

4. 应注意的问题

（1）窗帘盒安装不平、不正。主要是因为找位、划尺寸线不认真，预埋件安装不准确，调整、处理不及时。

（2）窗帘盒两端伸出的长度不一致。主要是因为窗中心与窗帘盒中心相对不准、操作不认真所致。

（3）窗帘轨道脱落。主要是因为盖板太薄或螺钉松动造成，一般盖板厚度不宜小于15mm。

（4）窗帘盒迎面板扭曲。加工时木材干燥不好，入场后存放受潮，安装时应及时刷油漆一遍。

10.2.3 木窗帘盒制作与安装工程的质量验收

木窗帘盒制作与安装工程项目室内每个检验批应至少抽查3间（处），不足3间（处）应全数检查，其主控项目、一般项目及检验方法见表10-4、表10-5，允许偏差见表10-6。

表10-4 木窗帘盒制作与安装工程主控项目及检验方法

项次	项 目 内 容	检 验 方 法
1	木窗帘盒制作所使用材料的材质和规格、木材的燃烧性能等级和含水率、花岗石的放射性及人造木板的甲醛含量应符合设计要求及国家现行标准的有关规定	观察；检查产品合格证书、进场验收记录、性能检测报告和复验报告
2	木窗帘盒的造型、规格、尺寸、安装位置和固定方法必须符合设计要求，安装应牢固	观察；尺量检查；手扳检查
3	木窗帘盒配件的品种、规格应符合设计要求，安装应牢固	手扳检查；检查进场验收记录

表10-5 木窗帘盒制作与安装工程一般项目及检验方法

项次	项 目 内 容	检 验 方 法
1	木窗帘盒表面应平整、洁净、线条顺直、接缝严密、色泽一致，不得有裂缝、翘曲及损坏	观察
2	木窗帘盒与墙面、窗框的衔接应严密，密封胶缝应顺直、光滑	观察

表 10-6 　木窗帘盒安装的允许偏差和检验方法

项次	项　目	允许偏差/mm	检验方法
1	水平度	2	用1m水平检测尺和塞尺检查
2	上口、下口直线度	3	拉5m线,不足5m拉通线,用钢直尺检查
3	两端距离窗洞口长度差	2	用钢直尺检查
4	两端出墙厚度差	3	用钢直尺检查

10.3　栏杆和扶手制作与安装

栏杆和扶手是为了保证上、下楼梯以及开敞空间平台处的安全而设置的,栏杆和扶手组合后需要有一定的强度。楼梯栏杆和扶手有三种类型,空花楼梯栏杆扶手、靠墙木扶手、有栏板楼梯高扶手。木扶手断面如图 10-3 所示,楼梯转折处的扶手接头如图 10-4 所示。

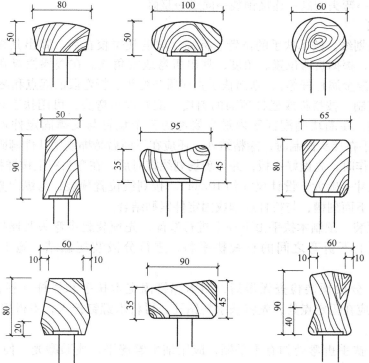

图 10-3　木扶手的断面形式

10.3.1　施工准备

1. 作业条件

(1) 施工前墙面、楼梯抹灰完毕。

(2) 金属栏杆和靠墙扶手固

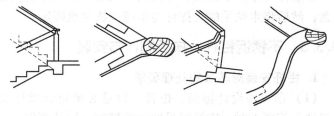

图 10-4　楼梯转折处的扶手接头

定支撑件安装完毕。

2. 材料准备及要求

木扶手可选用纹理顺直、颜色一致、少节的硬木材料，含水率不得大于12%，其花样、树种、规格、尺寸等必须符合设计要求。一般木扶手用料的树种有水曲柳、柚木、樟木等。木扶手在制作前，先将扶手底面刨平、刨直，划出中线，刨出底部凹槽，依端头的断面线刨削成型，制作弯头前应做实样板，一般采用扶手材料。

不锈钢栏杆壁厚的规格、尺寸和形状应符合设计要求，一般壁厚不小于1.5mm，以钢管为立杆时壁厚不小于2mm。

玻璃栏板的厚度应符合设计要求，并采用不小于12mm的钢化玻璃或夹胶玻璃。

胶粘剂一般采用乳胶（聚醋酸乙烯），胶粘剂中有害物质限量应符合国家规范要求。

10.3.2 木扶手制作与安装

1. 工艺流程

找位与划线→弯头配制→连接预装→固定→整修。

2. 施工要点

（1）找位与划线。按木扶手的位置、标高、坡度找位校正后，弹出其纵向中心线。按设计的扶手构造，根据折弯位置、角度，划出折弯或割角线。在楼梯栏板和栏杆顶面（可以是混凝土栏板或金属栏杆等），划出扶手直线段与弯头、折弯段的起点和终点位置。

（2）弯头配制。按栏板或栏杆顶面的斜度，配好起步弯头，可用扶手料割配弯头。采用割角对缝粘接，在断块割配区段内最少要考虑三个螺钉与支撑固定件连接固定。大于70mm断面的扶手在接头配制时，除粘结外，还应在下面做暗榫或用铁件铆固。

整体弯头制作时，先做好样板，并与现场划线核对后，在弯头料上按样板划线，制成雏形毛料（毛料尺寸一般大于设计尺寸约10mm）。按划线位置预装，与纵向直线扶手端头黏结，制作的弯头下面刻槽，与栏杆扁钢或固定件紧贴结合。

（3）连接预装。预制木扶手由下往上进行装配，先预装起步弯头及连接第一跑扶手的折弯弯头，再配上下折弯之间的直线扶手料，进行分段装配黏结，施工环境温度不低于5℃。

（4）固定。分段预装检查无误后，用木螺钉固定木扶手和栏杆（栏板），固定间距300mm。操作时应在固定点处，先将扶手料钻孔，再将木螺钉拧入，不得用锤子直接打入，螺帽应达到平正。

（5）整修。扶手折弯处如有不平顺，应用细木锉锉平，找顺磨光，使其折角线清晰，坡角合适，弯曲自然，断面一致，最后用木砂纸打光。

靠墙楼梯木扶手的安装应按图纸要求的标高弹出坡度线，在墙内埋设防腐木砖或固定法兰盘，然后将木扶手的支撑件与木砖或法兰盘固定。

10.3.3 不锈钢栏杆、扶手制作与安装

1. 栏杆安装对基层的处理要求

（1）预埋件设计标高、位置、数量必须符合设计及安装要求，并作防腐、防锈处理。预埋件不符要求时，应及时采取有效措施，增补埋件。

（2）安装楼梯栏杆立杆的部位，基层混凝土不得有酥松现象，并且安装标高应符合设计要求，凹凸不平处必须剔除或修补平整，过凹处及基层蜂窝、麻面严重处，不得用水泥砂浆修补，应用高强混凝土进行修补，并待有一定强度后，方可进行栏杆安装。

2. 不锈钢栏杆扶手安装施工要点

（1）栏杆立杆安装应按要求从施工墨线和起步处按由下向上的顺序进行。楼梯起步处平台两端立杆应先安装，安装分焊接和螺栓固定两种方法。焊接施工时，其焊条应与母材材质相同，安装时将立杆与预埋件点焊临时固定，经标高、垂直校正后，再施焊牢固。采用螺栓连接时，立杆底部金属板上的孔眼应加工成腰圆形孔，以备膨胀螺栓位置不符，安装时可作微小调整。施工时，在安装立杆基层部位，用电钻钻孔打入膨胀螺栓后，连接立杆并稍作固定。安装标高有误差时用金属薄垫片调整，经垂直、标高校正后紧固螺帽。两端立杆安装完毕后，上下拉通线用同样方法安装其余立杆。立杆安装必须牢固，不得松动。立杆焊接以及螺栓连接部位，除不锈钢外，在安装完后，均应进行防腐防锈处理，并且不得外露。

（2）镶配有机玻璃、玻璃等栏板，其栏板应在立杆完成后安装。安装必须牢固，且垂直度、水平度及斜度应符合设计要求。安装时，将栏板镶嵌于两侧立杆的槽内，槽与栏板两侧缝隙应用硬质橡胶条块嵌填牢固。待扶手安装完毕后，用密封胶嵌实。扶手焊接安装时，栏板应用防火石棉布等遮盖防护，以免焊接火花飞溅，损坏栏板。

（3）扶手安装，一般采用焊接安装（特殊尺寸除外）。使用焊条的材质应与母材相同。扶手安装顺序应从起步弯头开始，后接直扶手。扶手接口按要求角度套割正确，并用金属锉刀锉平，以免套割不准确，造成扶手弯曲和安装困难。安装时，先将起点弯头与栏杆立杆点焊固定，待检查无误后施焊固定。弯头安装完毕后，直扶手两端与两端立杆临时点焊固定，同时将直扶手的一端头对接并点焊固定，扶手接口处应留 2～3mm 焊接缝隙，然后拉通线将扶手与每根立杆作点焊固定。待检查符合要求后，按焊接要求，将接口和扶手与立杆逐一施焊牢固。

（4）较长的金属扶手（特别是室外扶手）安装后，其接头应考虑安装能伸缩以适应温度变化的可动式接头。可动式接头的伸缩量，如设计无要求时，一般为 20mm。室外扶手还应在可伸缩处设置漏水孔。扶手根部与混凝土、砖墙面的连接，一般也应采用可伸缩的固定方法，以免因伸缩使扶手弯曲变形。扶手与墙面连接根部应安装装饰罩遮盖。

10.3.4 玻璃栏板的安装

玻璃栏板又称玻璃栏河，是以玻璃为栏板，以扶手立柱为骨架，固定于楼地面基座上，用于建筑回廊（跑马廊）或楼梯栏板。玻璃栏板上安装的玻璃，其规格、品种由设计而定，而且强度、刚度、安全性均应作计算，以满足不同场所使用的要求。

1. 回廊栏板的安装

回廊栏板由三部分组成，包括扶手、钢化玻璃栏板、栏板底座。

（1）扶手安装。常用的扶手有不锈钢圆管、黄铜圆管和高级木材等。扶手固定必须与建筑结构连接牢固，不得有变形，同时扶手又是玻璃上端的固定件。扶手两端一般用膨胀螺栓或预埋件与墙、柱或金属附加柱体连接在一起。扶手应是通长的，如要接长，可以拼接，但应不显现接槎痕迹。金属扶手的接长均应采用焊接。扶手尺寸、位置和表面装饰依据设计确定。

（2）扶手与玻璃的固定。木质扶手、不锈钢和黄铜管扶手与玻璃板的连接，一般做法是在扶手内加设型钢，如槽钢、角钢或 H 形型钢等。有的金属圆管扶手在加工成形时，即将嵌装玻璃的凹槽一次制成，可减少现场焊接工作量。

（3）玻璃栏板单块间的拼接。玻璃栏板单块与单块之间，不得挤紧、拼紧，应留出8mm 间隙。玻璃与其他材料的相交部位，也不能贴靠过紧，宜留出 8mm 间隙。间隙内注入密封胶。

（4）栏板底座的做法。玻璃栏板底座的构造处理主要是指解决玻璃栏板的固定和踢脚部位的饰面处理。固定玻璃栏板的做法较多，一般是采用角钢焊成的连接铁件进行固定，两条角钢之间留出 3～5mm 的间隙。

玻璃栏板的下端不能直接坐落在金属固定件或混凝土楼地面上，应采用橡胶块作为垫块。玻璃板两侧的间隙，可填塞橡胶定位条将玻璃板夹紧，然后在缝隙上口注入密封胶。

2. 楼梯玻璃栏板的安装

对于室内楼梯栏板，其形式可以是全玻璃，称为全玻式，如图 10-5 所示；也可以是部分玻璃，称为半玻式，如图 10-6 所示。

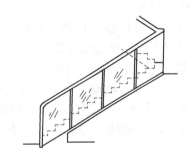

图 10-5　全玻式钢化玻璃楼梯栏板

图 10-6　半玻式钢化玻璃楼梯栏板

室内楼梯玻璃栏板的构造做法较为灵活，下面介绍其安装方法。

（1）全玻式楼梯栏板上部的固定。全玻式楼梯栏板的上部与不锈钢或黄铜管扶手的连接，一般有三种方式：第一种是在金属管的下部开槽，厚玻璃栏板插入槽内，以玻璃胶封口；第二种是在扶手金属管的下部安装卡槽，厚玻璃栏板嵌装在卡槽内；第三种是用玻璃胶将厚玻璃栏板直接与金属黏结。

（2）半玻式玻璃栏板的固定。半玻式玻璃栏板的固定方式多用金属卡槽将玻璃栏板固定于立柱之间，或是在栏板立柱上开出槽位，将玻璃栏板嵌装在立柱上并用玻璃胶固定。

（3）全玻式楼梯栏板下部的固定。全玻式楼梯栏板下部与楼梯结构的连接多采用较简易的做法。图 10-7 为用角钢将玻璃板夹紧定位，然后打玻璃胶固定玻璃并封闭缝隙。图10-8为采用天然石材饰面板作为楼梯面装饰，在安装玻璃栏板的位置留槽，留槽宽度大于玻璃厚度 5～8mm，将玻璃栏板安放于槽内之后，再加注玻璃胶封闭。玻璃栏板下部可加垫橡胶垫块。

3. 施工注意事项

在墙、柱等结构施工时，应注意栏板扶手的预埋件埋设并保证其位置准确。玻璃栏板底

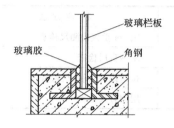

图 10-7　用角钢夹住玻璃

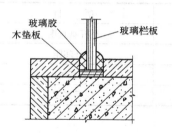

图 10-8　饰面板留槽固定玻璃

座在土建施工时，其固定件的埋设应符合设计要求。需加立柱时，应确定其准确位置。多层走廊部位的玻璃栏板，为保证人们停靠时的安全感，较合适的高度为 1.1m 左右。栏板扶手安装后，要注意成品保护，以防止由于工种之间的干扰而造成扶手的损坏。对于较长的栏板扶手，在玻璃安装前应注意其侧向弯曲，应在适当部位加设临时支柱，以相应缩短其长度而减少变形。栏板底座部位固定玻璃栏板的铁件（角钢及钢板等）高度不宜小于 100mm，固定件的中距不宜大于 450mm。不锈钢及黄铜管扶手，其表面如有油污或杂物等影响光泽时，应在交工前进行擦拭，必要时要进行抛光。

10.3.5　栏杆和扶手制作与安装工程的质量验收

栏杆和扶手制作与安装工程项目的质量验收，每个检验批的栏杆和扶手应全部检查，其主控项目、一般项目及检验方法见表 10-7、表 10-8，允许偏差见表 10-9。

表 10-7　栏杆和扶手制作与安装工程主控项目及检验方法

项次	项 目 内 容	检 验 方 法
1	栏杆和扶手制作所使用材料的材质、规格、数量和木材的燃烧性能等级应符合设计要求	观察;检查产品合格证书、进场验收记录和性能检测报告
2	栏杆和扶手的造型、规格、及安装位置应符合设计要求	观察;尺量检查;检查进场验收记录
3	栏杆和扶手安装预埋件的数量、规格、位置以及护栏与预埋件的连接节点应符合设计要求	检查隐蔽工程验收记录和施工记录
4	栏杆高度、栏杆间距、安装位置必须符合设计要求。栏杆安装必须牢固	观察;尺量检查;手扳检查
5	栏杆玻璃应使用公称厚度不小于 12mm 的钢化玻璃或钢化夹层玻璃。当护栏一侧距楼地面高度为 5m 及以上时，应使用钢化夹层玻璃	观察;尺量检查;检查产品合格证书和进场验收记录

表 10-8　栏杆和扶手制作与安装工程一般项目及检验方法

项次	项 目 内 容	检 验 方 法
1	栏杆和扶手转角弧度应符合设计要求，接缝应严密，表面应光滑，色泽应一致,不得有裂缝、翘曲及损坏	观察;手摸检查

表 10-9　栏杆和扶手安装的允许偏差和检验方法

项次	项　目	允许偏差/mm	检 验 方 法
1	栏杆垂直度	3	用1m垂直检测尺检查
2	栏杆间距	3	用钢直尺检查
3	扶手直线度	4	拉通线,用钢直尺检查
4	扶手高度	3	用钢直尺检查

10.4　橱柜制作与安装

在住宅室内功能区域划分中,橱柜的优势在于能够合理划分空间、利用空间,为厨房空间带来活力,又给生活带来了方便。在现代家庭居室空间的规划布置中,厨房的吊柜、壁柜、台柜多采用工厂化制品及按图设计施工,因此如何按厨房操作流程装饰厨房家具也是十分重要的。

从橱柜的柜形分,有吊柜、地柜、特殊柜形三大类,其功能包括洗涤、料理、烹饪、存储四种。吊柜以存储为主,地柜也有存储功能,同时地柜中洗涤柜、料理柜和灶柜是必选件,还有装饰柜,如玻璃门柜、酒柜、吊柜端头等。橱柜丰富多彩的形式充分展现了厨房主人的个性。

从橱柜台面材料分,有花岗石台面、不锈钢台面、耐火板台面、高分子人造石板和人造玉石台面。台面材料是橱柜的重要组成部分,选择起来其实并不困难,比如制作长度超过2.4m的橱柜,最好采用人造石台面,因它拼接后会达到浑然一体的效果;如果注重实用又喜欢现代金属效果,就可以选择不锈钢台面。

10.4.1　施工准备

壁柜、吊柜等木制品由工厂加工成成品或半成品,木材含水率不大于12%。木制品的有害物质限量必须符合国家现行标准有关规定要求。加工的壁柜框、扇进场时应对型号、质量核查,应有产品合格证。

其他材料,如防腐剂、胶粘剂、插销、木螺钉、拉手、合页等按设计要求的品种、规格备齐。胶粘剂中有害物质限量应符合国家规范要求。

10.4.2　整体橱柜的安装

1. 安装前准备

进厨房观察,根据图纸,观察厨房实际情况,确定大概摆放位置;用尺子拉尺寸,和图纸对照是否有误差或其他情况。确认是否有烟管、煤气管位置未安装到位;烟管位置是否有吊顶;上、下水管位置是否走好,出水管位置是否有脚阀,否则应抓紧安装;搬柜子、产品进门;将安装工具箱打开并摆放整齐;材料、小五金、机具等工具齐备;墙面、地面湿作业已完成。

2. 橱柜安装流程

统一组装好地柜——→统一组装好吊柜——→将地柜搬进厨房——→按图纸顺序摆放好位置

（倒放）——统一安装地脚——统一挖槽——将转角地柜里面的装饰门板先安装上——从边处开始摆柜子，地柜从边往转角柜位置挤——连接柜体（所有柜子用 3mm 钉连接）——统一调柜体水平——安装抽屉滑道——安装抽屉门板——安装拉篮滑道——安装拉篮门板——安装台面（人造石台面现场接缝）——捡钉——门板统一安装铰链——安装地柜门板——台面胶干——安装吊柜——安装吊柜门板——安装烟机——给灶具、水槽开孔——安装灶具、水槽——同一调门板水平——补齐所有合页钉——安装拉手——打扫卫生——给台面打玻璃胶——安装装饰帽、防尘角——打扫卫生——撕膜。

3. 施工要点

（1）正常安装顺序。先组装地柜，再组装吊柜。

（2）抽屉滑道安装位置。720 柜体：从顶部往下拉尺寸，分别 180mm（上）、355mm（中）、670mm（下）处取中线为安装位置（滑道上钉处）；670 柜体：从顶部往下拉尺寸，分别 175mm（上）、310mm（中）、630mm（下）处取中线为安装位置（滑道上钉处）。

（3）滑轨距柜体前端 2mm 处开始安装。安装抽屉滑轨的方法（仅限 720 柜体）：将下、中门板竖直靠柜边，上层滑道贴底直接上钉。抽屉芯滑道：靠抽屉底部安装，前端留 2mm 缝隙。

（4）如果柜子内侧有管道，需要挖孔，无法安装后背板，可以直接抽出后背板不安装。如果个别柜子视管道情况需挖孔，六分条根据情况前移。

（5）统一组装完毕后，再排列整齐安装地脚、连接柜体。地柜排列顺序：从一侧开始排列，最后排列转角柜位置，所有尺寸都往转角柜靠，组转角柜时，将死门先安装上，再排其他柜子。调地柜水平，一般找瓷砖水平线是比较方便、准确的好方法，或者用水平尺调水平。

（6）安装抽屉门板。先安装下层门板，方便托上层，再安装中层门板，最后安装上层门板；门板安装总高，从柜子底端（下层底）向上画线取 670mm 处，为门板安装最高处，从底部开始平装，中间间隙一致，横平竖直。

（7）碗篮安装。下层拉篮安装尺寸：（720 高柜体）滑轨前端距柜体前端 30mm；高度：从柜体顶部向下拉尺寸 590mm 处，与滑轨固定件最高处，或从顶部向下拉尺寸 600mm 处为钉孔（上层钉孔）中心处，或直接现场测量。上层拉篮安装尺寸：滑轨前端距柜体前端 20mm；高度：从柜体顶部向下拉尺寸 270mm 处，与滑轨固定件最高处拉篮滑轨安装高度尺寸都一致，距柜体前端位置不一致，需不同品牌实际定安装孔位。调料篮：取柜体中部，滑轨架与柜体前端平齐定位安装。

（8）地柜安装。先安装好转角柜并安装死门板，再安装抽屉、碗篮、拉篮门板，暂停安装台面，接缝后，安装吊柜，其他门板最后集中安装、调平。

（9）吊柜。先靠墙一端开始安装（排好柜子），如果烟机有包柜，先安装烟机再安装包柜。先用钻头（8mm 直径）打六分条孔（按钻头眼用 8mm 锤头打墙孔，再上钉），挂第二个吊柜时，打六分条孔，与第一个吊柜侧板连接。

（10）钻墙孔，挂吊柜。以吊柜安装距台面 700mm 为例：截一根六分条，长度超过700mm，可以斜顶角度支撑台面就好，靠边一侧用六分条顶住高度为 70mm；另一侧用手托住，先连接侧板，再连吊柜墙钉。

（11）各种钉备件分类存放，在安装时，不使用标准柜里的钉子，这样可以有效缩短组装时间；标准柜里的钉子在台面等待胶干的时候可以进行分装。

10.4.3 橱柜制作与安装的质量验收

橱柜制作与安装的质量验收，室内每个检验批应至少抽查3间（处），不足3间（处）应全数检查，其主控项目、一般项目及检验方法见表10-10、表10-11，允许偏差见表10-12。

表 10-10 橱柜制作与安装工程主控项目及检验方法

项次	项目内容	检验方法
1	橱柜制作所使用材料的材质和规格、木材的燃烧性能等级和含水率、花岗石的放射性及人造木板的甲醛含量应符合设计要求及国家现行标准的有关规定	观察；检查产品合格证书、进场验收记录、性能检测报告和复验报告
2	橱柜安装预埋件或后置埋件的数量、规格、位置应符合设计要求	检查隐蔽工程验收记录和施工记录
3	橱柜的造型、尺寸、安装位置、制作和固定方法应符合设计要求。橱柜安装必须牢固	观察；尺量检查；手扳检查
4	橱柜配件的品种、规格应符合设计要求。配件应齐全，安装应牢固	观察；手扳检查；检查进场验收记录
5	橱柜的抽屉和柜门应开关灵活、回位正确	观察；开启和关闭检查

表 10-11 橱柜制作与安装工程一般项目及检验方法

项次	项目内容	检验方法
1	橱柜表面应平整、洁净、色泽一致，不得有裂缝、翘曲及损坏	观察
2	橱柜裁口应顺直，拼缝应严密	观察

表 10-12 橱柜安装的允许偏差和检验方法

项次	项目	允许偏差/mm	检验方法
1	外形尺寸	3	用钢直尺检查
2	立面垂直度	2	用1m垂直检测尺检查
3	门与框架的平行度	2	用钢直尺检查

10.5 工程实践案例

某办公楼进行室内装修，其中楼梯的扶手采用实木扶手，在安装过程中出现了接头不严密、扶手不直、弯头不顺的现象。施工过程中分析了原因后，及时对工艺做出了调整，确保了施工质量。

扶手接头不严密的原因分析：扶手接头的接触面中间部分凸出，这样安装，接头缝隙会过大；扶手、弯头材料含水率大，安装后风干产生了收缩。

扶手不直、弯头不顺的原因分析：由于存放不当使扶手产生弯曲变形以及铁栏杆安装质量差；弯头制作时划线不准，修整余量留得太少；扶手与栏杆连接不牢，木螺钉的规格不符合要求，数量太少，拧固也不紧。

施工单位采取的措施如下：

（1）把木料进行烘干，使木料含水率不大于12%；木扶手进场后垫平堆放，不允许暴晒和受潮。

（2）扶手安装时要求施工人员把接头处的双头螺栓螺母拧紧。

（3）安装铁栏杆时，在栏杆扁铁上绑扎50mm×100mm的木方加固，然后进行焊接，以防止其变形。对于现场平面弯曲不大的栏杆，将扶手底面的凹槽宽度作相应的修整，从而保证扶手的顺直。

（4）先准确做弯头底面，然后将较长的直扶手顶在弯头端面划线，再留半线锯割刨削，以防止弯头不顺。

（5）施工过程中，检查木螺钉数量和位置，不允许有遗漏。

通过采取上述有效措施，施工单位圆满完成了施工任务。这个案例告诉我们木材的含水率、实木成品入场之后的存放、是否按规定进行施工等对实木扶手的安装质量有很大的影响。

实训内容——完成一次市场调研

1. 任务

完成细木工板、硬木饰面胶合板、橱柜等外观特征、价格的市场调查。

2. 目的

熟悉常用细木工板、硬木饰面胶合板、橱柜的纹理、色泽、尺寸特征；熟悉不同价位的饰面板、橱柜的性能比较；掌握辨别细木工板、饰面板、橱柜质量优劣的方法。

3. 组织形式

以小组为单位，每组3~4人，指定小组长，对小组进行编号。

4. 分项能力标准及要求

（1）能根据硬木饰面胶合板的油漆外观判断面层木材的种类及价位。

（2）能根据细木工板外观判断细木工板的种类及价位。

（3）能根据橱柜外观判断橱柜的面板种类及价位。

（4）完成细木工板、硬木饰面胶合板、橱柜外观、价格一览表，内容包括名称、主要特征描述及单价，数量不限。学生可根据市场调查情况，收集的信息越多越好。格式见表10-13。

表10-13 主要材料特征单价表

名　　称	主　要　特　征	单　价

5. 思考题

（1）选择细木工板时应注意哪些问题？

（2）如何选择橱柜的面板？

本章小结：

　　本章主要介绍了装饰工程施工中部分细部工程如木门窗套、木窗帘盒、栏板和扶手、橱柜的构造做法和施工工艺，并在此基础上分别介绍了各细部工程质量验收标准，其中门窗套的制作与安装、玻璃栏板的施工、木扶手的制作安装是本章的重点内容。

复习思考题：

1. 简述木门窗套的制作与安装过程。
2. 简述木扶手制作与安装操作要点。
3. 简述不锈钢楼梯栏杆、扶手的安装操作要点。
4. 简述玻璃回廊栏板的安装方法。
5. 简述楼梯玻璃栏板的施工方法。
6. 简述整体橱柜制作与安装的过程。

第 11 章　幕墙工程施工

学习目标：

（1）通过不同类型幕墙施工工艺的重点介绍，使学生能够对其完整的施工过程有一个全面的认识。

（2）通过对施工工艺的深刻理解，使学生学会正确选择材料和组织施工的方法，培养学生解决施工现场常见工程质量问题的能力。

（3）在掌握施工工艺的基础上，使学生领会工程质量验收标准。

学习重点：

（1）幕墙工程的重要规定。

（2）有框玻璃幕墙、点支式玻璃幕墙、全玻璃幕墙工程的施工工艺。

（3）干挂与小单元石材幕墙工程的施工工艺。

（4）金属幕墙工程的施工工艺。

（5）名类幕墙工程的质量验收。

学习建议：

（1）从构件组成、所用材料及施工机具入手，按施工过程学习每一类型幕墙的施工工艺。

（2）通过案例教学，提出施工中可能出现的质量问题，开展课堂讨论，并要求在课后查找相关资料，进一步深刻领会成功案例的经验和失败案例的教训。

11.1　幕墙工程概述

近年来，随着高层建筑的不断涌现，也带来了建筑材料、建筑构造、建筑施工、建筑理论等诸多方面的变化。而高层建筑的墙体与多层建筑的墙体相比，最根本的区别是功能上的改变。多层建筑的墙体是维护与承重（垂直与水平荷载）双重作用，而高层建筑的墙体只考虑其维护与分隔房间的作用，也就是要选择轻质高强的材料和简便的构造做法、牢固安全的连接方式，以适应高层建筑的需要。幕墙就是其中比较理想的一种墙体。

11.1.1　幕墙的特点及分类

由金属构件与各种板材组成的悬挂在主体结构上、不承担主体结构荷载与作用的建筑物外围护结构，称为建筑幕墙。这类墙既要轻质（每平方米的墙体自重必须在 50kg 以下），又要满足自身强度、保温、防水、防风砂、防火、隔声、隔热等许多要求。目前用于幕墙的材料有纤维水泥板、复合材料板、各种金属板、各种玻璃以及各种金属骨架，连接方法多采用柔性连接，通过螺栓角钢等连接件，把墙悬挂于主体结构外侧，形成悬挂墙。

按建筑幕墙饰面材料的不同主要分为玻璃幕墙、金属幕墙和石材幕墙。

1. 玻璃幕墙

玻璃幕墙是指将专用装饰玻璃悬挂于建筑物外墙面，使之形成犹如帷幕一样的装饰围护墙。玻璃幕墙能隔绝风雨，控制室内冷、热、声、光且外观新颖别致，晶莹剔透，装饰效果好，但玻璃幕墙易受大气污染，对环境易造成光污染。

2. 金属幕墙

金属幕墙是指由金属构件悬挂在建筑物主体外表面，由铝合金板、铝塑板和彩色压型钢板等作为墙面的非承重外维护墙体。金属幕墙的外墙板可以在两层金属间填充保温材料组成，也可以用单层金属板加保温材料组成。金属幕墙的外墙装饰效果好，墙体自重轻，材料单一，施工方便，工期短，维护清理方便，色彩和光泽保存长久，但造价较高，抗风性能差，能耗较大。

3. 石材幕墙

石材幕墙是指由金属构件悬挂在建筑物主体表面，由花岗石、大理石等石材作为墙面的非承重外维护墙体。石材幕墙的外墙装饰效果好，材料单一，施工操作简便，功效高，造价低，维护清理方便，色彩和光泽保存长久，但石材自重大、固定困难，且力学离散性大、易断裂，抗风、抗震性能较差。

近几年来，在一些工程中还采用了石材与玻璃组合、石材与金属组合、玻璃与金属组合等的组合幕墙。

11.1.2 关于幕墙工程的重要规定

幕墙工程是外墙非常重要的装饰工程，其设计计算、所用材料、结构形式、施工方法等，关系到幕墙的使用功能、装饰效果、结构安全、工程造价、施工难易等各个方面。因此，为确保幕墙工程的装饰性、安全性、经济型和可施工性，在幕墙的设计、选材和施工方面，应严格遵守下列重要规定。

（1）幕墙工程应具有施工图、结构计算书、设计说明、建筑设计单位对幕墙工程设计的确认文件。

（2）幕墙的设计必须由建筑甲级设计院承担，若由幕墙公司自行设计，则必须具备专项设计资质。对高于150m的幕墙工程必须经过安全技术评审。从事幕墙工程安装的施工企业，必须取得建设行政主管部门核发的资质证书，并按证书所核定的承包工程范围承接幕墙施工业务。

（3）幕墙应进行抗风压性能、空气渗透性能、雨水渗透性能及平面变形性能检测。

（4）幕墙设计应当以采用预埋件为主，后置埋件应根据设计与规范要求进行现场拉拔强度检测。

（5）幕墙工程应具有所用硅酮结构胶的认定证书和抽查合格证明；进口硅酮结构胶的商检证；国家指定检测机构出具的硅酮结构胶相容性和剥离黏结性试验报告；石材用密封胶的耐污染性试验报告。

（6）应具有打胶、养护环境的温度、湿度记录；双组份硅酮结构胶的混匀性试验记录及拉断试验记录；防雷装置测试记录。

（7）幕墙构架立柱的连接金属角码与其他连接件应采用螺栓连接，螺栓直径应经过计算，并不应小于10mm。不同金属材料接触时应采用绝缘垫片分隔。

（8）立柱和横梁等主要受力构件，其截面受力部分的壁厚应经计算确定，且铝合金型材壁厚不应小于 3.0mm，钢型材壁厚不应小于 3.5mm。单元幕墙连接处和吊挂处的铝合金型材的壁厚应通过计算确定，并不得小于 5.0mm。

（9）主体结构与幕墙连接的各种预埋件，其数量、规格、位置和防腐处理必须符合设计要求。

（10）幕墙的金属框架与主体结构预埋件的连接、立柱与横梁的连接及幕墙面板的安装必须符合设计要求，安装必须牢固。

（11）幕墙的防火除应符合现行国家标准《建筑设计防火规范》（GB 50016—2006）和《高层民用建筑设计防火规范》（GB 50045—2005）的有关规定外，还应符合下列规定：

1）应根据防火材料的耐火极限决定防火层的厚度和宽度，并应在楼板处形成防火带。

2）防火层应采取隔离措施。防火层的衬板应采用经防腐处理且厚度不小于 1.5mm 的钢板，不得采用铝板。

3）防火层的密封材料应采用防火密封胶。

4）防火层与玻璃不应直接接触，一块玻璃不应跨上下、左右相邻的两个防火分区。

（12）幕墙设计时需进行水密性计算，对于有水密性要求的幕墙在现场淋水试验时不应出现渗漏现象。

（13）隐框、半隐框幕墙所采用的结构黏结材料必须是中性硅酮结构密封胶，其性能必须符合《建筑用硅酮结构密封胶》（GB 16776—2005）的规定，必须在有效期内使用。其黏结宽度，应通过计算确定，且不得小于 7.0mm。

（14）硅酮结构密封胶应打注饱满，并应在温度 15～30℃、相对湿度 50% 以上、洁净的室内进行，不得在现场墙上打注。

11.2 幕墙工程施工常用的机具与测量、检测仪器

11.2.1 常用机具

有些工具如电动螺钉旋具、电动冲击钻、电动扳手、电动自攻螺钉钻、拉铆枪等在前述内容中已经讲述，此处图表中将其省略。常用机具如图 11-1 所示。

表 11-1 常用机具

序号	名 称	简 图	主 要 用 途
1	型材切割机		切割各种型材
2	电动角向钻磨机		钻孔和磨削两用的电动工具，特别适用于不便使用普通电钻和磨削机具的场合
3	手提式电锯		切割装饰板、轻金属等

（续）

序号	名 称	简 图	主 要 用 途
4	电动冲剪		冲剪波纹钢板、塑料板等板材,还可以在各种板材上开孔
5	铝合金型材切割机		为台式机具,用于切割铝合金型材
6	手提电动石材切割机		切割花岗石等石料板材
7	台式切割机		切割大理石、花岗石等大型石料饰面板
8	手动真空吸盘		抬运玻璃
9	滚轮		安装防风、防雨胶带
10	牛皮带		玻璃近距离运输
11	撬板和竹签		安装密封胶条
12	玻璃箱靠放架		靠放整箱玻璃

11.2.2　常用的测量与检测仪器

经纬仪用于检查立柱等竖向构件的垂直度；水准仪用于测量标高和提供水平线等；方尺用于检查阴阳角方正度；力矩扳手用于检查螺栓的扭矩；钢卷尺用于测量距离；垂直检测尺用于检查构件的垂直度；水平尺用于检查构件的水平度。

11.3　玻璃幕墙施工

玻璃幕墙是目前最常用的一种幕墙，按骨架位置和施工方法可分为有框玻璃幕墙、点支式玻璃幕墙、全玻璃幕墙。

11.3.1　有框玻璃幕墙施工

明框玻璃幕墙和隐框玻璃幕墙统称为有框玻璃幕墙。目前出于安全性考虑，隐框玻璃幕墙的使用受到一定限制。有框玻璃幕墙主要有幕墙立柱、横梁、玻璃、预埋件、连接件以及连接螺栓、胶缝、开启扇等构件组成。

1. 施工准备

（1）作业条件

1）安装施工之前，幕墙施工单位应会同土建承包商检查现场清洁情况、脚手架和起重运输机械设备，确认是否具备施工条件。

2）构件储存时应依照安装顺序排列，储存架应有足够的承载能力和刚度，在室外储存时应采用保护措施。

3）玻璃幕墙与主体结构连接的预埋件，应在主体结构施工时按设计要求埋设，预埋件的位置与设计位置偏差不应大于20mm。如偏差过大或未设预埋件时，应制订补救措施或可靠连接方案，经业主、土建设计单位同意后方可实施。

4）由于主体结构施工偏差而妨碍幕墙施工安装时，应会同业主和土建施工方采取相应措施，并在幕墙安装前实施。

5）幕墙工程的安装施工组织设计已完成，并经有关部门审核批准。其主要内容应包括：工程进度计划；与主体结构施工、设备安装、装饰装修的协调配合方案；搬运、吊装方法；测量方法；安装方法；安装顺序；构件、组件和成品的现场保护方法；检查验收；安全措施等。

6）已对幕墙安装的操作人员进行了详细的书面技术交底，并应强调操作工艺、技术措施、质量要求和成品保护。

（2）材料准备及要求

1）铝合金型材。铝合金牌号有LD30和LD31等，其中玻璃幕墙多采用LD31。这种材料多为高温挤压成型、快速冷却并人工时效状态、经阳极氧化表面处理的型材。型材主要受力构件的截面宽度为40~100mm，截面高度为100~210mm，壁厚3~5mm；次要受力构件截面宽度为40~60mm，截面高度为40~150mm，壁厚1~3mm。

铝合金型材的表面应清洁，不允许有裂纹、起皮、腐蚀和气泡存在，允许有轻微压坑、碰伤、擦伤和划伤存在，但其深度不应超过规范的规定。经阳极氧化的型材其氧化膜厚度应符合有关规范的要求，表面不允许有腐蚀点、电灼伤、黑斑、氧化膜脱落等缺陷存在。

2）钢材。用于玻璃幕墙结构的钢型材有不锈钢、碳素钢和低合金钢。玻璃幕墙用不锈钢材宜采用奥氏体不锈钢，其中，暴露于室外或处于高腐蚀环境的不锈钢承重构件（包括背栓）的镍含量应当不小于12%；非外露的不锈钢构件的镍含量应当不小于10%。碳素钢型材应采用热浸镀锌或采取其他有效防腐措施的型材。处于严重腐蚀环境的钢型材，应预留腐蚀厚度。钢型材截面形式有槽钢、工字钢、等边和不等边角钢、圆钢等。钢材的力学性能和截面尺寸偏差应满足现行规范的有关规定。

3）玻璃。用于玻璃幕墙的玻璃种类很多，有中空玻璃、钢化玻璃、半钢化玻璃、夹层玻璃、防火玻璃及镀膜玻璃（也称热反射玻璃，可将1/3左右的太阳能吸收和反射掉）等。有保温热性能要求的幕墙宜选用中空玻璃，它具有优良的保温、隔热、隔声和节能效果。玻璃幕墙所用的单层玻璃厚度一般为6mm、8mm、10mm、12mm、15mm、19mm。玻璃的品种、规格、颜色、光学性能及安装方向应符合设计要求，玻璃的透光度、尺寸、外观质量应满足现行国家标准和行业标准的有关规定。有防火要求的玻璃幕墙，应根据防火等级要求选择防火玻璃或其制品。

玻璃幕墙采用的中空玻璃，其厚度为$(6+d+5)$mm、$(6+d+6)$mm、$(8+d+8)$mm等（d为空气厚度，可取6mm、9mm、12mm）。使用时除应符合现行国家标准《中空玻璃》（GB/T 11944—2012）的规定外，还要求中空玻璃气体层厚度不小于9mm，并应采用双道密封。玻璃幕墙采用夹层玻璃时，其厚度一般为$(6+6)$mm、$(8+8)$mm，中间夹聚氯乙烯醇缩丁醛胶片，干法合成。采用中空玻璃时，外片玻璃应当采用安全夹层玻璃、超白钢化玻璃或者均质钢化玻璃及其制品。玻璃幕墙采用单片低辐射镀膜玻璃时，应使用在线热喷涂低辐射镀膜玻璃。

4）建筑密封材料。密封材料在玻璃装配中起到密封作用，同时有缓冲、黏结的功效，它是一种过渡材料，如图11-1所示。目前密封材料主要有三元乙丙橡胶、泡沫塑料、氯丁橡胶、丁基橡胶、硅酮橡胶等，其中硅酮橡胶的密封黏结性能最佳，这种材料的耐久性优于其他材料。

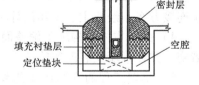

图11-1　玻璃密封构造

隐框、半隐框幕墙所采用的结构黏结材料必须是中性硅酮结构密封胶。硅酮结构密封胶使用前，应在国家认可的检测机构进行与接触材料的相容性和剥离黏结性试验，并应对邵氏硬度、标准状态拉伸黏结性能进行复检。进口硅酮结构密封胶还应具有商检报告。注意硅酮结构密封胶必须在有效期内使用。

5）其他材料。常用的其他材料如下：

与单组分硅酮密封胶配合使用的低发泡间隔双面胶带应具有透气性。

玻璃幕墙宜采用聚乙烯发泡材料作填充材料，其密度不应大于$37kg/m^3$。聚乙烯发泡填充材料应具有良好的稳定性、弹性、透气性、防水性、耐酸碱性和耐老化性。

在楼面梁、房间隔墙等容易导致火灾蔓延的部位，玻璃幕墙的内衬板应当采用燃烧性能为A级的材料。非透明处玻璃幕墙的内衬板与玻璃内表面的间距不得小于50mm，且不得使用深颜色的内衬板。

玻璃幕墙宜采用岩棉、矿棉、玻璃棉、防火板等不燃或难燃材料作隔热保温材料，同时应采用铝箔和塑料薄膜包装的复合材料,以保证其防水性和防潮性。

幕墙每个螺栓连接点的垫片既要有一定的柔性,又要有一定硬度,还应具备耐热、耐久和防腐、绝缘性能。

(3)有框玻璃幕墙的构件加工。工艺流程如下:

铝型材下料→铝框装配→玻璃加工→玻璃与铝框的装配(明框)→注胶(隐框)→静置与养护。

施工要点:

1)铝型材下料。玻璃幕墙结构杆件在下料前应进行校直调整。其中,横梁的允许偏差为 ±0.55mm,立柱的允许偏差为 ±1.0mm,端头斜度的允许偏差为 -15′;同时应严格按零件图下料。下料后的半成品要合理堆放,注明所用工程名称、零件编号、长度、数量等。

2)铝框装配。按图纸要求装配好构件,连接应牢固且满足偏差要求。连接螺钉以拧紧牢固为宜,防止滑扣。装配过程中注意保护铝框,防止损伤;装配后的铝框要合理堆放,防止变形,并做好标记。构件装配尺寸允许偏差见表11-2。

表 11-2　构件装配尺寸允许偏差

项　　目	构件长度/m	允许偏差/mm
槽口尺寸	≤2	±2.0
	>2	±2.5
构件对边尺寸差	≤2	≤2.0
	>2	≤3.0
构件对角线差	≤2	≤3.0
	>2	≤3.5

3)玻璃加工。钢化、半钢化和夹丝玻璃都不允许在现场切割,而应按设计尺寸在工厂进行切割,钢化、半钢化玻璃的热处理必须在玻璃切割、钻孔、挖槽等加工完毕后进行。经切割后的玻璃,应进行边缘处理(如倒棱、倒角、磨边),防止应力集中而发生破坏。加工后的玻璃要合理堆放,并做好标记。

4)玻璃与铝框的装配(明框)。考虑到在水平力作用下,玻璃幕墙会随主体结构产生侧移,从而使铝框挤压玻璃导致玻璃破碎,因此在玻璃与铝框之间应留有一定的空隙。

玻璃与铝框装配时,每块玻璃的下边应设置两个或两个以上的橡胶垫块支撑玻璃,同时在间隙用建筑密封材料予以密封。

5)注胶(隐框)

① 基材的清理。清洁是保证隐框玻璃幕墙玻璃与铝框黏结力的关键工序。清洁用布应采用干净、柔软、不脱毛的白色或原色棉布,通常采用"二次擦"工艺进行清洁,即用带溶剂(非油性污染物,通常采用异丙醇溶剂;对于油性污染物,则采用二甲苯溶剂)的布顺一方向擦拭后,用另一块干净的干布在溶剂挥发前擦去未挥发的溶剂、松散物、尘埃、油渍和其他脏物,第二块布脏后应立即更换。清洁后的基材必须在 15~30min 内进行注胶,否则要进行第二次清洁。

② 双面胶条的粘贴。双面胶条粘贴的施工环境应保持清洁、无灰、无污,粘贴前应按设计要求核对双面胶条的规格、厚度。按设计图纸确认铝框的尺寸形状与玻璃的尺寸无误后,将玻璃放到胶条上一次成功定位,不得来回移动玻璃,否则胶条上的不干胶粘在玻璃上,将难以保证注胶后硅酮结构密封胶的黏结牢固。玻璃固定好后,应及时将铝框和玻璃的

组件移至注胶间，并对其形状、尺寸进行最后的校正。

③ 注胶。应设置专门的注胶间，要求清洁、无尘、无火种、通风，并配置必要的设备，使室内温度控制在 15～30℃ 之间，相对湿度控制在 45%～75% 之间。注胶前应认真检查、核对密封胶是否过期，所用密封胶牌号是否与设计图纸要求相符，玻璃、铝框是否与设计图纸一致，铝料、玻璃、双面粘胶条是否通过相容性试验，注胶施工环境是否符合规定。

隐框玻璃幕墙的结构胶必须用机械注胶，注胶要按顺序进行，以排走注胶空隙内的空气。注胶枪枪嘴应插入适当深度，使密封胶连续、均匀、饱满地注入到注胶空隙内，且不允许出现气泡。在结合处应调整压力以保证该处有足够的密封胶。进行注胶时应及时做好注胶记录。

④ 压平和修整。注胶后要用刮刀压平、刮去多余的密封胶，并修整其外露表面，使表面平整光滑，缝内无气泡。压平和修整的工作必须在施工时间内进行，一般约 10～20min。

6）静置与养护。注完胶的玻璃组件应及时移至静置场静置养护，双组分结构密封胶静置 3～5d，单组分结构密封胶静置 7d 后才能运输，总养护时间 14～21d。达到结构密封胶的黏结强度后方可安装施工。

2. 有框玻璃幕墙的安装施工

（1）工艺流程。弹线→立柱安装→横梁安装→幕墙组件安装→幕墙上开启窗扇的安装→防火保温构造→密封→清洁。

（2）施工要点

1）弹线。根据幕墙分格大样图和土建施工单位给出的标高点、进出口线及轴线位置，采用重锤、钢丝线、标准钢卷尺及水准仪等测量工具在主体上定出幕墙平面、立柱、分格及转角等基准线，并用经纬仪进行调校、复测。

幕墙分格轴线的测量放线应与主体结构测量放线相配合，水平标高要逐层从楼地面引上，以免误差积累。误差大于规定的允许偏差时，包括垂直偏差值，应在监理、设计人员同意后，适当调整幕墙的轴线，使其符合幕墙装饰设计和构造的要求。

在测量放线的同时，应对预埋件的偏差进行检查，标高允许偏差为 ±10mm，与设计位置允许偏差为 ±20mm。超差的预埋件必须办理设计变更，与设计单位洽商后，进行适当的处理后方可进行安装施工。

2）幕墙立柱安装。立柱安装的准确性和质量将影响整个玻璃幕墙的安装质量，是幕墙施工的关键工序之一。安装前应认真核对立柱的规格、尺寸、数量、编号是否与施工图纸一致。立柱一般 2 层 1 根，上、下立柱之间应留有不小于 20mm 的缝隙，闭口型材可采用长度不小于 250mm 的芯柱连接，芯柱与立柱应紧密配合。

安装时应将立柱先与连接件连接，然后连接件再与主体预埋件连接，可采用膨胀螺栓连接和焊接连接，并进行调整和固定，如图 11-2 所示。注意，在立柱与连接件接触面之间一定要加防腐隔离垫片。

立柱安装轴线前后偏差不应大于 2mm，左右偏差不应大于 3mm，标高偏差不应大于 3mm。相邻立柱安装标高偏差不应大于 3mm，同层立柱的最大标高偏差不应大于 5mm；相邻立柱的距离偏差不应大于 2mm。立柱安装就位后应及时调整、紧固，临时螺栓在紧固后应及时拆除。立柱安装的允许偏差及检查方法应符合表 11-3 的规定。

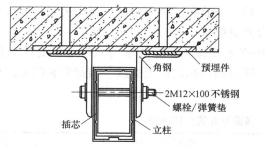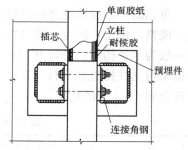

图 11-2　玻璃幕墙立柱中部安装节点

表 11-3　立柱安装的允许偏差

项　　目	尺寸范围/m	允许偏差/mm	检查方法
立柱垂直度	高度≤30	10	用经纬仪检查
	高度≤60	15	
	高度≤90	20	
	高度>90	25	
立柱直线度		3	用3m靠尺、塞尺检查
立柱外面平面度	相邻三立柱	<2	用激光仪检查
	高度≤30	≤5	
	高度≤60	≤7	
	高度≤90	≤9	
	高度>90	<10	

立柱按偏差要求初步定位，应进行检查验收，合格后正式焊接牢固，同时做好防腐处理。立柱安装牢固后，必须取掉上、下立柱之间用于定位伸缩缝的标准块，并在伸缩缝处打密封胶。

在安装立柱的同时应按设计要求进行防雷体系的可靠连接，均压环应与主体结构避雷系统连接，预埋件与均压环通过截面积不小于 $48mm^2$ 的圆钢或扁钢连接。圆钢或扁钢与预埋件均压环进行搭接焊接，焊缝长度不小于 75mm。位于均压环所在层的每个立柱与支座之间应用宽度不小于24mm、厚度不小于2mm 的铝条连接，保证其电阻小于 10Ω。所有避雷材料均应热浸镀锌。避雷体系安装完后应及时提交验收，并将检验结果及时做好记录。幕墙防雷节点如图 11-3 所示。

3）幕墙横梁安装。横梁安装必须在土建湿作业完成及立柱安装后进行，整栋楼应从上而下安装，同一层的横梁安装应由下而上进行。这里的横梁安装是指明框玻璃幕墙中横梁的安装，一些隐框玻璃幕墙的横梁不是分段与立柱连接的，而是作为铝框的一部分，与玻璃组成一个整体组件后，再与立柱连接的。

如果横竖杆件均是型钢一类的材料，可以采

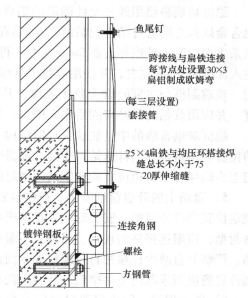

图 11-3　幕墙防雷节点

用焊接，也可以采用螺栓或其他方法连接。如果横竖杆件均是铝合金型材，一般多用角铝作为连接件。角铝的一条肢固定横向杆件，另一条肢固定竖向杆件。当安装完一层高度时，应进行检查、调整、校正、固定，使其符合质量要求。

横梁一般为水平构件，分段在立柱中嵌入连接。横梁两端与立柱连接处应加弹性橡胶垫；同时横梁与立柱接缝处应打与立柱、横梁颜色相近的密封胶。横梁安装的允许偏差及检查方法应符合表11-4中的规定。

表 11-4   横梁安装的允许偏差

项　　目	尺寸范围/m	允许偏差/mm	检 查 方 法
相邻两横梁间距尺寸	间距≤2	±1.5	用钢卷尺检查
	间距>2	±2.0	
分格对角线差	对角线长≤2	3	用钢卷尺或伸缩尺检查
	对角线长>2	3.5	
相邻两横梁的水平标高差		1	用钢卷尺或水平仪检查
横梁的水平度	横梁长≤2	2	用水平仪检查
	横梁长>2	3	
同高度主要横梁的高低差	幅宽≤35	≤5	用水平仪检查
	幅宽>35	≤7	

4）幕墙组件安装。玻璃的安装，因玻璃幕墙的结构类型不同，而固定的方法也有所不同。如果是钢结构骨架，因为型钢没有镶嵌玻璃的凹槽，故先将玻璃安装在铝合金窗框上，再将窗框与骨架连接。铝合金型材的幕墙框架在成型的过程中，已经将固定玻璃的凹槽随同整个断面一次挤压成型，所以玻璃安装很方便。

明框玻璃幕墙在玻璃安装前应将表面尘土和污物擦拭干净。热反射玻璃安装应将镀膜面朝向室内，非镀膜面朝向室外；玻璃与构件不得直接接触。玻璃四周与构件凹槽底应保持一定空隙，每块玻璃下应设不少于两块的弹性定位垫块，垫块宽度与槽口宽度应相同，长度不小于100mm，并用胶条或密封胶将玻璃与槽口两侧之间进行密封。

隐框玻璃幕墙用经过设计确定的铝合金立柱，用不锈钢螺钉固定玻璃组合件（玻璃与铝合金副框之间通过结构胶黏结），然后在玻璃拼缝处用发泡聚乙烯垫条填充空隙。塞入的垫条表面应凹入玻璃外表面5mm左右，再用耐候密封胶封缝，胶缝必须均匀、饱满，一般注入深度为5mm左右，并使用修胶工具修整，然后揭除遮盖压边胶带并清理玻璃及主框表面。玻璃副框与主框间设橡胶条隔离，其断口留在四角，斜面断开后应拼成预定的设计角度，并应用胶粘剂黏结牢固后嵌入槽内，如图11-4所示。

隐框玻璃幕墙的中空玻璃合片用结构密封胶的位置和中空玻璃与副框黏结用结构密封胶的位置应当重合。因特殊结构需要，确需采用玻璃飞边或者中空玻璃采用大小片构造时，应当至少确保在一对边位置的硅酮结构密封胶重合。

5）幕墙上的开启窗扇安装。在窗扇安装前进行必要的清洁，然后按设计要求在幕墙上规定位置安装开启窗。安装时应注意窗扇与窗框的上下、左右、前后的配合间隙，以保证其密封型；窗扇连接件的规格、品种、质量一定要符合设计要求，并应采用不锈钢和轻金属制品。严禁私自减少连接用自攻螺钉等紧固件的数量，并应严格控制自攻螺钉的底孔直径。幕墙开启窗应当采取防坠落措施，开启扇托板应当与窗扇可靠连接。

6）防火保温。防火保温材料的安装应严格按设计要求施工，防火材料宜采用整块岩

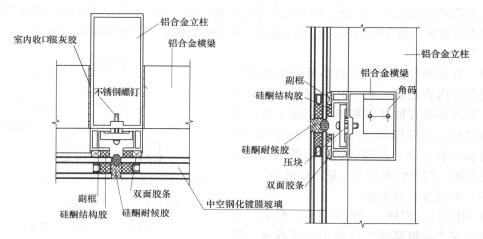

图 11-4　隐框玻璃幕墙节点

棉，固定防火保温材料的防火衬板应采用厚度不小于 1.5mm 的镀锌钢板锚固牢靠。幕墙四周与主体结构之间的缝隙，应采用防火保温材料堵塞，填装防火保温材料时一定要填实、填平，不允许留有空隙，并采用铝箔或塑料薄膜包扎，防止保温材料受潮失效，如图 11-5 所示。玻璃幕墙的防火构造系统，在正常使用条件下应具有伸缩变形能力、密封性和耐久性，在遇火状态下，应在规定的耐火时限内，不发生开裂或脱落，保持相对稳定性。

7）密封。玻璃或玻璃组件安装完毕后，应及时用耐候硅酮密封胶嵌缝，以保证玻璃幕墙的气密性和水密性。耐候硅酮密封胶在缝内应形成相对两面黏结，不得三面黏结，较深的密封槽口底部应采用聚乙烯发泡材料填塞。耐候硅酮密封胶的施工厚度应大于 3.5mm，施工宽度不应小于厚度的 2 倍。注胶后应将胶缝表面刮平，以去掉多余的密封胶。

8）清洁。安装幕墙过程中应对幕墙及构件表面的黏附物、灰尘等及时清除。安装完毕后、拆除脚手架之前，应对整个幕墙作最后一次检查，保证玻璃幕墙安装和密封胶缝、结构安装质量及其表面的洁净。

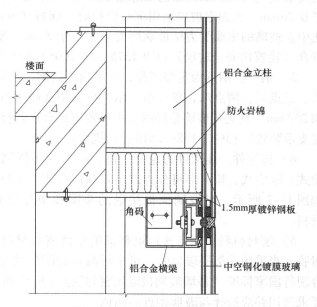

图 11-5　隐框玻璃幕墙防火构造

11.3.2　点支式玻璃幕墙施工

点支式玻璃幕墙（图 11-6）是近年来国内发展较快的一种玻璃幕墙形式，由于幕墙上的各种荷载通过钢爪、连接件传递给钢梁、桁架、张拉钢索等，它具有安全可靠、视觉通透、室内外装饰效果好等特点，被广泛应用在建筑外墙装饰工程项目上。就其支撑结构形式可分为钢梁式点支式玻璃幕墙、桁架式点支式玻璃幕墙、张拉索点支式玻璃幕墙及以上几种混合应用等形式。本节以桁架式点支式玻璃幕墙为例说明点支式玻璃幕墙的施工。

1. 施工准备

（1）作业条件。点支式玻璃幕墙安装的施工组织设计内容已经完成，并经有关部门审核批准。其内容除有框玻璃幕墙安装施工组织设计的内容外，还应包括支撑钢结构的运输，现场拼装和吊装方案，玻璃的运输、就位、调整和固定方法，胶缝的充填及质量保证措施等。

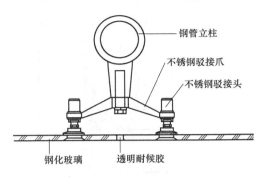

图 11-6　点支式玻璃幕墙

（2）材料准备及要求

1）钢立柱、型钢、钢桁架材料。桁架（单梁）式点支式玻璃幕墙工程使用的钢管宜选用不锈钢无缝装饰管或优质碳钢无缝管，钢管壁厚不宜小于 5mm，管材表面不得有裂纹、气泡、结疤、泛锈、夹渣起皮等现象，材料的材质、规格及壁厚应符合设计要求。型钢材料的性能应符合国家现行相关规定。

2）面板玻璃。面板玻璃应采用钢化玻璃、夹胶玻璃或钢化中空玻璃（有保温、隔热要求时应采用中空玻璃），其厚度和玻璃的大小尺寸应根据设计计算确定。点支式玻璃幕墙采用夹层玻璃时，应采用聚乙烯醇缩丁醛（PVB）胶片干法加工合成技术，且胶片厚度不得小于 0.76mm。当固定玻璃采用沉头螺栓时，面板玻璃的厚度不得小于 10mm；夹层玻璃和钢化中空玻璃的主要受力层玻璃厚度不得小于 8mm。玻璃颜色应均匀一致，其外观和性能应符合《建筑用安全玻璃》（GB 15763.2—2005）的相应规定。

3）钢爪。钢爪为定型产品，一般为不锈钢，按其外形和固定点数可分为四类，即四点爪、三点爪、两点爪、单点爪。爪件按常用孔距可分为 204mm、224mm 和 250mm。点支式玻璃幕墙的支承装置应符合现行行业标准《建筑玻璃点支承装置》（JG/T 138—2010）的规定。

4）连接件。连接件为定型产品，一般为不锈钢。按构造可分为活动式、固定式，按外形可分为沉头式和浮头式。中空玻璃连接件的形式如图 11-7 所示。与玻璃面板接触的垫圈和垫片应采用尼龙或纯铝等材料。

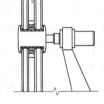

图 11-7　中空玻璃连接件

5）密封材料。点支式玻璃幕墙的耐候密封材料应采用硅酮建筑密封胶。当采用非镀膜玻璃时，可采用酸性硅酮建筑密封胶，其性能应符合现行国家标准《幕墙玻璃接缝用密封胶》（JC/T 882—2001）的规定。密封胶应根据设计要求选用并应选择与玻璃相近的颜色。

（3）点支式玻璃幕墙的构件加工

1）支撑钢结构加工。钢桁架应按设计的相贯线，采用数控机床切割加工，钢构件拼装单元的节点位置允许偏差为 ±2.0mm；构件长度、拼装单元长度的允许正、负偏差均可取长度的 1/2000；管材连接焊缝应沿全长连续、均匀、饱满、平滑、无气泡和夹渣；支管壁厚小于 6mm 时可不切坡口；角焊缝的焊脚高度不宜大于支管壁厚的两倍。

2）玻璃加工。点支式玻璃幕墙应使用钢化玻璃，不得使用普通浮法玻璃。玻璃应在钢化前进行切角、钻孔、磨边。玻璃面板及其孔洞边缘均应倒棱和磨边，倒棱宽度不宜小于1mm，磨边宜细磨。玻璃加工的允许偏差应符合表11-5规定。中空玻璃开孔后，开孔部位应采取多道密封措施。

表11-5 点支式玻璃加工允许偏差

项目	边长尺寸	对角线	钻孔位置	孔距	孔轴与玻璃平面垂直度
允许偏差	±1.0mm	≤2.0mm	±0.8mm	±1.0mm	±12′

2. 点支式玻璃幕墙的安装施工

（1）工艺流程。预埋件位置、尺寸的检查→测量放线→安装预埋件→安装幕墙立柱、边框→立柱的调整与紧固→挂件安装→玻璃板安装→灌注嵌缝硅胶→幕墙表面清洗。

（2）施工要点

1）弹线。根据建筑物的轴线测放并弹出纵、横两个方向的幕墙基准线和标高控制线。

2）安装连接件。把连接件按设计要求的位置临时点焊在预埋件上。若主体结构上没有预埋件，可以用膨胀螺栓将铁件与主体结构连接，并应在现场做拉拔试验。

3）安装幕墙立柱、边框。以幕墙基准线为准，从幕墙中心线向两边安装立柱和边框，与连接件临时固定。

4）立柱的调整与紧固。幕墙立柱及边框全部就位后，做一次全面检查，对局部不合适的位置作最后调整，使立柱的垂直度及间距达到设计要求；然后对临时点焊的位置正式焊接，紧固连接螺栓，对没有防松动措施的螺栓均应点焊；所有焊缝应清理干净并作防锈处理。

5）挂件安装。将不锈钢挂件按设计要求安装在幕墙立柱上，并用与玻璃同尺寸、同孔径的模具校正每个挂件的位置，以确保无误。支撑结构构件的安装应符合表11-6的要求。

表11-6 支撑结构安装允许偏差及检验方法

项次	项目		允许偏差/mm	检验方法
1	相邻两竖向构件间距		±2.5	用尺量检查
2	竖向构件垂直度		1/1000 或 ≤5	用经纬仪或吊线锤检查
3	相邻三竖向构件外表面平面度		5	拉通线用尺量检查
4	相邻两爪座水平高低差		−3；+1	用水平仪和钢直尺以构件顶端为测量面进行测量
5	相邻两爪座水平间距		1.5	用钢卷尺在构件顶部测量
6	爪座水平度		2	用水平尺检查
7	同层高度内爪座高低差	幕墙面宽≤35m	5	拉通线用尺量检查
		幕墙面宽>35m	7	
8	相邻两爪座垂直间距		±2	用尺量检查
9	单个爪座对角线差		4	用尺量检查
10	端面平面度		6	用3m靠尺、塞尺测量

6）玻璃板安装。在平台上将支点装置（驳接头）固定在玻璃定位孔中，注意连接件不得与玻璃面板直接接触，应加装衬垫材料，衬垫材料面积不应小于点支撑装置与玻璃的结合面；然后采用吊架自上而下地将支点装置的玻璃板安装在焊于立柱设计位置的爪挂件上，用吊具和吸盘调整玻璃前后、左右位置，使四周的缝隙达到设计要求值，调整玻璃的位置及平面度后，用扳手拧紧连接件的螺栓；最后用硅酮结构密封胶对玻璃板块之间的缝隙进行密封处理，并及时清理玻璃板缝处的多余胶痕。

7）清理。安装幕墙构件的同时应进行清理工作。安装完毕拆架前应对玻璃幕墙进行一次全面检查与清理，以保证玻璃板安装和胶缝密封质量及幕墙表面的整洁。

11.3.3 全玻璃幕墙施工

全玻璃幕墙是指面板和肋均为玻璃的幕墙。面板和肋之间用透明硅酮胶黏结，幕墙完全透明，能创造出一种独特的通视效果。当玻璃高度小于4m时，可以不加玻璃肋；当玻璃高度大于4m时，就应用玻璃肋来加强，玻璃肋的厚度应不小于19mm。全玻璃幕墙可分为坐地式和悬挂式两种。坐地式幕墙构造简单、造价低，主要靠底座承重，缺点是玻璃在自重作用下容易产生弯曲变形，造成视觉上失真的结果。在玻璃高度大于6m时，就必须采用悬挂式，即用特殊的金属夹具将大块玻璃和玻璃肋悬挂吊起，构成没有变形的大面积连续玻璃幕墙。用这种方法可以消除由自重引起的玻璃挠曲，创造出既美观又安全可靠的空间效果。全玻璃幕墙构造如图11-8所示。

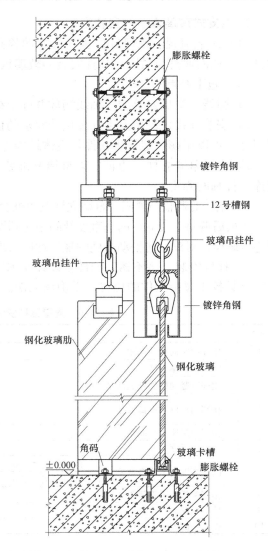

图 11-8　全玻璃幕墙构造

1. 施工准备

（1）作业条件。现场土建设计资料的收集和土建结构尺寸的测量；设计和施工方案的确定；主要材料如玻璃的尺寸规格、金属结构构件的材质等的检查；主要施工机具如玻璃吊装和运输机具、各种电动和手动工具等的检查；脚手架的搭设要完成。

（2）材料准备及要求

1）钢吊架和钢横梁等受力构件主要采用型钢，钢材应符合有关现行国家标准《碳素结构钢》（GB/T 700—2006）和《优质碳素结构钢》（GB/T 699—1999）的规定。

2）全玻璃幕墙用的支承装置应符合现行行业标准《建筑玻璃点支承装置》（JG/T 138—2010）和《吊挂式玻璃幕墙支承装置》（JG 139—2001）的规定。

3）全玻璃幕墙使用非镀膜玻璃时，其耐候密封可采用酸性硅酮建筑密封胶，其性能应符合国家现行标准《幕墙玻璃接缝用密封胶》（JC/T 882—2001）的规定。

4）全玻璃幕墙的玻璃加工应符合下列要求：玻璃边缘应倒棱并细磨；外露玻璃的边缘应精磨。采用钻孔安装时，孔边缘应进行倒角处理，不应出现崩边。

2. 全玻璃幕墙的安装施工

（1）工艺流程。底框和顶框安装→玻璃就位→玻璃固定→缝隙处理→施工玻璃肋→清洁。

（2）施工要点

1）底框和顶框安装。按设计要求将全玻璃幕墙的底框焊在楼地面的预埋件上，将顶框焊在主体结构的预埋件上。当没有埋设预埋件时，可用膨胀螺栓将角钢连接件与楼地面或主体结构连接，再把金属底框和顶框焊于角钢上。对于高度为 4m 以上的全玻璃幕墙，顶部应安装夹吊具，将全玻璃幕墙的大块玻璃吊起来，以减少底部压力。

2）玻璃就位。玻璃运到现场后，用手持玻璃吸盘由工人将其搬运到安装地点。然后用玻璃吸盘安装机在玻璃一侧将玻璃吸牢，接着用起重机械将吸盘安装机连同玻璃一起提升到一定高度，再转动吸盘，将横卧的玻璃转至竖直，并将玻璃插入顶框或吊夹具内，再继续往上提升，使玻璃下端对准底框槽内，然后将玻璃放入底框内的垫块上，使其支撑在设计标高位置。

3）玻璃固定。往底框、顶框内玻璃两侧填嵌填充料（玻璃肋位置除外）至距缝口 10mm 位置，然后用密封胶注射枪向缝内注入密封胶。密封胶必须均匀、连续、严密，上表面与玻璃或框表面成 45°。多余的胶迹应清理干净。

4）幕墙玻璃板之间的缝隙处理。向幕墙玻璃板之间的缝隙注入密封胶，胶体与幕墙玻璃面平。密封胶的注入要连续、饱满、密实、均匀、无气泡，接缝处应光滑、平整。

5）粘贴肋玻璃。在设计肋玻璃位置的幕墙玻璃上及肋玻璃的相应位置刷结构胶，然后将肋玻璃放入相应的顶、底框内，调整好位置后，向幕墙玻璃上刷胶位置轻轻推压，使其黏结牢固。最后向顶、顶框内肋玻璃两侧的缝隙内填嵌填充料，注入密封胶。密封胶注入要连续、饱满、密实、均匀、无气泡，深度大于 8mm。

6）肋玻璃端头处理。肋玻璃底框、顶框端头位置的垫块、密封条要固定，其缝隙用密封胶封死。

7）清洁。幕墙玻璃安好后应进行清理工作。拆架前应对玻璃幕墙做最后一次全面检查，以保证幕墙表面的整洁。

11.3.4 玻璃幕墙工程的质量验收

（1）幕墙分项工程检验批的划分应符合下列规定：

1）相同设计、材料、工艺和施工条件的幕墙工程每 500~1000m² 应划分为一个检验批，不足 500m² 也应划分为一个检验批。

2）同一单位工程不连续的幕墙工程应单独划分检验批。

3）对于异型或有特殊要求的幕墙，检验批的划分应根据幕墙的结构、工艺特点和幕墙工程规模，由监理单位（或建设单位）和施工单位协商确定。

（2）检查数量应符合下列规定：

每个检验批每 100m² 应至少抽查一处，每处不得小于 10m²。对于异型或有特殊要求的幕墙工程，应根据幕墙的结构和工艺特点，由监理单位（或建设单位）和施工单位协商确定。

（3）检验批合格质量应符合下列规定：

主控项目的质量经抽样检验合格；一般项目的质量经抽样检验合格，其中允许有偏差的项目，每项均应有 80% 及以上的检查点符合要求，其余的检查点其最大偏差值不应超过允许偏差值的 1.5 倍，且不得有影响使用功能或明显装饰效果的缺陷；具有完整的施工操作记录、质量检查记录。

1）玻璃幕墙工程主控项目及检验方法见表 11-7。

表 11-7　玻璃幕墙工程主控项目及检验方法

项次	项目内容	检验方法
1	玻璃幕墙工程所使用的各种材料、构件和组件的质量,应符合设计要求及国家现行产品标准和工程技术规范的规定	检查产品合格证书、性能检测报告、材料进场验收记录和复验报告
2	玻璃幕墙的造型和立面分格应符合设计要求	观察;尺量检查
3	玻璃幕墙使用的玻璃应符合下列规定: (1)幕墙应使用安全玻璃,玻璃的品种、规格、颜色、光学性能及安装方向应符合设计要求 (2)幕墙玻璃的厚度不应小于 6.0mm。全玻璃幕墙肋玻璃的厚度不应小于 12mm (3)幕墙的中空玻璃应采用双道密封。明框幕墙的中空玻璃应采用聚硫密封胶及丁基密封胶;隐框和半隐框幕墙的中空玻璃应采用硅酮结构密封胶及丁基密封胶;镀膜面应在中空玻璃的第 2 或第 3 面上 (4)幕墙的夹层玻璃应采用聚乙烯醇缩丁醛(PVB)胶片干法加工合成的夹层玻璃。点支式玻璃幕墙夹层玻璃的夹层胶片(PVB)厚度不应小于 0.76mm (5)钢化玻璃表面不得有损伤;8.0mm 以下的钢化玻璃应进行引爆处理 (6)所有幕墙玻璃均应进行边缘处理	观察;尺量检查;检查施工记录
4	玻璃幕墙与主体结构连接的各种预埋件、连接件、紧固件必须安装牢固,其数量、规格、位置、连接方法和防腐处理应符合设计要求	观察;检查隐蔽工程验收记录和施工记录
5	各种连接件、紧固件的螺栓应有防松动措施;焊接连接应符合设计要求和焊接规范的规定	手扳检查;检查隐蔽工程验收记录和施工记录
6	隐框或半隐框玻璃幕墙,每块玻璃下端应设置两个铝合金或不锈钢托条,其长度不应小于 100mm,厚度不应小于 2mm,托条外端应低于玻璃外表面 2mm	观察;检查施工记录
7	明框玻璃幕墙的玻璃安装应符合下列规定: (1)玻璃槽口与玻璃的配合尺寸应符合设计要求和技术标准的规定 (2)玻璃与构件不得直接接触,玻璃四周与构件凹槽底部应保持一定空隙,每块玻璃下部应至少放置两块宽度与槽口宽度相同、长度不小于 100mm 的弹性定位垫块;玻璃两边嵌入量及空隙应符合设计要求 (3)玻璃四周橡胶条的材质、型号应符合设计要求,镶嵌应平整,橡胶条长度应比边框内槽长 1.5% ~2.0%,橡胶条在转角处应斜面断开,并应用胶粘剂粘结牢固后嵌入槽内	观察;检查施工记录
8	高度超过 4m 的全玻璃幕墙应吊挂在主体结构上,吊夹具应符合设计要求,玻璃与玻璃、玻璃与玻璃肋之间的缝隙,应采用硅酮结构密封胶填嵌严密	观察;检查隐蔽工程验收记录和施工记录
9	点支式玻璃幕墙应采用带万向头的活动不锈钢爪,其钢爪间的中心距离应大于 250mm	观察;尺量检查
10	玻璃幕墙四周、玻璃幕墙内表面与主体结构之间的连接节点、各种变形缝、墙角的连接节点应符合设计要求和技术标准的规定	观察;检查隐蔽工程验收记录和施工记录
11	玻璃幕墙应无渗漏	在易渗漏部位进行淋水检查
12	玻璃幕墙结构胶和密封胶的打注应饱满、密实、连续、均匀、无气泡,宽度和厚度应符合设计要求和技术标准的规定	观察;尺量检查;检查施工记录
13	玻璃幕墙开启窗的配件应齐全,安装应牢固;安装位置和开启方向、角度应正确;开启应灵活,关闭应严密	观察;手扳检查;开启和关闭检查
14	玻璃幕墙的防雷装置必须与主体结构的防雷装置可靠连接	观察;检查隐蔽工程验收记录和施工记录

2）玻璃幕墙工程一般项目及检验方法见表11-8。

表 11-8　玻璃幕墙工程一般项目及检验方法

项次	项目内容	检验方法
1	玻璃幕墙表面应平整、洁净；整幅玻璃的色泽应均匀一致；不得有污染和镀膜损坏	观察
2	每平方米玻璃的表面质量和检验方法应符合表11-9规定	
3	一个分格铝合金型材的表面质量和检验方法应符合表11-10的规定	
4	明框玻璃幕墙的外露框或压条应横平竖直，颜色、规格应符合设计要求，压条安装应牢固。单元玻璃幕墙的单元拼缝或隐框玻璃幕墙的分格玻璃拼缝应横平竖直、均匀一致	观察；手扳检查；检查进场验收记录
5	玻璃幕墙的密封胶缝应横平竖直、深浅一致、宽窄均匀、光滑顺直	观察；手摸检查
6	防火、保温材料填充应饱满、均匀，表面应密实、平整	检查隐蔽工程验收记录
7	玻璃幕墙隐蔽节点的遮封装修应牢固、整齐、美观	观察；手扳检查
8	点支式玻璃幕墙安装的允许偏差和检验方法应符合表11-11的规定	
9	明框玻璃幕墙安装的允许偏差和检验方法应符合表11-12的规定	
10	隐框、半隐框玻璃幕墙安装的允许偏差和检验方法应符合表11-13的规定	
11	全玻璃幕墙安装允许偏差和检验方法应符合表11-14的规定	

表 11-9　每平方米玻璃的表面质量和检验方法

项次	项目内容	质量要求	检验方法
1	明显划伤和长度 >100mm 的轻微划伤	不允许	观察
2	长度≤100mm 的轻微划伤	≤8 条	用钢卷尺检查
3	擦伤总面积	≤500mm^2	用钢卷尺检查

表 11-10　一个分格铝合金型材的表面质量和检验方法

项次	项目内容	质量要求	检验方法
1	明显划伤和长度 >100mm 的轻微划伤	不允许	观察
2	长度≤100mm 的轻微划伤	≤2 条	用钢卷尺检查
3	擦伤总面积	≤500mm^2	用钢卷尺检查

表 11-11　点支式玻璃幕墙安装的允许偏差和检验方法

项次	项目		允许偏差/mm	检验方法
1	幕墙垂直度	幕墙高度≤30m	10	用经纬仪检查
		30m＜幕墙高度≤50m	15	
2	幕墙平面度		3	用3m靠尺、钢直尺检查
3	竖缝直线度		3	用3m靠尺、钢直尺检查
4	横缝直线度		3	用3m靠尺、钢直尺检查
5	拼缝宽度（与设计值比）		2	用游标卡尺检查

表 11-12　明框玻璃幕墙安装的允许偏差和检验方法

项次	项　目		允许偏差/mm	检 验 方 法
1	幕墙垂直度	幕墙高度≤30m	10	用经纬仪检查
		30m＜幕墙高度≤60m	15	
		60m＜幕墙高度≤90m	20	
		幕墙高度＞90m	25	
2	幕墙水平度	幕墙幅宽≤35m	5	用水平仪检查
		幕墙幅宽＞35m	7	
3	构件直线度		2	用2m靠尺和塞尺检查
4	构件水平度	构件长度≤2m	2	用水平仪检查
		构件长度＞2m	3	
5	相邻构件错位		1	用钢直尺检查
6	分格框对角线长度差	对角线长度≤2m	3	用钢直尺检查
		对角线长度＞2m	4	

表 11-13　隐框、半隐框玻璃幕墙安装的允许偏差和检验方法

项次	项　目		允许偏差/mm	检 验 方 法
1	幕墙垂直度	幕墙高度≤30m	10	用经纬仪检查
		30m＜幕墙高度≤60m	15	
		60m＜幕墙高度≤90m	20	
		幕墙高度＞90m	25	
2	幕墙水平度	层高≤3m	3	用水平仪检查
		层高＞3m	5	
3	幕墙表面平整度		2	用2m靠尺和塞尺检查
4	板材立面垂直度		2	用垂直检测尺检查
5	板材上沿水平度		2	用1m水平尺和钢直尺检查
6	相邻板材板角错位		1	用钢直尺检查
7	阳角方正		2	用直角检测尺检查
8	接缝直线度		3	拉5m线,不足5m拉通线,用钢直尺检查
9	接缝高低差		1	用钢直尺和塞尺检查
10	接缝宽度		1	用钢直尺检查

表 11-14　全玻璃幕墙安装允许偏差和检验方法

项次	项　　目		允许偏差	检 验 方 法
1	幕墙平面垂直度	幕墙高度 H(m)		用激光仪或经纬仪检查
		H≤30	10mm	
		30<H≤60	15mm	
		60<H≤90	20mm	
		H>90	25mm	
2	幕墙的平整度		2.5mm	用2m靠尺,钢板尺检查
3	竖缝直线度		2.5mm	用2m靠尺,钢板尺检查
4	横缝直线度		2.5mm	用2m靠尺,钢板尺检查
5	线缝宽度(与设计值比较)		±2mm	用卡尺检查
6	两相邻面板之间的高低差		1.0mm	用深度尺检查
7	玻璃面板与肋板夹角与设计值偏差		≤1°	用量角器检查

3）幕墙工程验收时应提交下列文件和记录：

① 幕墙工程的竣工图或施工图、结构计算书、设计说明及其他设计文件。

② 建筑设计单位对幕墙工程设计的确认文件。

③ 幕墙工程所用各种材料、五金配件、构件及组件的产品合格证书、性能检测报告、进场验收记录和复验报告。

④ 幕墙工程所用硅酮结构胶的认定证书和抽查合格证明；进口硅酮结构胶的商检证；国家指定检测机构出具的硅酮结构胶相容性和剥离黏结性试验报告；石材用密封胶的耐污染性试验报告。

⑤ 后置埋件的现场拉拔强度检测报告。

⑥ 幕墙的风压变形性能、气密性能、水密性能检测报告及其他设计要求的性能检测报告。

⑦ 打胶、养护环境的温度、湿度记录；双组份硅酮结构胶的混匀性试验记录及拉断试验记录。

⑧ 防雷装置测试记录。

⑨ 隐蔽工程验收记录。

⑩ 淋水试验记录。

⑪ 幕墙构件和组件的加工制作记录；幕墙安装施工记录。

11.4　石材幕墙施工

石材幕墙不同于传统的外墙饰面施工技术，而是采用干挂工艺，它是当代石材墙面装饰通过长期施工实践，经发展改进而形成的一种新型的施工工艺，也是目前外墙石材饰面最常用的一种施工方法。该方法是用一组高强、耐腐蚀的金属连接件，将石材板与主体结构可靠连接，而形成的空间层不做灌浆处理，具有施工速度快、石材表面不泛碱的优点。

石材幕墙在设计时，其分隔既要满足建筑立面造型的要求，也要注意石材饰面的尺寸和厚度，保证石材饰面板在各种荷载（重力、风载、地震荷载和温度应力）作用下的强度要求。因此，空心砖、加气混凝土基层不得做干挂石材幕墙。另外，也要满足模数化、标准化的要求，尽量减少规格数量，方便施工。

11.4.1　施工准备

1. 作业条件

（1）检查进场石材的品种、规格、数量、质量、力学性能及物理性能是否符合设计要求，并进行表面处理。发现石材颜色明显不一致、破损较严重的，应单独堆放，以便退回厂家。验收合格的石材，应按编号分类竖直码放在仓库内的垫木上。

（2）石材板表面一般情况下应干燥、洁净，采用干净的棉布或海绵及喷壶将防护剂均匀涂布到表面，第一遍涂布晾干 1h（按防护剂的使用说明书要求）后，再涂第二遍。涂布后阴干 6h 以上即可使用。

（3）审查幕墙设计施工图与建筑结构图在几何尺寸、坐标、标高、说明等方面是否一致，复核幕墙各组件的强度、刚度和稳定性是否满足要求，施工组织设计是否编制完成，幕墙施工单位技术人员对现场施工人员是否进行了技术交底等。

2. 材料准备及要求

（1）石材

1）石材的品种。由于幕墙工程属于室外墙面装饰，要求石材应具有良好的耐久性，通常选用花岗石。因为花岗石的主要结构是长石和石英，其质地坚硬，具有耐酸碱、耐腐蚀、耐高温、耐日晒雨淋、耐寒冷、耐摩擦等优异性能。为了满足特殊的建筑外观要求，有些情况下也采用大理石、砂岩，甚至洞石等强度较弱的板材，这时就应当在板背设置防止石材碎裂的安全措施。

2）石材的厚度。常用厚度一般为 25～30mm。为满足强度计算的要求，幕墙石材的厚度最薄应等于 25mm，火烧石材的厚度应比抛光石材的厚度厚 3mm。

3）石材的表面处理。石材的表面处理方法，应根据环境和用途决定。其表面应采用机械加工，加工后的表面应用高压水冲洗或用水和刷子清理，严禁使用溶剂型的化学溶剂清洗石材。

4）石材的技术要求

① 吸水率。由于幕墙石材处于比较恶劣的使用环境中，尤其受冬季冻胀的影响，因此用于幕墙的石材吸水率要求较高，应小于 0.80%。

② 弯曲强度。用于幕墙的花岗石板材弯曲强度，应经相应资质的检测机构进行检测确定，其弯曲强度应不小于 8.0MPa。

③ 技术性能。幕墙石材的技术要求和性能试验方法如耐酸性、耐磨性、弯曲强度、吸水率等应符合国家现行标准的有关规定。

（2）金属骨架。金属材料应以铝合金为主，铝合金型材骨架表面必须经阳极氧化处理。为避免腐蚀，骨架也可采用不锈钢骨架，但目前较多项目采用碳素结构钢。采用碳素结构钢应进行热浸镀锌防腐蚀处理，并在设计中避免用现场焊接连接，以保证其耐久性。

（3）金属挂件。金属挂件按材料分主要有不锈钢和铝合金两种。不锈钢挂件主要用于无骨架体系和碳素钢骨架体系中，厚度不应小于 3.0mm。铝合金挂件厚度不应小于 4.0mm。

金属挂件应有良好的抗腐蚀能力，挂件种类要与骨架材料相匹配，不同类金属不宜同时使用，以免发生电化学腐蚀。

11.4.2 石材幕墙施工

根据干挂方案的不同，石材幕墙可分为无龙骨体系和有龙骨体系两种。近年来，在有龙骨体系的基础上发展出了小单元石材幕墙。

1. 无龙骨体系施工

无龙骨体系通常适用于主体结构墙体强度较高（最好是钢筋混凝土墙）、墙面垂直度和平整度比一般结构精度高且立面变化幅度较小的情况。根据立面的设计要求，干挂连接件与墙体在确定的位置上直接焊接或采用栓接连接。无龙骨体系如图 11-9 所示。

（1）工艺流程。基层处理→墙体打洞→石材板打洞→安装石材板→嵌缝→打蜡、上光。

（2）施工要点

1）基层处理。饰面板安装前，对墙、柱等基体应进行认真处理，这是防止饰面板安装后产

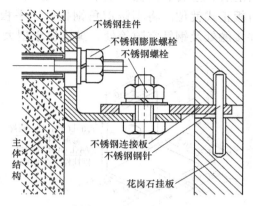

图 11-9　无龙骨体系

生空鼓、脱落的关键工序。基体应具有足够的强度、刚度和稳定性。若砖墙或框架结构填充墙采用无龙骨体系干挂石材时，应加强砖墙或填充墙体的整体性，并在固定干挂连接件的位置上砌筑强度等级不小于 C20 的预制混凝土块。当固定连接件的位置局部尚未确定或施工中又有改变时，可在石材饰面干挂施工时，在确定的位置将墙体局部打洞，洞内填充混凝土，其上固定连接件。施工前还要求基体表面平整粗糙，若残留有砂浆、尘土和油渍等，则应用钢丝刷刷净并用水冲洗。

2）墙体打洞。按具体设计在墙体上按不锈钢膨胀螺栓位置钻孔打洞。孔径为 14.5mm，洞深为 65mm（以 M10 × 110 的膨胀螺栓者为准）。洞打好后，将不锈钢膨胀螺栓满涂大力胶一道，安入洞内，拧紧胀牢。

3）饰面石板编号。将经过选材、试拼的饰面板按施工大样图排列编号，矫正尺寸，四角套方后备用。

4）石材板打洞。如图 11-10 所示，在饰面石材板顶部及底边距两侧边各 1/4 板长处，在板厚中心各打 $\phi7mm$、深 21mm 的直洞一个。当板长不大于 600mm 时，上下共打孔 4 个；当板长大于900mm 时，上下共打孔 8 个；当板长在 600 ~ 900mm 之间，共打 6 个。当然，根据设计，干挂石板也可以左右连接，但孔要打在石板的两侧边上。

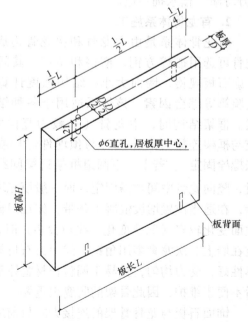

图 11-10　饰面石材板打孔位置

5）安装饰面石板。首先将不锈钢角钢挂件（图 11-11）临时安装在 M10 × 110 膨胀螺栓上（螺栓帽不得拧紧），与基体固定；再将不锈钢平板挂件（图 11-12）用 φ8mm 不锈钢螺栓临时固定在不锈钢角钢挂件上；然后将已编号的饰面石板临时就位，并将不锈钢钢针（销钉）插入石板孔内；利用角钢挂件、平板挂件上的调整孔，对石板位置的准确度（包括前后、左右、高低、上下）、垂直度、平整度等进行调整；调整准确后即紧固吊挂件，石板正式就位。将不锈钢角钢挂件、平板挂件上相关螺栓全部上紧，并在螺栓四周与挂件接触处及钢针空隙等处，满涂快干型大力胶一道。

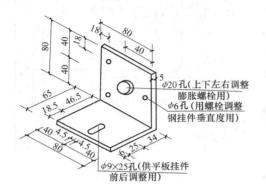

图 11-11　不锈钢角钢挂件

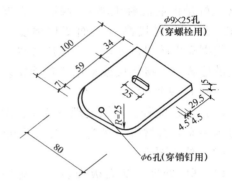

图 11-12　不锈钢平板挂件

6）清理、嵌缝。用干挂法施工工艺装饰的饰面石板墙面，其板缝应根据吊挂件的厚度来定，一般在 8mm 左右。板缝处理如图 11-13 所示。

7）打蜡、上光。石板表面打蜡上光或涂"万可涂"憎水剂一道。

2. 有龙骨体系施工

有龙骨体系是由主龙骨和次龙骨构成。主龙骨可选用镀锌方钢、槽钢和角钢，其间距应考虑石板规格、墙面大小、结构强度计算和刚度验算等综合因素。该体系适用于各种结构形式。框架结构时，主龙骨（一般为竖向龙骨）应与框架连梁可靠连接（与预埋件焊接或用膨胀螺栓固定）。若上、下两道框架边梁间距较大

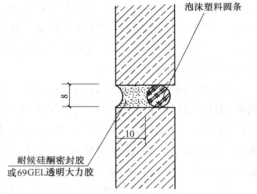

图 11-13　干挂法嵌缝处理

时，竖向龙骨中间常需固定，而一般填充墙的强度不能满足要求。此时，应结合建筑立面设计，在适当位置增设混凝土条带，如在门窗洞口的上、下位置增设。当墙面为钢筋混凝土且立面变化较多（凹凸变化、线角较多）时，主龙骨（可视需要竖向或横向布置）可直接固定在墙上。次龙骨多用角钢，间距由石材规格确定，通常直接焊接在主龙骨上。这种体系整体性好，受力均匀，且易于调整板材整体垂直度、平整度及凹凸变化。但是由于骨架在建成后不便于维护，因此骨架的防腐很重要。

饰面石板与龙骨骨架的连接方式目前应用较多的有连接件式和背栓式。

（1）连接件式。这种施工方法与无龙骨体系干挂石材饰面基本相同，所不同的是将连

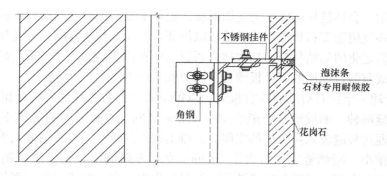

图 11-14　骨架式干挂石材幕墙

接件通过防腐、防锈螺栓固定或焊接在龙骨上，如图 11-14 所示。

1）工艺流程。预埋件位置尺寸检查→安装预埋件→复测预埋件位置尺寸→测量放线→绘制工程翻样图→金属骨架加工→钢结构刷防锈漆→金属骨架安装→安装防火保温棉→隐蔽工程验收→石材饰面板加工→石材表面防护→石材饰面板安装→安装质量检查→板缝处理→幕墙表面清洗。

2）施工要点

① 预埋件安装。预埋件应在土建施工时埋设，幕墙施工前要根据该工程基准轴线和中线以及基准水平点对预埋件进行检查和校核。当设计无明确要求时，预埋件的标高偏差不应大于 10mm，预埋件位置偏差不应大于 20mm。如有预埋件位置超差而无法使用或漏放时，应根据实际情况提出选用膨胀螺栓的方案，并必须报设计单位审核批准，且应在现场做拉拔试验，做好记录。

② 测量放线。根据设计和施工现场实际情况准确测放出幕墙的外边线和水平、垂直控制线，然后将骨架竖框的中心线按设计分格尺寸弹到结构上。测量放线要在风力不大于 4 级的天气情况下进行，个别情况应采取防风措施。

③ 骨架安装。按弹线位置准确无误地将经过防锈处理的型钢竖框焊接或用螺栓固定在连接件上。安装竖框时一般先安装同立面两端的竖框，然后拉通线按顺序安装中间竖框。焊接时要采用对称焊，以减少因焊接产生的变形。焊缝不得有夹渣和气孔。敲掉焊渣后对焊缝应进行防锈处理。安装完竖框后将各施工水平控制线引至竖框上，并用水平尺校核。然后将横梁按设计要求固定在立柱相应位置上。安装完毕后应全面检查立柱和横梁的中心线及标高。

立柱安装轴线前后偏差不应大于 2mm，左右偏差不应大于 3mm，标高偏差不应大于 3mm。相邻立柱安装标高偏差不应大于 3mm，同层立柱的最大标高偏差不应大于 5mm，相邻两根立柱的距离偏差不应大于 2mm。相邻两根横梁的水平标高偏差不应大于 1mm。同层标高偏差当一幅幕墙宽度小于或等于 35m 时，不应大于 5mm；当一幅幕墙宽度大于 35m 时，不应大于 7mm。

④ 防火、保温材料安装。在每层楼板与石板幕墙之间用厚度不小于 1.5mm 镀锌钢板和防火棉形成防火带，不得用铝板和铝塑复合板。北方寒冷地区，在金属骨架内填塞保温层，要求严密牢固。保温层最好应有防水、防潮保护层。

⑤ 石材饰面板安装。施工时一般先按幕墙面基准线安装好底层第一皮石材板，然后自

下而上进行挂贴。金属挂件应紧托上皮饰面板，而与下皮饰面板之间留有间隙。石材与金属挂件间应采用环氧树脂型石材专用胶黏结，以保证石材面板与挂件的可靠性和耐久性，禁止使用云石胶等易老化的黏结材料。挂件插入石材板销孔深度应大于 20mm。安装到近窗口部位时，宜先完成窗洞口四周的石材板镶边，以免安装发生困难。

⑥ 板缝处理。干挂石材间均留有板缝，以保证石材的自由伸缩并满足抗震要求。板缝分为明缝和暗缝两种。明缝缝宽一般在 10～20mm 之间，石板之间的缝隙不用任何材料填塞，允许雨水通过板缝流入挂板后的空间。为排走进入的雨水，应从构造上采取措施，湿气可由板缝自由排出。暗缝缝宽一般大于 10mm，在板缝两侧沿石材板边缘贴纸面胶带纸保护，边沿要贴齐、贴严，以避免嵌缝胶污染石材板表面。在石材板缝内嵌直径略大于缝宽的泡沫塑料圆垫条，以保证胶缝的最小宽度和均匀性，然后用注射枪向石材板缝注入膨胀密封胶。注胶应均匀无流淌，边打胶边用专用工具勾缝，使嵌缝胶呈微弧形凹面。石材板间的胶缝是石板幕墙的第一道防水措施，同时也使石板幕墙形成一个整体。

为了减少由于日晒等原因引起的石材内、外表面温差对石材造成的应力不均，可在窗上沿石材接缝处的适当位置设置通气孔，使石材饰面内外空气得以流通。若内部有潮气也可排出，同时通气孔也可作为冷凝水滴孔。

施工中要注意在大风和下雨时不能注胶、不能有漏胶污染墙面。如墙面上沾有胶液应立即擦去，并用清洁剂及时擦净余胶。

⑦ 清洗和保护。撕去石材表面保护胶带，用棉纱将石材表面擦拭干净。若有胶迹或其他黏结牢固的杂物，可用小刀轻轻铲除，再用棉纱沾丙酮擦拭干净。

（2）背栓式。用专用钻孔机械在不同材质、不同厚度的石材背部打孔，用专用锚栓及配件将石板固定在龙骨上的一种干挂技术，如图 11-15 所示。

背栓式干挂工艺具有以下优点：

1）背栓式是在每块石板的背后固定，板和板之间没有联系，因而不会产生相互连接而造成的应力集中，传力简洁明确，在正常使用状态下能充分利用板材的抗弯强度。在主体结构产生较大位移和温差较大的情况下，不会在板材内部产生附加应力，因而特别适用于超高层建筑和抗震要求较高的建筑。

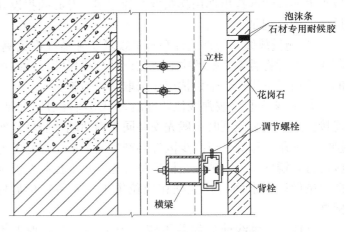

图 11-15　背栓式干挂石材幕墙

2）每块石板都是独立安装，因而拆换方便。

3）在同等受力状态下，板材规格相同时，背栓式做法的承载能力高于传统做法 3～4 倍，具有更高的安全储备。

4）传统做法是会从板缝中看见连接件，而背栓式做法的连接件藏在板材背后，因而更加美观。

5）可以较为自由地选择板材背后的锚固位置，构造节点做法灵活，且锚固件和专用转角板等各种连接件配套齐全，因而选用于各种复杂的外形设计要求。

6）该工艺工厂化程度高，现场安装调整的工作量小，能提高工作效率、加快施工进度、降低劳动强度以及加工精度高、安装方便、施工安全。

其工艺流程与连接件式相似，这里仅介绍与其不同的内容。

1）在石板上钻孔并安装锚栓。先用专用钻孔机械在石板背部适当位置打圆柱状孔，并在其底部拓孔，将一个由锥形螺栓、套管和扩压环组成的后切式锚栓放入孔中，使用适当的安装工具锤打套管，使其套在锥形螺栓上，将扩压环挤入底部拓孔中，拧紧螺帽形成凸形结合，如图 11-16 所示。在锚栓上固定吊挂件。一般一块石板上安装四个锚栓，其上固定四个吊挂件，其中上方两个吊挂件带微调螺栓。

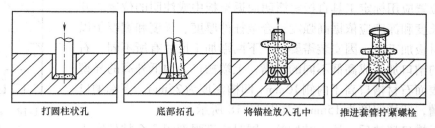

打圆柱状孔　　底部拓孔　　将锚栓放入孔中　　推进套管拧紧螺栓

图 11-16　安装锚栓

2）现场安装龙骨。将适当间距的连墙锚固件与墙固定后，再将通长竖向龙骨与锚固件连接固定，并调整垂直。根据石材规格在竖向龙骨上固定通长的水平龙骨，通常每块石板两根水平龙骨，由此组成一个骨架支撑系统。

3）干挂石材板。将固定了吊挂件的石板挂在水平龙骨上，通过微调螺栓和在龙骨上滑动的微调吊挂件调整上下左右位置，定位后用限位尼龙卡片固定，板与板之间距离一般为 10～20mm。也可根据设计要求调整，如图 11-17 所示。

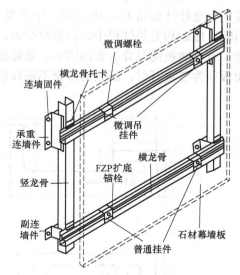

微调螺栓
横龙骨托卡
连墙固件
承重连墙件
微调吊挂件
FZP扩底锚栓
竖龙骨
横龙骨
副连墙件
普通挂件
石材幕墙板

图 11-17　石材板位置的调整

11.4.3　小单元石材幕墙

小单元石材幕墙是石材小单元板块与幕墙框架采用挂钩和插接连接的、可方便安装和拆换的一种幕墙，它在国外已大量采用，而在国内尚属新兴类型。其小单元板块是在工厂里预制而成的，由石材面板和支承附框组成。其结构是采用铝合金挂件与石材板块连接在一起，整体挂接到幕墙龙骨上，简化了现场安装工艺，大大提高了安装速度，且强度可靠、并能保证外立面平整。

（1）小单元石材幕墙的特点

1）板块在加工完成后，拼接板块之间在外观上没有任何接缝，浑然一体，石材板块整体受力更趋合理，抗变位能力强，安装也更方便。

2）小单元石材幕墙结构系统，将竖向钢龙骨与连接件用螺栓连接后，再与预埋件连接；横龙骨角钢通过角码和螺栓与竖龙骨连接，形成牢固框架。石材板块通过铝合金挂件挂在横龙骨上，调整后固定板块，板缝处用石材专用密封胶做板缝防水处理。

3）挂件与石材之间接触面积大，增加了幕墙系统的安全性，且高强度铝合金挂件承载力高，不生锈，对石材幕墙无侵蚀，可安全传递石材幕墙系统的荷载。

（2）工艺流程和施工要点。小单元石材幕墙的工艺流程与有龙骨体系有很多类似之处，最主要的不同点在其小单元板块的工厂预制和安装环节。

1）小单元板块的预制。为了达到外立面的整体效果，要求板材加工精度高，且需精心挑选，减少色差。选好的石材根据图纸尺寸切割抛光，石材表面须保证清洁。石板槽口由机械在水平状态下开出。板材开槽位置应以标定工具自板材露明面返至板中或注明的位置。开槽宽度、长度和深度应依据高强度铝合金挂件厚度、长度和宽度予以控制。石材板加工时，因安装需要上、下两端加工尺寸有所不同。石材板上端的槽口加工成高低不同的凹槽，上端槽口为内低外高的异型凹槽，外表面石材槽口高于内侧10mm，凹槽深度为25mm，下端槽口加工成平槽，凹槽深度为15mm，如图11-18所示。

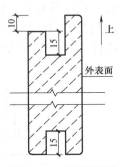

图11-18 板材开槽示意图

石材板槽口清洁后，注入结构胶，同时将高强度铝合金挂件嵌入槽口，结构胶固结后，挂件与板材黏结成整体。高强度铝合金挂件如图11-19所示。石材板下部槽口安装高强度铝合金挂件如图11-9a所示，上部槽口安装高强度铝合金挂件如图11-19b所示，中部槽口安装高强度铝合金挂件如图11-19c所示。为避免运输、搬运和安装过程中成品板材受损，可在石材板加工时进行背板加固，以增加石材整体性。石材肋板需与背板采用满粘，粘贴要牢固。石材肋板可使用满足要求的石材废料代替。肋板须为整块石材，断裂的石材不可作肋板使用。

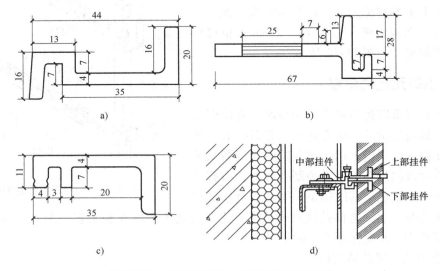

图11-19 高强度铝合金挂件及安装示意图

2）板块安装。石材板块自下而上安装，通过铝合金挂件将预制的石材板块安装到横框上，如图11-19d所示。挂件和横梁采用不锈钢螺栓连接，加防腐垫片并可三维调整。石材板块就位后，通过调整固定螺钉调整其高度及左右立边，使缝宽满足要求。石材板块安装一般先从结构主面上进行，窗口等孔洞部位预留不装，待洞口周边的镶边石材安装完后再进行补装。板块安装时要拉水平控制线，以控制板缝水平度。从下至上依次就位，安装好第一块作为基线，其平整度以事先设置的水平线为依据，用线坠吊直，经校准后固定。安装完石材板块后，用专用清洁剂对石材表面进行清洗后交付验收。

11.4.4　石材幕墙工程的质量验收

石材幕墙工程质量验收的主控项目、一般项目及检验方法见表11-15、表11-16，每平方米石材的表面质量和检验方法应符合表11-17的规定，石材幕墙安装的允许偏差和检验方法应符合表11-18的规定。

表 11-15　石材幕墙工程主控项目及检验方法

项次	项 目 内 容	检 验 方 法
1	石材幕墙工程所用材料的品种、规格、性能和等级,应符合设计要求及国家现行产品标准及工程技术规范的规定。石材的弯曲强度不应小于8.0MPa;吸水率应小于0.8%。石材幕墙的铝合金挂件厚度不应小于4.0mm,不锈钢挂件厚度不应小于3.0mm	观察;尺量检查;检查产品合格证书、性能检测报告、材料进场验收记录和复验报告
2	石材幕墙的造型、立面分格、颜色、光泽、花纹和图案应符合要求	观察
3	石材孔、槽的数量、深度、位置、尺寸应符合设计要求	检查进场验收记录或施工记录
4	石材幕墙主体结构上的预埋件和后置埋件的数量、位置及后置埋件的拉拔力必须符合设计要求	检查拉拔力检测报告和隐蔽工程验收记录
5	石材幕墙的金属框架立柱与主体结构预埋件的连接、立柱与横梁的连接、连接件与金属框架的连接、连接件与石材面板的连接必须符合设计要求,安装必须牢固	手扳检查;检查隐蔽工程验收记录
6	金属框架和连接件的防腐处理应符合设计要求	检查隐蔽工程验收记录
7	石材幕墙的防雷装置必须与主体结构防雷装置可靠连接	观察;检查隐蔽工程验收记录和施工记录
8	石材幕墙的防火、保温、防潮材料的设置应符合设计要求,填充应密实、均匀厚度一致	检查隐蔽工程验收记录
9	各种结构变形缝、墙角的连接节点应符合设计要求和技术标准的规定	检查隐蔽工程验收记录和施工记录
10	石材表面和板缝的处理应符合设计要求	观察
11	石材幕墙的板缝注胶应饱满、密实、连续、均匀、无气泡,板缝宽度和厚度应符合设计要求技术标准规定	观察;尺量检查;检查施工记录
12	石材幕墙应无渗漏	在易渗漏部位进行淋水检查

表 11-16　石材幕墙工程一般项目及检验方法

项次	项 目 内 容	检 验 方 法
1	石材幕墙表面应平整、洁净,无污染、缺损裂痕。颜色和花纹应协调一致,无明显色差,无明显修痕	观察
2	石材幕墙的压条应平直、洁净、接口严密、安装牢固	观察;手扳检查

（续）

项次	项 目 内 容	检 验 方 法
3	石材接缝应横平竖直、宽窄均匀;阴阳角石板压向应正确,板边合缝应顺直;凸凹线出墙厚度应一致,上下口应平直;石材表面板上洞口、槽边应套割吻合,边缘应整齐	观察;尺量检查
4	石材幕墙的密封胶缝应横平竖直、深浅一致、宽窄均匀、光滑顺直	观察
5	石材幕墙上的滴水线、流水坡向应正确、顺直	观察,用水平尺检查

表 11-17 每平方米石材的表面质量和检验方法

项次	项 目 内 容	质 量 要 求	检 验 方 法
1	明显划伤和长度 >100mm 的轻微划伤	不允许	观察
2	长度 ≤100mm 的轻微划伤	≤8 条	用钢尺检查
3	擦伤总面积	≤500mm²	用钢尺检查

表 11-18 石材幕墙安装的允许偏差和检验方法

项次	项 目 内 容		允许偏差/mm		检 验 方 法
			光面	麻面	
1	幕墙垂直度	幕墙高度≤30m	10		用经纬仪检查
		30m < 幕墙高度≤60m	15		
		60m < 幕墙高度≤90m	20		
		幕墙高度 >90m	25		
2	幕墙水平度		3		用水平仪检查
3	板材立面垂直度		3		用水平仪检查
4	相邻板材角错位		1		用钢直尺检查
5	板材上沿水平度		2		用 1m 水平尺和钢直尺检查
6	幕墙表面平整度		2	3	用垂直检测尺检查
7	阳角方正		2	4	用直角检测尺检查
8	接缝直线度		3	4	拉 5m 线,不足 5m 拉通线,用钢直尺检查
9	接缝高低差		1	—	用钢直尺和塞尺检查
10	接缝宽度		1	2	用钢直尺检查

11.5 金属幕墙施工

　　金属幕墙类似于玻璃幕墙,它是由工厂定制的金属板作为维护墙面,与窗一起组合而成,其构造型式基本上可分为附着型和构架型两类。

　　（1）附着型金属幕墙。将幕墙作为外墙饰面,直接依附在主体结构墙面上。主体结构墙面基层采用螺帽锁紧螺栓连接 L 型角钢，再根据金属板的尺寸将轻钢型材焊接在 L 形角钢上。在金属板之间用槽形压条板固定在轻钢型材上，最后在压条上用防水嵌缝橡胶填充。

（2）构架型金属幕墙。这种幕墙自成骨架体系，即将抗风受力骨架固定在框架结构的楼板、梁或柱上，然后将轻钢型材固定在骨架上。金属板的固定方式与附着型金属幕墙相同，如图 11-20 所示。

本节以铝塑板为装饰面板，介绍构架型金属幕墙的施工。

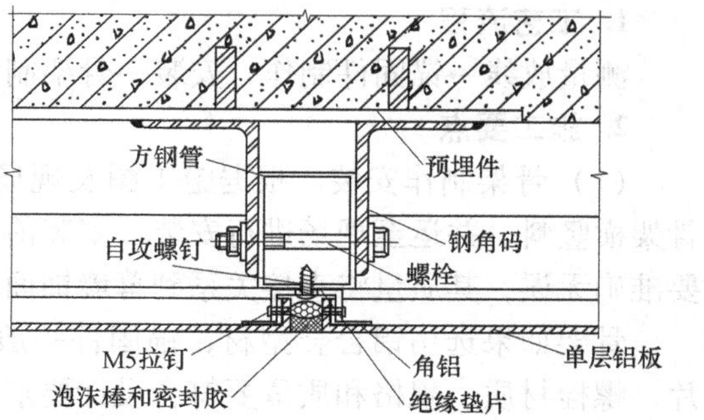

图 11-20 构架型金属幕墙

11.5.1 施工准备

1. 作业条件

（1）主体结构及湿作业已全部施工完毕。金属幕墙与主体结构连接的预埋件，应在主体结构施工时按设计要求埋设。预埋件应牢固，位置准确，预埋件的位置误差应按设计要求进行复核。当设计无明确要求时，预埋件的标高偏差不应大于 10mm，预埋件位置偏差不应大于 20mm。

（2）金属幕墙的施工组织设计已完成，并经有关部门审核批准。

（3）幕墙安装用的脚手架已搭设完毕，垂直运输机械已准备好，并符合施工和安全操作规程。

（4）水电及设备已安装完毕。

（5）已对幕墙安装的操作人员进行了详细的书面技术交底，并应强调操作工艺、技术措施、质量要求和成品保护。

（6）幕墙材料按计划一次进足，并且配套齐全。构件储存时应按照安装顺序排列放置，放置架应有足够的承载力和刚度。在室外时应采取保护措施。

（7）构件安装前应检查制造合格证，不合格的构件不得安装。

2. 材料准备及要求

（1）金属板。金属幕墙常用的金属板有铝单板、铝塑板、烤漆板、镀锌板，还有价格较昂贵的不锈钢板（有镜面不锈钢板和彩色不锈钢板）等。金属幕墙应根据幕墙面积、使用年限及性能要求分别选用不同的材料。除不锈钢外，钢材应进行表面热镀锌处理或其他有效防腐措施，铝合金应进行表面阳极氧化处理。各种材料均应达到国家相关标准及设计的要求，并应有出厂合格证、质保书及必要的检验报告。

在实际使用中对铝塑板的要求是：铝塑板由内外两层铝板、中间复合聚乙烯塑料而成。用于内墙时板的厚度不得小于 3mm，铝板的厚度不小于 0.2mm；用于外墙时板的厚度不得小于 4mm，铝板的厚度不得小于 0.5mm。铝塑板的铝材应为防锈铝，做内墙板使用时可为纯铝。外墙板氟碳树脂涂层的含量不应低于 75%。铝塑板需进行剥离强度复验。

（2）金属幕墙的吊挂件、安装件（采用铝合金件或不锈钢件）及建筑密封材料（如氯丁橡胶密封胶条、中性硅铜耐候密封胶、聚乙烯低发泡间隔双面胶）等应符合国家现行产品规格、性能和技术标准。

11.5.2 金属幕墙施工

1. 工艺流程

测量放线→锚固件制作、安装→骨架制作安装→饰面板安装→嵌缝打胶→清洗。

2. 施工要点

（1）骨架制作安装。根据施工图及现场实际情况确定的分格尺寸，在加工场地内下好骨架横竖料，并运至现场进行安装。安装前先根据设计尺寸挂出骨架外皮控制线，挂线一定要准确无误，其质量将直接关系到幕墙饰面质量。

骨架如果选用铝合金型材，锚固件一般采用螺栓连接，骨架在连接件间要垫有绝缘垫片，螺栓材质、规格和质量要符合设计要求及规范规定；骨架如采用型钢，连接件既可采用螺栓也可采用焊接的方法连接，焊接质量要符合设计要求及规范规定，并要重新做防锈处理。

立柱与横梁安装的允许偏差同石材幕墙。

（2）铝塑板安装。铝塑板一般是在工厂加工后运至工地安装。安装前要在骨架上标出面板位置并拉通线，以控制整个墙面板的竖向和水平位置。一般采用自攻螺钉直接将铝塑板固定到骨架上或板折边加角铝（即耳子）后再用自攻螺钉固定角铝的方法，螺钉间距为100～150mm，板与板之间留缝为10～20mm，以便调整安装误差。铝塑板如图11-21所示。

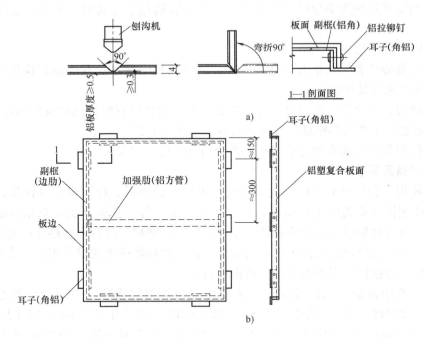

图 11-21　铝塑板

a）铝塑板的折边　b）铝塑板

安装顺序是从每面墙的边部竖向第一排下边第一块开始，自下而上安装。安装完第一排再安装第二排。每安装10排金属板后，应用经纬仪或吊线锤检查一次，以便消除误差。安装过程中要使各固定点均匀受力，不能挤压板面，不能敲击板面，以免发生板面凹凸或翘曲变形，同时铝塑板要轻拿、轻放，避免磕碰，以防损伤表面漆膜。面板安装要牢固，固定点数量要符合设计及规范要求。

现场在切割内层铝板和聚乙烯塑料时，应保留不小于 0.3mm 厚的聚乙烯塑料，并不得划伤外层铝板的内表面。打孔、切口后外露的聚乙烯塑料及角缝应采用中性的聚硅氧烷密封胶密封，防止水渗漏到聚乙烯塑料内。加工过程中铝塑板严禁与水接触，以确保质量。

（3）嵌缝打胶。打胶要选用与设计颜色相同的耐候胶，打胶前要在板缝中嵌塞大于缝宽 2～4mm 的泡沫棒，嵌塞深度要均匀，打胶厚度一般为缝宽的 1/2。打胶时板缝两侧铝塑板要粘贴美纹纸进行保护，以防污染。打完胶后要在表层固化前用专用刮板将胶缝刮成凹面，胶面要光滑圆润，不能有流坠、褶皱等现象，刮完后应立即将缝两侧美纹纸撕掉。打胶操作在阴雨天不宜进行。

（4）清洗。待耐候胶固化后，撕下金属板表面的保护膜，将整片幕墙用清水清洗干净，个别污染严重的地方可采用有机溶剂清洗，但严禁用尖锐物体刮，以免损坏饰面板表层涂膜。清洗后要设专人保护，在明显位置设警示牌以防被污染或破坏。

（5）幕墙收口处理。水平部位的压顶、端部的收口、伸缩缝的处理、两种不同材料的交接处理等不仅关系到装饰效果，而且对使用功能也有较大影响。因此，一般应用特制的铝合金成型板进行处理。

转角处可用 1.5mm 或 2mm 的直角形铝合金板与幕墙金属外墙板用螺栓连接固定。窗台、女儿墙的上部处理，都属于水平部位的压顶处理，可用铝合金板盖住，使之能阻挡风雨侵蚀。水平盖板的固定，一般先在基层焊接一个钢骨架，然后用螺栓将盖板固定在骨架上。盖板的接长部位宜留 4～6mm 的间隙，并用密封胶密封。

墙面边缘部位的收口处理是用铝合金成型板将幕墙端部及立柱、横梁部位封闭。

金属幕墙的伸缩缝、沉降缝处理，一般使用弹性较好的氯丁胶成型带压入缝边锚固件上，起连接、密封作用。

幕墙下端收口处理是用一条特制的披水板，将幕墙下端封闭，同时将幕墙与结构墙体间的缝隙盖住，以免雨水渗入室内。

11.5.3　金属幕墙工程的质量验收

金属幕墙工程主控项目、一般项目及检验方法见表 11-19、表 11-20。每平方米金属板的表面质量要求和检验方法应符合表 11-21 的规定，金属幕墙安装的允许偏差和检验方法应符合表 11-22 的规定。

表 11-19　金属幕墙工程主控项目及检验方法

项次	项目内容	检验方法
1	金属幕墙工程所使用的各种材料和配件,应符合设计要求及国家现行产品标准和工程技术规范的规定	检查产品合格证书、性能检测报告、材料进场验收记录和复验报告
2	金属幕墙的造型和立面分格应符合设计要求	观察;尺量检查
3	金属面板的品种、规格、颜色、光泽及安装方法应符合设计要求	观察;检查进场验收记录
4	金属幕墙主体结构上的预埋件、后置埋件的数量、位置及后置埋件的拉拔力必须符合设计要求	检查拉拔力检测报告和隐蔽工程验收记录

（续）

项次	项 目 内 容	检 验 方 法
5	金属幕墙的金属框架立柱与主体结构预埋件的连接、立柱与横梁的连接、金属面板的安装必须符合设计要求,安装必须牢固	手扳检查;检查隐蔽工程验收记录
6	金属幕墙的防火、保温、防潮材料的设置应符合设计要求,并应密实、均匀、厚度一致	检查隐蔽工程验收记录
7	金属框架及连接件的防腐处理应符合设计要求	检查隐蔽工程验收记录和施工记录
8	金属幕墙的防雷装置必须与主体结构的防雷装置可靠连接	检查隐蔽工程验收记录
9	各种变形缝、墙角的连接点应符合设计要求和技术标准的规定	观察;检查隐蔽工程验收记录
10	金属幕墙的板缝注胶应饱满、密实、连续、均匀、无气泡,宽度和厚度应合设计要求和技术标准的规定	观察;尺量检查;检查施工记录
11	金属幕墙应无渗漏	在易渗漏部位淋水检查

表 11-20   金属幕墙一般项目及检验方法

项次	项 目 内 容	检 验 方 法
1	金属板表面应平整、洁净、色泽一致	观察
2	金属幕墙的压条应平直、洁净、接口严密、安装牢固	观察;手扳检查
3	金属幕墙的密封胶缝应横平竖直、深浅一致、宽窄均匀、光滑顺直	观察
4	金属幕墙上的滴水线、流水坡向应正确、顺直	观察;用水平尺检查
5	每平方米金属板的表面质量和检验方法应符合表 11-21 的规定	
6	金属幕墙安装的允许偏差和检验方法应符合表 11-22 的规定	

表 11-21   每平方米金属板的表面质量和检验方法

项次	项 目 内 容	质 量 要 求	检 验 方 法
1	明显划伤和长度 >100mm 的轻微划伤	不允许	观察
2	长度 ≤100mm 的轻微划伤	≤8 条	用钢尺检查
3	擦伤总面积	≤500mm²	用钢尺检查

表 11-22   金属幕墙安装的允许偏差和检验方法

项次	项 目 内 容		允许偏差/mm	检 验 方 法
1	幕墙垂直度	幕墙高度 ≤30m	10	用经纬仪检查
		30 ≤ 幕墙高度 ≤60m	15	
		60 ≤ 幕墙高度 ≤90m	20	
		幕墙高度 >90m	25	
2	幕墙水平度	层高 ≤3m	3	用水平仪检查
		层高 >3m	5	
3	幕墙表面平整度		2	用 2m 靠尺和塞尺检查
4	板材立面垂直度		3	垂直检测尺检查
5	板材上沿水平度		2	用 1m 水平尺和钢直尺检查

（续）

项次	项 目 内 容	允许偏差 /mm	检 验 方 法
6	相邻板材角错位	1	用钢直尺检查
7	阳角方正	2	直角检测尺检查
8	接缝直线度	3	拉5m线不足5m拉通线用钢直尺检查
9	接缝高低差	1	用钢直尺和塞尺检查
10	接缝宽度	1	用钢直尺检查

11.6 工程实践案例

案例一 玻璃幕墙工程的质量控制

某办公大楼隐框玻璃幕墙工程，铝合金型材采用普通氧化型材，玻璃采用钢化玻璃。在施工前，施工单位编制了隐框玻璃幕墙工程的施工组织设计，并经有关部门审核批准。由于工程变更，部分玻璃尺寸发生改变，施工方经与业主和监理方协商，决定在现场按工地实际尺寸对此部分的钢化玻璃进行切割修整后安装。进场实际测量后，发现由于土建施工误差的原因使得预埋件的标高偏差为20mm，预埋件位置偏差为30mm。为加快施工进度，施工人员将所有尺寸及时报给设计师，重新修订理论尺寸后进行施工安装。在安装同一层立柱时，采取了以第一根立柱为测量基准确定第二根立柱的水平方向分格距离，待第二根立柱安装完毕后再以第二根立柱为测量基准确定第三根立柱的水平方向分格距离，依此类推，分别确定以后各根立柱的水平分格距离位置。安装横梁后施工人员及时对横梁与立柱间隙打耐候密封胶，然后开始安装板块。

问题：

（1）本工程的玻璃加工方法合理吗？为什么？

（2）对于预埋件出现的偏差是否合理？应如何处理？

（3）立柱的安装方法有没有问题，为什么？

（4）横梁的安装过程对不对？为什么？

分析：

（1）不合理。规范规定钢化玻璃不允许在现场加工。因为钢化玻璃一般是先确定尺寸后，再进行钢化处理的，一旦处理成为钢化玻璃后就不能再进行切割。

（2）规范规定预埋件的标高偏差不应大于10mm，位置偏差不应大于20mm。发现预埋件超出规定的偏差后，可采取后置埋件的方法进行处理，但必须报设计、监理认可，并在现场做拉拔试验，合格后方可进行下一工序的施工安装，决不能以预埋件的实际尺寸修改图纸分格尺寸，但可以采用调整格的方法对偏差进行一些弥补。

（3）安装方法不正确。因为此方法的测量基准太多，每采用一个新的测量基准都会产生新的测量误差，从而导致误差积累。

（4）对于横梁与立柱之间缝隙，应打与横梁、立柱颜色相近的密封胶，此工程铝型材为本色，而耐候密封胶一般为黑色，因此是不正确的。

案例二　金属幕墙工程的质量控制

某工程外墙采用金属幕墙，立柱采用型钢，铝板通过角铝直接固定在型钢骨架上。铝板安装时采用普通自攻螺钉将板块固定在骨架上。由于骨架材质较硬，不便施工，工人只能采取将孔径适当钻大一些，并适当取消几个钉的做法，以保证施工的正常进行。打胶过程中发现耐候密封胶数量不够，情急之下用同品牌、同颜色的结构胶替代。避雷系统安装时，上、下两根立柱之间用不锈钢连接片连接。从产品保护考虑，立柱在出厂时外部已贴上了保护膜。

问题：

（1）角铝与骨架的连接是否正确？应如何纠正？

（2）对于自攻螺钉的使用方法有什么要求？在本工程中如此使用会导致什么后果？

（3）对于金属幕墙密封胶的使用有无问题？为什么？

（4）不锈钢连接片连接上、下两根立柱时应注意什么问题？

分析：

（1）角铝直接与型钢骨架接触不正确。所有不同金属接触面（除不锈钢外）应加上绝缘垫片，以防止电解腐蚀。

（2）规范中对自攻螺钉的使用有明确要求，最好使用带钻头的自攻螺钉，自攻螺钉的尺寸、大小、数量和钻孔的大小都应该严格按设计要求，坚决不能偷工减料。本工程的做法可能使得铝板在受到台风时会被吹掉。

（3）有问题。规范规定不能以结构胶替代耐候密封胶。因为这两种胶的化学成分不同，所起的作用和用途也不同。结构胶侧重于受力，对气候不具有耐腐蚀性，因此不能用结构胶替代耐候密封胶。虽然结构胶价格高，也同样不能替代。

（4）不锈钢连接片连接上、下两根立柱时应注意清除立柱表面该处的保护膜，否则不锈钢连接片起不到导电的作用。

案例三　石材幕墙工程的质量控制

某办公大楼为框架结构，填充墙为加气混凝土砌块，外墙饰面采用石材幕墙。施工单位准备采用直接干挂式方案进行施工。石材原片在现场进行切割加工，加工后的石材任意堆放在一起，施工时工人按尺寸找到后安装。施工单位进场后首先以地坪面为基准用水准仪和50m钢卷尺进行放线测量。金属骨架为普通碳素结构钢制作的型钢，采用焊接连接。安装石材的金属挂件采用一般碳素结构钢制作的角钢。在安装顶部封边（女儿墙）结构处石材幕墙时，其安装次序是先安装中间部位的石材，后安装四周转角处部位的石材。

问题：

（1）本工程采用直接干挂式是否合理？为什么？

（2）石材可不可以在现场切割加工？应注意什么问题？

（3）施工队进场后放线的测量基准对不对，为什么？

（4）金属骨架采用普通碳素结构钢是否可行，应注意什么问题？

（5）本工程使用碳素结构钢制作的金属挂件是否正确？为什么？

（6）顶部封边（女儿墙）结构处石材幕墙的安装顺序对不对，为什么？

分析：

（1）本工程采用直接干挂式的施工方案是不对的。因为加气混凝土砌块不能作为承重结构，石材应通过金属骨架与主体框架连接（即骨架干挂式）。

（2）石材一般不在现场加工，必要时也可以在现场加工，但加工后应注意保护，不可以任意堆放，应根据不同颜色、材质编号放置，有时还要进行放样拼花，安装时应按编号顺序。

（3）应该以土建提供的测量基准进行放线，而不能以地面为基准线。

（4）金属骨架采用普通碳素结构钢是可以的。型钢在安装前应刷两遍防锈漆，焊接时要采用对称焊接，所有焊接部位均需除去焊渣及做防锈处理。

（5）本工程使用碳素结构钢制作的金属挂件不正确。石材用的金属挂件应具有良好的抗腐蚀能力，一般采用不锈钢和铝合金挂件。

（6）在安装顶部封边（女儿墙）结构处石材幕墙时，其安装顺序应该是先安装四周转角处部位的石材，后安装中间部位的石材。因为幕墙实际安装框架的定位是由各转角处的石材来确定的。只要各转角处的石材安装完毕，幕墙实际安装框架也就确定了。此时拉通线连接各转角处，就容易确定中间部位石材的安装位置。

案例四　幕墙工程竣工验收的内容和程序

某高校图书馆为框架剪力墙结构，外墙有 $1200m^2$ 隐框玻璃幕墙、$800m^2$ 石材幕墙和 $1000m^2$ 铝板幕墙。其隐框幕墙在幕墙生产车间进行结构胶注胶，情况如下：

（1）室温为 25℃，相对湿度为 35%。

（2）清洁注胶基材表面的清洁剂为二甲苯，用白色棉布蘸入溶剂中吸取溶剂，并采用"一次擦"工艺清洁。

（3）清洁后的基材一般在 1h 内注胶完毕。

（4）从注胶完毕到现场安装其间隔时间为 10d。

在玻璃幕墙与每层楼板之间填充了防火材料，并用 1.5mm 厚的镀锌钢板固定。为了便于通风，防火材料与玻璃之间留有 5mm 的间隙。

施工单位对幕墙工程的验收情况如下：

（1）玻璃幕墙、石材幕墙、铝板幕墙均按一个检验批进行验收。

（2）玻璃幕墙工程隐蔽验收资料齐全。

（3）玻璃幕墙观感检验和抽样检验应符合要求。

问题：

（1）隐框幕墙结构胶注胶工艺的工序是否合理？如不合理加以纠正。

（2）防火材料的填充工艺是否合理？如有不妥的地方应如何处理？

（3）玻璃幕墙、石材幕墙、铝板幕墙均按一个检验批进行验收是否正确？

（4）玻璃幕墙安装施工应对哪些项目进行隐蔽验收？

（5）本工程中有关安全和功能的检测项目有哪些？

（6）本工程应对哪些材料及其性能指标进行复验？

分析：

本题主要考查学生对建筑幕墙竣工验收的内容和程序掌握程度。

（1）结构胶注胶工艺的工序不合理。室温合理，但相对湿度偏低，应在 45% ~ 75%；清洁剂为二甲苯合理，但白色棉布不应蘸入溶剂中，而应将溶剂倒在棉布上，并采用"二次擦"的工艺进行清洁；清洁后的基材应在 15 ~ 30min 内注胶完毕；从注胶完毕到现场安装其总的保养期应达到 14 ~ 21d。

（2）防火材料的填充工艺不合理。防火材料与玻璃、墙体之间不能留有间隙，必须安放严实。否则一旦起火，下层的浓烟沿着间隙上窜，失去了防火的作用。

（3）玻璃幕墙、石材幕墙、铝板幕墙均按一个检验批进行验收是不对的。规范规定相同设计、材料、工艺和施工条件的幕墙工程每 500 ~ 1000m^2 应划分为一个检验批，不足 500m^2 也应划分为一个检验批。本工程隐框玻璃幕墙有 1200m^2，故应按两个检验批进行验收。

（4）下列项目应进行隐蔽验收：构件与主体结构连接节点的安装；幕墙四周、幕墙内表面与主体结构之间间隙节点的安装；幕墙伸缩缝、沉降缝、防震缝及墙面转角节点的安装；幕墙防雷接地节点的安装。

（5）本工程中有关安全和功能的检测项目有硅酮结构胶的相容性试验，幕墙后置埋件的现场拉拔强度，幕墙的抗风压性能、空气渗透性能、雨水渗漏性能及平面变形性能。

（6）本工程应对下列材料及其性能指标进行复验：

1）铝板的剥离强度。

2）石材的弯曲强度，寒冷地区石材的耐冻融性，室内用花岗石的放射性。

3）玻璃幕墙用结构胶的邵氏硬度、标准条件拉伸黏结强度、相容性试验，石材用结构胶的黏结强度，石材用密封胶的污染性。

本章小结：

本章从幕墙构件组成、所用材料及要求、施工机具入手，按施工过程介绍了玻璃幕墙、石材幕墙、金属幕墙的施工，并在此基础上分别介绍了各种幕墙的质量验收，使学生学会正确选择材料和组织施工的方法，力求培养学生解决现场施工常见工程质量问题的能力。

复习思考题：

1. 幕墙按饰面材料的不同可分为哪几类？简述其特点。
2. 简述有框玻璃幕墙施工组织设计的主要内容。
3. 幕墙防火材料有何要求？防火材料与玻璃及主体结构之间应注意什么？
4. 简述结构胶的注胶工艺。
5. 简述隐框幕墙的施工方法。
6. 简述点支式玻璃幕墙的施工工艺。
7. 简述石材幕墙的施工工艺。
8. 简述金属幕墙的施工工艺。
9. 幕墙工程应对哪些隐蔽工程项目进行验收？
10. 幕墙工程竣工验收时应具备哪些资料？

参考文献

[1] 中华人民共和国建设部. GB 50210—2001 建筑装饰装修工程质量验收规范 [S]. 北京：中国建筑工业出版社，2002.

[2] 中国建筑装饰协会工程委员会. 实用建筑装饰施工手册 [M]. 2版. 北京：中国建筑工业出版社，2004.

[3] 李继业，邱秀梅. 建筑装饰施工技术 [M]. 北京：化学工业出版社，2005.

[4] 侯君伟. 建筑装饰工程施工技术：第2册 抹灰工程、地面工程、门窗工程 [M]. 北京：机械工业出版社，2005.

[5] 侯君伟. 建筑装饰工程施工技术：第3册 吊顶工程、隔墙工程、饰面砖（板）工程 [M]. 北京：机械工业出版社，2005.

[6] 侯君伟. 建筑装饰工程施工技术：第4册 涂饰工程、裱糊与软包工程、木装修工程、花饰工程 [M]. 北京：机械工业出版社，2005.

[7] 刘念华，王启田. 建筑装饰施工技术 [M]. 北京：科学出版社，2002.

[8] 陆化来，武佩牛. 建筑装饰施工：上册，下册 [M]. 北京：中国建筑工业出版社，2005.

[9] 饶勃. 装饰工手册：上册，下册 [M]. 3版. 北京：中国建筑工业出版社，2006.

[10] 付成喜，伍志强. 建筑装饰施工技术 [M]. 北京：电子工业出版社，2007.

[11] 丁洁民，张洛先. 建筑装饰工程施工 [M]. 2版. 上海：同济大学出版社，2004.

[12] 顾连平. 建筑装饰施工技术 [M]. 天津：天津科学技术出版社，2006.

[13] 焦涛. 门窗装饰工艺及施工技术 [M]. 北京：高等教育出版社，2005.

[14] 中华人民共和国建设部. GB 50327—2001 住宅装饰装修工程施工规范 [S]. 北京：中国建筑工业出版社，2002.

[15] 蔡红. 墙面装饰施工技术 [M]. 北京：高等教育出版社，2005.

[16] 马有占. 建筑装饰施工技术 [M]. 北京：机械工业出版社，2004.

[17] 李竹梅，赵占军. 建筑装饰施工技术 [M]. 北京：科学出版社，2006.

[18] 北京土木建筑学会. 建筑装饰装修工程施工操作手册 [M]. 北京：经济科学出版社，2004.

[19] 中国建筑工程总公司. 建筑装饰装修工程施工工艺标准 [M]. 北京：中国建筑工业出版社，2003.

[20] 装饰工程施工技术丛书编委会. 地面装饰工程施工技术 [M]. 北京：中国标准出版社，2003.

[21] 装饰工程施工技术丛书编委会. 门窗装饰工程施工技术 [M]. 北京：中国标准出版社，2003.

[22] 装饰工程施工技术丛书编委会. 幕墙装饰工程施工技术 [M]. 北京：中国标准出版社，2003.

[23] 装饰工程施工技术丛书编委会. 顶棚装饰工程施工技术 [M]. 北京：中国标准出版社，2003.

[24] 装饰工程施工技术丛书编委会. 隔断（墙）装饰工程施工技术 [M]. 北京：中国标准出版社，2003.

[25] 中华人民共和国国家标准. 环氧树脂自流平地面工程技术规范（GB/T 50589—2010）[S]. 北京：中国计划出版社，2010.

[26] 河北省地方标准. 发热电缆地面供暖技术规程（DB13/T 1308.1—2010）[S]. 河北：河北省质量技术监督局，2010.

[27] 中华人民共和国行业标准. 地面辐射供暖技术规程（JGJ 142—2012）[S]. 北京：中国建筑工业出版社，2013.

教材使用调查问卷

尊敬的老师：

您好！欢迎您使用机械工业出版社出版的教材，为了进一步提高我社教材的出版质量，更好地为我国教育发展服务，欢迎您对我社的教材多提宝贵的意见和建议。敬请您留下您的联系方式，我们将向您提供周到的服务，向您赠阅我们最新出版的教学用书、电子教案及相关图书资料。

本调查问卷复印有效，请您通过以下方式返回：

邮寄：北京市西城区百万庄大街 22 号机械工业出版社建筑分社（100037）

　　　张荣荣　（收）

传真：010-68994437（张荣荣收）　　　Email：21214777@qq.com

一、基本信息

姓名：＿＿＿＿＿＿＿　职称：＿＿＿＿＿＿＿＿＿　职务：＿＿＿＿＿＿＿＿＿

所在单位：＿＿＿＿＿＿＿＿＿＿＿＿＿＿＿＿＿＿＿＿＿＿＿＿＿＿＿＿＿

任教课程：＿＿＿＿＿＿＿＿＿＿＿＿＿＿＿＿＿＿＿＿＿＿＿＿＿＿＿＿＿

邮编：＿＿＿＿＿＿＿＿＿＿地址：＿＿＿＿＿＿＿＿＿＿＿＿＿＿＿＿＿＿

电话：＿＿＿＿＿＿＿＿＿电子邮件：＿＿＿＿＿＿＿＿＿＿＿＿＿＿＿＿

二、关于教材

1. 贵校开设土建类哪些专业？

☐建筑工程技术　　　☐建筑装饰工程技术　　　☐工程监理　　　☐工程造价

☐房地产经营与估价　☐物业管理　　　　　　　☐市政工程　　　☐园林景观

2. 您使用的教学手段：　☐传统板书　　　　　☐多媒体教学　　☐网络教学

3. 您认为还应开发哪些教材或教辅用书？＿＿＿＿＿＿＿＿＿＿＿＿＿＿＿＿

4. 您是否愿意参与教材编写？希望参与哪些教材的编写？

课程名称：＿＿＿＿＿＿＿＿＿＿＿＿＿＿＿＿＿＿＿＿＿＿＿＿＿＿＿

形式：☐纸质教材　　☐实训教材（习题集）　　☐多媒体课件

5. 您选用教材比较看重以下哪些内容？

☐作者背景　　☐教材内容及形式　　☐有案例教学　　☐配有多媒体课件

☐其他＿＿＿＿＿＿＿＿＿＿＿＿＿＿＿＿＿＿＿＿＿＿＿＿＿＿＿＿＿＿＿

三、您对本书的意见和建议（欢迎您指出本书的疏误之处）＿＿＿＿＿＿＿＿＿＿＿

＿＿＿＿＿＿＿＿＿＿＿＿＿＿＿＿＿＿＿＿＿＿＿＿＿＿＿＿＿＿＿＿＿＿＿＿

＿＿＿＿＿＿＿＿＿＿＿＿＿＿＿＿＿＿＿＿＿＿＿＿＿＿＿＿＿＿＿＿＿＿＿＿

四、您对我们的其他意见和建议＿＿＿＿＿＿＿＿＿＿＿＿＿＿＿＿＿＿＿＿＿＿＿

＿＿＿＿＿＿＿＿＿＿＿＿＿＿＿＿＿＿＿＿＿＿＿＿＿＿＿＿＿＿＿＿＿＿＿＿

＿＿＿＿＿＿＿＿＿＿＿＿＿＿＿＿＿＿＿＿＿＿＿＿＿＿＿＿＿＿＿＿＿＿＿＿

请与我们联系：

100037　北京百万庄大街 22 号

机械工业出版社·建筑分社　张荣荣　收

Tel：010-88379777（O），68994437（Fax）

E-mail：21214777@qq.com

http：//www.cmpedu.com（机械工业出版社·教材服务网）

http：//www.cmpbook.com（机械工业出版社·门户网）

http：//www.golden-book.com（中国科技金书网·机械工业出版社旗下网站）